高 等 数 学

第二册

唐有光　李　燕　主编

苏 州 大 学 出 版 社

图书在版编目(CIP)数据

高等数学．第二册／唐有光，李燕主编．—苏州：苏州大学出版社，2017．8(2022．8 重印)
ISBN 978-7-5672-2206-9

Ⅰ．①高… Ⅱ．①唐… ②李… Ⅲ．①高等数学—高等职业教育—教材 Ⅳ．①O13

中国版本图书馆 CIP 数据核字(2017)第 196112 号

高等数学(第二册)
唐有光 李 燕 主编
责任编辑 李 娟

苏州大学出版社出版发行
(地址：苏州市十梓街 1 号 邮编：215006)
广东虎彩云印刷有限公司印装
(地址：东莞市虎门镇黄村社区厚虎路20号C幢一楼 邮编：523898)

开本 787 mm×1 092 mm 1/16 印张 12．5 字数 311 千
2017 年 8 月第 1 版 2022 年 8 月第 5 次印刷
ISBN 978-7-5672-2206-9 定价：38．00 元

图书若有印装错误，本社负责调换
苏州大学出版社营销部 电话：0512-67481020
苏州大学出版社网址 http://www.sudapress.com
苏州大学出版社邮箱 sdcbs@suda.edu.cn

编写说明

围绕着高等职业教育工科类专业人才培养目标和“工学结合”人才培养模式改革的核心，在高等数学理应成为高职院校各专业最重要的公共文化素质基础课程，同时也是组成工科类各专业课程体系中重要学习领域的理念基础上，我们分析了相关专业高技能人才培养的普遍要求，提出了以工程应用为主线，兼顾数学技术的功能取向，编写了这套《高等数学》教材．教材坚持“以应用为目的，以必须、够用、高效为度”的编写原则，突出了“理论联系实际、厘清概念、加强计算、注重应用、提高素质、重视创新”的特色．力图通过本教材的学习，学生能在学习基本数学知识的基础上，掌握一定的数学技术，培养用数学知识分析问题、解决问题的能力．

教材分第一、第二两册，本书为第二册，主要内容包括：常微分方程、多元函数微积分简介、级数、矩阵与线性方程组、数学建模等5个部分．每个部分为相对独立的一章．节后配有随堂练习与习题，随堂练习用于课堂上多角度理解概念和前后知识的关联，习题用于学生课外作业．章后的“总结·拓展”则是对本章的总结与典型习题的拓展．

本教材面向高职院校三年制高职工科类相关专业学生，适合84～120学时（含数学实验课）讲授，各校可根据各专业要求弹性安排学时．参加本教材编写的有唐有光、李燕、王菊如．

由于编者水平有限，不足之处在所难免，敬请读者批评指正．

目 录

常微分方程

在科学研究和大量的应用实践中，往往需要求得变量之间存在的函数关系.但从问题本身的已知条件往往不能直接归结出函数表达式，仅能得到含有未知函数的导数或微分的关系式.这种关系式就是本章所要讨论的微分方程，所要求的函数关系需要求解这个微分方程才能显现出来.因此，微分方程是数学理论与实际问题相联系的途径之一，也是确定函数关系的一种数学方法.本章主要介绍微分方程的基本概念和几类常见的微分方程的解法.

·学习目标·

1. 了解微分方程的解、阶、通解、初始条件和特解等概念.
2. 掌握可分离变量的微分方程的解法，会解一阶线性微分方程.
3. 会解缺项型二阶微分方程.
4. 了解二阶线性微分方程解的结构.

·重点、难点·

重点：一阶微分方程的求解.

难点：常数变易法、二阶常系数非齐次线性微分方程.

§8-1　微分方程的基本概念

我们先来看两个具体的实例.

例 1　设钢锭出炉温度为 1150℃，炉外环境温度为 30℃，据牛顿冷却定律，钢锭冷却的速度正比于钢锭的温度与冷却环境温度之差，比例系数为 0.014.试求：

(1) 钢锭出炉后的温度 T(℃)与时间 t(s)之间的函数关系；

(2) 钢锭温度降到 750℃以下锻打将会影响产品质量，问应该在钢锭出炉后几秒内把它锻打好?

解 (1) 这是一个热力学中的冷却问题. 取 $t=0$ 为钢锭出炉开始冷却的时刻,设经时间 t 时钢锭温度为 T,则 $T=T(t)$,钢锭温度下降的速度为$\frac{\mathrm{d}T}{\mathrm{d}t}$.

据牛顿冷却定律得

$$\frac{\mathrm{d}[T(t)]}{\mathrm{d}t}=-0.014[T(t)-30], \tag{1}$$

其中等号右端添上负号,是因为当时间 t 增大时,钢锭温度 $T(t)$ 下降,故$\frac{\mathrm{d}T}{\mathrm{d}t}<0$.

由题意,$T(t)$还应满足条件

$$T|_{t=0}=1150. \tag{2}$$

将方程(1)变为

$$\frac{\mathrm{d}[T(t)]}{T(t)-30}=-0.014\mathrm{d}t, \tag{3}$$

两端求不定积分得

$$\int\frac{\mathrm{d}[T(t)]}{T(t)-30}=-\int 0.014\mathrm{d}t,$$

求出不定积分后得

$$\ln[T(t)-30]=-0.014t+C_1.$$

令 $C_1=\ln C$(C_1,C 为任意常数),化简得

$$T(t)=30+C\mathrm{e}^{-0.014t}. \tag{4}$$

将条件(2) $T|_{t=0}=1150$ 代入(4)式,得 $C=1120$,于是所求函数关系为

$$T(t)=30+1120\mathrm{e}^{-0.014t}. \tag{5}$$

(2) 将 $T=750$ 代入(5)式中得

$$750=30+1120\mathrm{e}^{-0.014t},$$

即 $\mathrm{e}^{-0.014t}=\frac{9}{14}$,从而解得 $t\approx31.56\mathrm{s}$.

所以应该在钢锭出炉后大约 31.56s 内把它锻打好.

例 2 一质量为 m 的质点,从高 h 处,只受重力作用从静止状态自由下落,试求其运动方程.

解 在中学阶段就已经知道,从高 h 处下落的自由落体,距地面高度 s 的变化规律为$s=h-\frac{1}{2}gt^2$,其中 g 为重力加速度. 这个规律是怎么得到的呢? 下面给出推导过程.

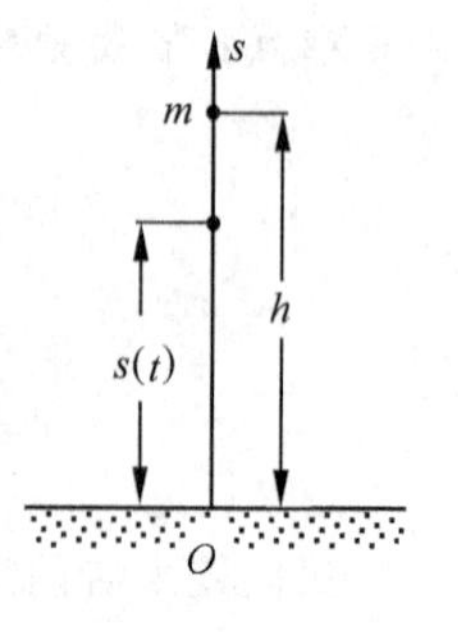

图 8-1

取质点下落的铅垂线为 s 轴,它与地面的交点为原点,并规定向上为正向(图 8-1). 设质点在时刻 t 时距地面的高度为 $s(t)$. 因为质点只受方向向下的重力的作用(空气阻力忽略不计),由牛顿第二定律 $F=ma$,得

$$m\frac{\mathrm{d}^2[s(t)]}{\mathrm{d}t^2}=-mg,$$

即
$$\frac{d^2[s(t)]}{dt^2}=-g. \tag{6}$$

根据质点由静止状态自由落下的假设，初始速度为 0，所以 $s=s(t)$ 还应满足下列条件
$$s|_{t=0}=h,\left.\frac{ds}{dt}\right|_{t=0}=0. \tag{7}$$

对(6)式两边积分，得
$$\frac{d[s(t)]}{dt}=-g\int dt=-gt+C_1. \tag{8}$$

对(8)式两边再积分，得
$$s(t)=\int(-gt+C_1)dt=-\frac{1}{2}gt^2+C_1t+C_2, \tag{9}$$

其中 C_1，C_2 均为任意常数.

将条件(7)代入(8)、(9)式，得 $C_1=0$，$C_2=h$. 于是所求的运动方程为
$$s(t)=-\frac{1}{2}gt^2+h. \tag{10}$$

总结这类问题，给出下面的定义：

定义 若在一个方程中涉及的函数是未知的，自变量仅有一个，且在方程中含有未知函数的导数(或微分)，则称这样的方程为**常微分方程**，简称**微分方程**.

例 1 的方程(1)、例 2 的方程(6)都是常微分方程.

微分方程中未知函数的导数的最高阶数，称为**微分方程的阶**. 如例 1 的方程(1)是一阶微分方程，例 2 的方程(6)是二阶微分方程.

某个函数代入微分方程后，能使微分方程成为自变量的恒等式，则称这个函数满足微分方程. 满足微分方程的函数称为**微分方程的解**. 因此，求满足微分方程的未知函数，也就是要求出微分方程的解.

求微分方程的解免不了要求不定积分，所以得到的解常含有任意常数. 如果微分方程的解中含有相互独立的任意常数，且任意常数的个数与方程的阶数相同，则称其为**微分方程的通解**. 如例 1 的方程(4)、例 2 的方程(9)分别是微分方程(1)、(6)的通解. 通解表示满足微分方程的未知函数的一般形式，在大部分情况下，也表示了微分方程的解的全体. 在几何上，通解的图象是一族曲线，称为**积分曲线族**.

微分方程中对未知函数的附加条件，若以限定未知函数及其各阶导数在某一个特定点的值的形式表示，则称这种条件为微分方程的**定解条件**或**初始条件**. 如例 1、例 2 中的方程(2)、(7)就是微分方程(1)、(6)的初始条件. 微分方程初始条件的作用是用来确定通解中的任意常数. 不含任意常数的解称为**特解**. 如例 1 的方程(5)、例 2 的方程(10)依次是微分方程(1)、(6)满足初始条件(2)、(7)的特解. 求微分方程满足初始条件的特解的问题，称为**初值问题**. 特解表示了微分方程通解中一个满足定解条件的特定的解，在几何上表示为积分曲线族中一条特定的积分曲线. 图 8-2 是例 1

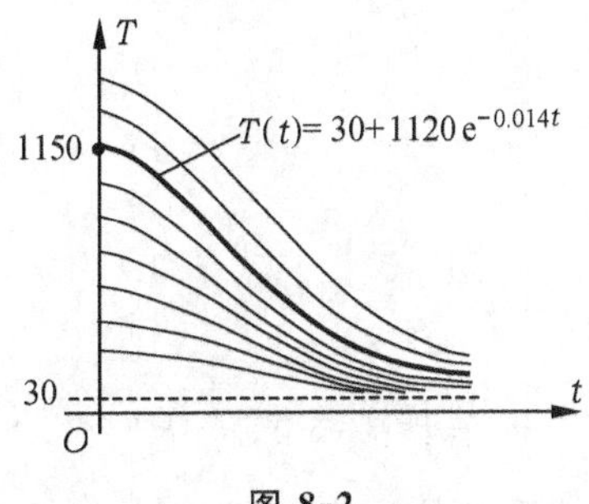

图 8-2

中微分方程(1)的积分曲线族及满足初始条件(2)的积分曲线的示意图.

例 3 验证函数 $y=C_1e^{2x}+C_2e^{-2x}$（C_1,C_2 为任意常数）是方程 $y''-4y=0$ 的通解，并求满足初始条件 $y|_{x=0}=0,y'|_{x=0}=1$ 的特解.

解 $y'=2C_1e^{2x}-2C_2e^{-2x}$，$y''=4C_1e^{2x}+4C_2e^{-2x}$，

将 y,y'' 代入微分方程，得

$$y''-4y=4(C_1e^{2x}+C_2e^{-2x})-4(C_1e^{2x}+C_2e^{-2x})\equiv 0.$$

所以函数 $y=C_1e^{2x}+C_2e^{-2x}$ 是所给微分方程的解. 又因为 $\frac{e^{2x}}{e^{-2x}}=e^{4x}\neq$ 常数，所以解中含有两个独立的任意常数 C_1 和 C_2，而微分方程是二阶的，即任意常数的个数与方程的阶数相同，所以它是该方程的通解.

将初始条件 $y|_{x=0}=0,y'|_{x=0}=1$ 分别代入 y 及 y' 中，得

$$\begin{cases}C_1+C_2=0,\\2C_1-2C_2=1,\end{cases}$$

解得 $C_1=\frac{1}{4},C_2=-\frac{1}{4}$. 于是所求特解为 $y=\frac{1}{4}(e^{2x}-e^{-2x})$.

随堂练习 8-1

1. 指出下列方程中哪些是微分方程，并说明它们的阶数：

(1) $\frac{d^2y}{dx^2}-y=2x$；　　(2) $y^2-3y+x=0$；

(3) $x(y')^2+y=1$；　　(4) $(x^2+y^2)dx-xydy=0$.

2. 判断下列方程右边所给函数是否为该方程的解，如果是解，是通解还是特解？

(1) $y''+y=0,y=C_1\sin x+C_2\cos\left(x+\frac{\pi}{2}\right)$（$C_1,C_2$ 为任意常数）；

(2) $y''=\frac{1}{2}\sqrt{1+(y')^2},y=e^{\frac{x}{2}}+e^{-\frac{x}{2}}$；

(3) $(x+y)dx=-xdy,y=\frac{(C-x^2)}{2x}$（$C$ 为任意常数）.

习 题 8-1

1. 验证函数 $y=C_1\cos 2x+C_2\sin 2x$（C_1,C_2 为任意常数）是方程 $\frac{d^2y}{dx^2}+4y=0$ 的通解，并求满足初始条件 $y(0)=1,y'(0)=0$ 的特解.

2. 写出下列条件确定的曲线所满足的微分方程：

(1) 曲线上任一点 $P(x,y)$ 处的切线斜率等于该点的坐标之和；

(2) 曲线上任一点 $P(x,y)$ 处的切线与横轴交点的横坐标等于切点横坐标的一半.

3. 一质量为 m 的物体，由静止开始从水面沉入水中，下沉时质点受到的阻力与下沉的速度成正比（比例系数为 $k,k>0$）. 求物体的运动速度 $v(t)$ 和沉入水下深度 $s(t)$ 所满足的微分方程及初始条件.

4. 已知曲线通过点 $(0,0)$，且该曲线上任一点 $P(x,y)$ 处的切线斜率为 xe^{-x}，求该曲线的方程.

5. 设钢锭出炉温度为 1150℃，炉外环境温度为 30℃，钢锭出炉 20s 后温度降到 900℃. 试求钢锭出炉后的温度 T(℃) 与时间 t(s) 之间的函数关系.

§8-2 一阶微分方程

一阶微分方程中出现的未知函数的导数或微分是一阶的,则它的一般形式为

$$F(x,y,y')=0. \tag{8-1}$$

下面讨论它的一些解法.

一、可分离变量的一阶微分方程

若(8-1)式可转化为

$$g(y)\mathrm{d}y=f(x)\mathrm{d}x, \tag{8-2}$$

则称其为**可分离变量的微分方程**.

可分离变量的一阶微分方程的解法如下:

对原方程分离变量,若函数 $f(x)$ 和 $g(y)$ 连续,在方程两边同时求不定积分,即

$$\int g(y)\mathrm{d}y=\int f(x)\mathrm{d}x. \tag{1}$$

依次记 $G(y)$,$F(x)$ 为 $g(y)$,$f(x)$ 的一个原函数,则从(1)式可得

$$G(y)=F(x)+C. \tag{2}$$

如果能求出 $G(y)$ 的反函数,则从(2)式可以得到方程(1)的通解 $y=G^{-1}[F(x)+C]$.

例 1 求微分方程 $\frac{\mathrm{d}y}{\mathrm{d}x}=2xy$ 的通解.

解 显然,方程属于可分离变量的微分方程. 分离变量得

$$\frac{\mathrm{d}y}{y}=2x\mathrm{d}x,$$

两边积分,得 $\int\frac{\mathrm{d}y}{y}=\int 2x\mathrm{d}x$,即

$$\ln|y|=x^2+C_1 \text{ 或 } y=\pm \mathrm{e}^{x^2+C_1}=\pm \mathrm{e}^{C_1}\cdot \mathrm{e}^{x^2}.$$

因为 C_1 为任意常数,所以 $\pm\mathrm{e}^{C_1}$ 也是任意常数,把它记作 C,代入后得到方程的通解为 $y=C\mathrm{e}^{x^2}$.

例 2 求微分方程 $y(1+x^2)\mathrm{d}y+x(1+y^2)\mathrm{d}x=0$ 满足初始条件 $y|_{x=1}=1$ 的特解.

解 显然,方程属于可分离变量的微分方程. 分离变量得

$$\frac{y\mathrm{d}y}{1+y^2}=-\frac{x\mathrm{d}x}{1+x^2},$$

两边积分,得

$$\int\frac{y\mathrm{d}y}{1+y^2}=-\int\frac{x\mathrm{d}x}{1+x^2},$$

即

$$\frac{1}{2}\ln(1+y^2)=-\frac{1}{2}\ln(1+x^2)+\frac{1}{2}\ln C.$$

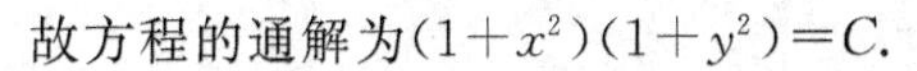

故方程的通解为$(1+x^2)(1+y^2)=C$.

将 $y|_{x=1}=1$ 代入通解表达式,得 $C=4$. 因此所求方程的特解为

$$(1+x^2)(1+y^2)=4.$$

某些方程在通过适当的变量代换之后,可以变为可分离变量的方程.

例 3　求方程 $y\mathrm{d}x+x\mathrm{d}y=2x^2y(\ln x+\ln y)\mathrm{d}x$ 的通解及满足 $y(1)=2$ 的特解.

解　原方程不是可分离变量的微分方程. 改写原方程为 $\mathrm{d}(xy)=xy\ln(xy)2x\mathrm{d}x$,引入新未知函数 $u=xy$,则原方程成为$\mathrm{d}u=u\ln u(2x\mathrm{d}x)$,这是 u 的可分离变量的方程.

分离变量,得

$$\frac{\mathrm{d}u}{u\ln u}=2x\mathrm{d}x,$$

两边积分 $\int\frac{\mathrm{d}u}{u\ln u}=\int 2x\mathrm{d}x$,得 $\ln(\ln u)=x^2+\ln C$ 或 $\ln u=Ce^{x^2}$,则通解为

$$\ln(xy)=Ce^{x^2}.$$

当 $x=1$ 时 $y=2$,所以 $C=e^{-1}\ln 2$,特解为

$$\ln(xy)=\ln 2\cdot e^{x^2-1}.$$

二、齐次方程

若一阶微分方程(8-1)能化为

$$\frac{\mathrm{d}y}{\mathrm{d}x}=\varphi\left(\frac{y}{x}\right) \tag{8-3}$$

的形式,那么方程(8-1)就称为**齐次方程**.

例如,方程$x^2\mathrm{d}y=y^2\mathrm{d}x-xy\mathrm{d}y$就是齐次方程,因为它可以化为如下形式:

$$\frac{\mathrm{d}y}{\mathrm{d}x}=\frac{\left(\frac{y}{x}\right)^2}{1+\frac{y}{x}}.$$

对齐次方程只要作一个变量代换,一定能转化为新变量的可分离变量的一阶微分方程,从而可求得通解. 其具体步骤如下:

第一步　化原方程为(8-3)形式.

第二步　在(8-3)式中作变量代换,令 $u=\frac{y}{x}$,则可化为

$$y=ux,\frac{\mathrm{d}y}{\mathrm{d}x}=u+x\frac{\mathrm{d}u}{\mathrm{d}x},$$

代入(8-3)式后得 $u+x\frac{\mathrm{d}u}{\mathrm{d}x}=\varphi(u)$. 这是一个关于 u 的可分离变量的一阶方程,分离变量后成为

$$\frac{\mathrm{d}u}{\varphi(u)-u}=\frac{\mathrm{d}x}{x}. \tag{3}$$

第三步　两边积分得到(3)式的通解

$$\int \frac{\mathrm{d}u}{\varphi(u)-u}=\int \frac{\mathrm{d}x}{x}.$$

第四步 求出不定积分后以 $u=\frac{y}{x}$ 回代,即得原齐次微分方程的通解.

例 4 求微分方程 $x\frac{\mathrm{d}y}{\mathrm{d}x}+y=2\sqrt{xy}$ 的通解.

解 原方程可化为

$$\frac{\mathrm{d}y}{\mathrm{d}x}=\frac{2\sqrt{xy}-y}{x}=2\sqrt{\frac{y}{x}}-\frac{y}{x}.$$

令 $u=\frac{y}{x}$,则 $y=ux$,$\frac{\mathrm{d}y}{\mathrm{d}x}=u+x\frac{\mathrm{d}u}{\mathrm{d}x}$,代入上式,得

$$u+x\frac{\mathrm{d}u}{\mathrm{d}x}=2\sqrt{u}-u,$$

分离变量,得

$$\frac{\mathrm{d}u}{2(u-\sqrt{u})}=-\frac{\mathrm{d}x}{x},$$

两端积分,得

$$\int \frac{1}{2\sqrt{u}(\sqrt{u}-1)}\mathrm{d}u=-\int \frac{\mathrm{d}x}{x},$$

即

$$\int \frac{\mathrm{d}(\sqrt{u}-1)}{\sqrt{u}-1}=-\ln x+\ln C,$$

得

$$\ln(\sqrt{u}-1)+\ln x=\ln C, x(\sqrt{u}-1)=C.$$

将 $u=\frac{y}{x}$ 回代,得原方程的通解为 $\sqrt{xy}-x=C$.

三、一阶线性微分方程

如果一阶微分方程可化为

$$y'+P(x)y=Q(x) \tag{8-4}$$

的形式,即方程关于未知函数及其导数是线性的,而 $P(x)$ 和 $Q(x)$ 是已知的连续函数,则称此方程为**一阶线性微分方程**. 当不含未知函数的项 $Q(x)\neq 0$ 时,称方程(8-4)为关于未知函数 y,y' 的**一阶非齐次线性微分方程**;反之,当 $Q(x)\equiv 0$ 时,即变为

$$y'+P(x)y=0, \tag{8-5}$$

称其为方程(8-4)所对应的**一阶齐次线性微分方程**.

先考虑方程(8-4)所对应的齐次方程(8-5)的解法. 显然它是可分离变量类型的方程,分离变量后得

$$\frac{\mathrm{d}y}{y}=-P(x)\mathrm{d}x,$$

两端积分,得

$$\ln y=-\int P(x)\mathrm{d}x+\ln C,$$

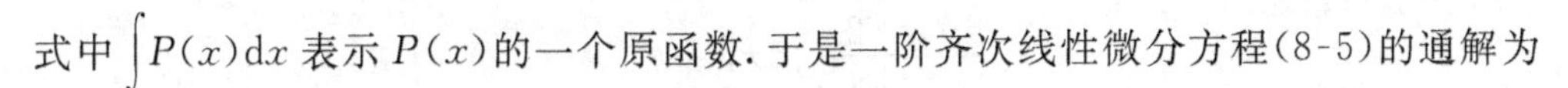

式中 $\int P(x)\mathrm{d}x$ 表示 $P(x)$ 的一个原函数. 于是一阶齐次线性微分方程(8-5)的通解为

$$y = C\mathrm{e}^{-\int P(x)\mathrm{d}x}, \tag{8-6}$$

其中 C 为任意常数.

其次考虑非齐次线性微分方程(8-4)的解. 比较方程(8-4)、(8-5)，差别仅在方程(8-4)的右端是一个函数，而方程(8-5)的右端为 0. 根据指数函数的求导特点，试设方程(8-4)的解为

$$y = C(x)\cdot \mathrm{e}^{-\int P(x)\mathrm{d}x}, \tag{4}$$

即把齐次方程通解中的任意常数 C 改变为 x 的待定函数 $C(x)$，然后求出 $C(x)$，使之满足非齐次线性方程(8-4).

对(4)式求导，得

$$y' = C'(x)\cdot \mathrm{e}^{-\int P(x)\mathrm{d}x} + C(x)[-P(x)]\mathrm{e}^{-\int P(x)\mathrm{d}x}. \tag{5}$$

将(4)、(5)式代入(8-4)式，经整理后得

$$C'(x) = Q(x)\mathrm{e}^{\int P(x)\mathrm{d}x},$$

两边积分得

$$C(x) = \int Q(x)\mathrm{e}^{\int P(x)\mathrm{d}x}\mathrm{d}x + C. \tag{8-7}$$

将(8-7)式代入(4)式，即得一阶非齐次线性微分方程(8-4)的通解公式

$$y = \mathrm{e}^{-\int P(x)\mathrm{d}x}\left[\int Q(x)\mathrm{e}^{\int P(x)\mathrm{d}x}\mathrm{d}x + C\right](C\text{ 为任意常数}). \tag{8-8}$$

上述通过把对应的齐次线性方程通解中的任意常数 C 改变为待定函数 $C(x)$，然后求出非齐次线性方程通解的方法，称为**常数变易法**.

将(8-8)式改写成下面的形式：

$$y = C\cdot \mathrm{e}^{-\int P(x)\mathrm{d}x} + \mathrm{e}^{-\int P(x)\mathrm{d}x}\int Q(x)\mathrm{e}^{\int P(x)\mathrm{d}x}\mathrm{d}x.$$

上式右端第一项恰是对应的齐次线性微分方程(8-5)的通解，第二项可由非齐次线性微分方程(8-4)的通解(8-8)中取 $C=0$ 得到，所以是方程(8-4)的一个特解. 由此可知，一阶非齐次线性微分方程的通解是其对应齐次方程的通解与它的一个特解之和.

例 5　求方程 $(1+x^2)y'-2xy=(1+x^2)^2$ 的通解.

解　将原方程改写成

$$y'-\frac{2x}{1+x^2}y=1+x^2,$$

所以原方程是线性非齐次的，其中

$$P(x)=-\frac{2x}{1+x^2}, Q(x)=1+x^2.$$

下面，我们用两种方法来求原方程的通解.

方法 1(常数变易法)

先求对应齐次方程 $y'-\frac{2x}{1+x^2}y=0$ 的通解. 分离变量后积分，依次有

$$\frac{dy}{y}=\frac{2x}{1+x^2}dx,$$

$$\ln y=\ln(1+x^2)+\ln C,$$

所以齐次方程的通解为 $y=C(1+x^2)$.

设 $y=C(x)(1+x^2)$，代入原方程，得

$$C'(x)(1+x^2)+2xC(x)-\frac{2x}{1+x^2}C(x)(1+x^2)=1+x^2,$$

即
$$C'(x)(1+x^2)=(1+x^2),C'(x)=1,C(x)=x+C.$$

由此得到原方程的通解为 $y=(x+C)(1+x^2)$.

方法 2（公式法）

由公式(8-8)得原方程的通解

$$y=e^{\int\frac{2x}{1+x^2}dx}\left[\int(1+x^2)e^{-\int\frac{2x}{1+x^2}dx}dx+C\right]$$

$$=e^{\ln(1+x^2)}\left[\int\frac{(1+x^2)}{(1+x^2)}dx+C\right]=(1+x^2)(x+C).$$

有时方程不是关于未知函数 y,y' 的一阶线性方程，若把 x 看成 y 的未知函数 $x=x(y)$，则方程可转化为关于未知函数 $x(y),x'(y)$ 的一阶线性方程

$$\frac{dx}{dy}+P_1(y)x=Q_1(y).$$

这时也可以利用上述方法求解，得到解的形式是 $x=x(y,C)$. 对原来的未知函数 y 而言，得到的是由方程 $x=x(y,C)$ 所确定的隐函数.

例 6 求微分方程 $(y^2-6x)\frac{dy}{dx}+2y=0$ 满足初始条件 $y|_{x=1}=1$ 的特解.

解 原方程不是关于未知函数 y,y' 的一阶线性方程，现改写方程为

$$\frac{dx}{dy}-\frac{3}{y}x=-\frac{y}{2}, \tag{6}$$

则它是关于 $x(y),x'(y)$ 的一阶线性方程，其中 $P_1(y)=-\frac{3}{y},Q_1(y)=-\frac{y}{2}$.

代入与(8-8)相应的通解公式，得(6)式的通解为

$$x=e^{-\int P_1(y)dy}\left[\int Q_1(y)e^{\int P_1(y)dy}dy+C\right]=e^{\int\frac{3}{y}dy}\left[\int\left(-\frac{y}{2}\right)e^{-\int\frac{3}{y}dy}dy+C\right]$$

$$=e^{3\ln y}\left[\int\left(-\frac{y}{2}\right)e^{-3\ln y}dy+C\right]=y^3\left[\int\left(-\frac{y}{2}\right)y^{-3}dy+C\right]=Cy^3+\frac{1}{2}y^2.$$

将条件 $y|_{x=1}=1$ 代入上式，得 $C=\frac{1}{2}$，于是所求方程的特解为 $x=\frac{1}{2}y^2(y+1)$.

例 7 质量为 2kg 的物体，在重力和与速度成正比的阻力作用下，从高 500m 处自由下落. 设阻力系数 $k=1.0$，求下落距离和下落速度的变化规律，并求物体落地时间及落地时的速度.

解 如图 8-3 所示，向下为正. 设下落距离 $s=s(t)$，则下落速度和加速度分别为

$$v(t)=s'(t),a(t)=s''(t).$$

物体下落过程中所受到的力为：

重力 $F_1=mg=2g$（g 为重力加速度），

阻力 $F_2=-kv(t)=-s'(t)$.

据牛顿第二定律 $F=ma$，得 $s(t)$ 满足方程

$$2s''(t)=2g-s'(t). \tag{7}$$

因为物体是自由落下，所以 $s(t)$ 还应满足初始条件

$$s(0)=0,s'(0)=0. \tag{8}$$

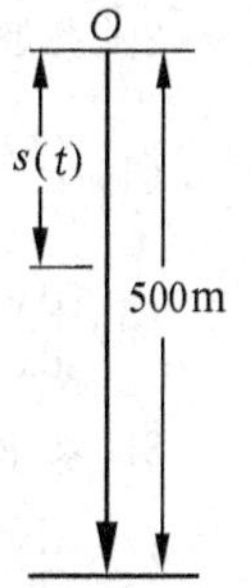

图 8-3

改写(7)式为

$$2s''(t)+s'(t)=2g,\text{即}[2s'(t)+s(t)]'=2g,$$

所以
$$2s'(t)+s(t)=2gt+C_1.$$

以初始条件(8)代入，得 $C_1=0$，所以 $s(t)$ 满足方程

$$2s'(t)+s(t)=2gt,\text{即 } s'(t)+0.5s(t)=gt. \tag{9}$$

(9)式是关于 $s(t)$，$s'(t)$ 的一阶线性非齐次方程，应用公式(8-8)，得

$$\begin{aligned} s(t) &= \mathrm{e}^{-\int 0.5\mathrm{d}t}\left(\int gt\mathrm{e}^{\int 0.5\mathrm{d}t}\mathrm{d}t+C\right)=\mathrm{e}^{-0.5t}\left(g\cdot\int t\mathrm{e}^{0.5t}\mathrm{d}t+C\right) \\ &= \mathrm{e}^{-0.5t}\left[2g\left(t\mathrm{e}^{0.5t}-\int \mathrm{e}^{0.5t}\mathrm{d}t\right)+C\right]=\mathrm{e}^{-0.5t}[2g(t-2)\mathrm{e}^{0.5t}+C] \\ &= 2g(t-2)+C\mathrm{e}^{-0.5t}. \end{aligned}$$

以初始条件 $s(0)=0$ 代入，得 $C=4g$，所以

$$s(t)=2g[t-2(1-\mathrm{e}^{-0.5t})], \tag{10}$$

$$v(t)=s'(t)=2g(1-\mathrm{e}^{-0.5t}). \tag{11}$$

以 $s=500$ 代入(10)式，取 $g=9.8$，得 $500=19.6[t-2(1-\mathrm{e}^{-0.5t})]$，即

$$19.6t+39.2\mathrm{e}^{-0.5t}-539.2=0,$$

求得近似解 $t\approx 27.51$. 代入(11)式得

$$v(27.51)=2\times 9.8(1-\mathrm{e}^{-0.5\times 27.51})\approx 19.6(\mathrm{m/s}).$$

所以物体在下落后约 27.5s 时落地，落地时的速度约为 19.6m/s.

从速度函数(11)可见，物体下落时开始是加速的，但由于受空气的阻力，当时间 t 稍大后，很快以近似于速度为 $2g$ 的匀速下落.

随堂练习 8-2

1. 指出下列一阶微分方程中，哪些是可分离变量、齐次或线性方程的类型：

(1) $x\mathrm{d}y+y^2\sin x\mathrm{d}x=0$；

(2) $\dfrac{\mathrm{d}y}{\mathrm{d}x}+3y=\mathrm{e}^{2x}$；

(3) $\mathrm{d}y=\dfrac{\mathrm{d}x}{x+y^2}$；

(4) $(x+1)y'-3y=\mathrm{e}^x(1+x)^4$；

(5) $x\dfrac{\mathrm{d}y}{\mathrm{d}x}+y=2\sqrt{xy}$；

(6) $(x^2+1)y'+2xy=\cos x$.

2. 求解下列微分方程:

(1) $e^{x+y}dy=dx$;

(2) $y'=\sqrt{\frac{1-y^2}{1-x^2}}, y|_{x=0}=1$;

(3) $\frac{dy}{dx}=\frac{y}{x}+\left(\frac{y}{x}\right)^2$;

(4) $y^2dx+(x^2-xy)dy=0$.

3. 求下列微分方程的通解:

(1) $\frac{dy}{dx}-\frac{2}{x+1}y=(x+1)^{\frac{5}{2}}$;

(2) $\frac{dy}{dx}=\frac{y}{x+y^3}$.

习 题 8-2

1. 求解下列微分方程:

(1) $dy-\sqrt{y}dx=0$;

(2) $y'\sin x=y\ln y, y|_{x=\frac{\pi}{2}}=e$;

(3) $x(y^2-1)dx+y(x^2-1)dy=0$;

(4) $y'=e^{2x-y}, y|_{x=0}=0$;

(5) $y\ln x dx+x\ln y dy=0$;

(6) $\sqrt{1-x^2}y'=x, y|_{x=0}=0$.

2. 求解下列微分方程:

(1) $\frac{dy}{dx}=\frac{y}{x}+\tan\frac{y}{x}$;

(2) $(x-y)ydx-x^2dy=0$;

(3) $2x^3dy+y(y^2-2x^2)dx=0$;

(4) $xy\frac{dy}{dx}=y^2+x^2, y(1)=1$;

(5) $y'=e^{\frac{y}{x}}+\frac{y}{x}, y|_{x=1}=0$;

(6) $ydx=\left(x+y\sec\frac{x}{y}\right)dy, y(0)=1$.

3. 求解下列微分方程:

(1) $y'+y=2e^x$;

(2) $y'+y\cos x=e^{-\sin x}, y|_{x=0}=0$;

(3) $x^2dy+(2xy-x^2)dx=0$;

(4) $ydx+(x-e^y)dy=0, y(2)=3$;

(5) $(x^2+1)y'+2xy-\cos x=0$;

(6) $(x-2)\frac{dy}{dx}=y+2(x-2)^3, y|_{x=1}=0$.

4. 设一曲线过原点,且在点(x,y)处的切线斜率等于$2x+y$,求此曲线的方程.

5. 已知曲线过点$\left(1,\frac{1}{3}\right)$,且在该曲线上任意一点处的切线斜率等于自原点到该点连线的斜率的两倍,求此曲线的方程.

6. 质量为5kg的物体以初速度100m/s垂直上抛.设物体在受重力作用的同时,还受与速度成正比的空气阻力作用,比例系数为1.0.求物体上升的高度和上升速度的变化规律.

§8-3　可降阶的高阶微分方程

二阶及二阶以上的微分方程称为**高阶微分方程**.上节的例 7 就是一个高阶方程,当时我们把二阶方程降阶为一阶,再通过连续两次解一阶方程得到要求的结果.把高阶方程降阶为阶数较低的方程求解,是求高阶方程的常用技巧之一.本节将介绍几种特殊类型的高阶方程.

一、$y^{(n)}=f(x)$型的微分方程

这种类型的方程的特点是:在方程中解出最高阶导数后,等号右边仅是自变量 x 的函数.

降阶方法:只要通过逐次积分,就能逐次降阶,直到成为一阶方程.即在两边积分一次,得到 $n-1$ 阶方程 $y^{(n-1)}=\int f(x)\mathrm{d}x+C_1$,再积分一次,得到 $n-2$ 阶方程 $y^{(n-2)}=\int\left[\int f(x)\mathrm{d}x\right]\mathrm{d}x+C_1x+C_2$. 如此继续,便可得到所求方程的通解.

例 1　求微分方程 $y'''=x+1$ 的通解.

解　将所给方程两边积分一次,得

$$y''=\int(x+1)\mathrm{d}x=\frac{1}{2}x^2+x+C_1;$$

再两边积分,得

$$y'=\int\left(\frac{1}{2}x^2+x+C_1\right)\mathrm{d}x=\frac{1}{6}x^3+\frac{1}{2}x^2+C_1x+C_2;$$

第三次积分,得

$$y=\int\left(\frac{1}{6}x^3+\frac{1}{2}x^2+C_1x+C_2\right)\mathrm{d}x=\frac{1}{24}x^4+\frac{1}{6}x^3+\frac{C_1}{2}x^2+C_2x+C_3.$$

二、缺项型二阶微分方程

从二阶微分方程解出二阶导数后,它的一般形式应该是

$$y''=f(x,y,y').$$

所谓缺项型,是指等号右边或者不显含未知函数项 y,成为

$$y''=f(x,y') \tag{8-9}$$

的形式;或者不显含自变量项 x,成为

$$y''=f(y,y') \tag{8-10}$$

的形式.

降阶方法:对缺项型二阶方程,只要引进新变量 $p=y'$,都可以降阶为 p 的一阶方程,只是演化的过程略有区别.

对不显含 y 的方程(8-9),直接以 $y''=\frac{dp}{dx}$代入,方程变为$\frac{dp}{dx}=f(x,p)$. 这是一个以 p 为未知函数、自变量仍然是 x 的一阶方程. 若能求出它的通解 $p=\varphi(x,C_1)$,则只要对 $y'=\varphi(x,C_1)$再积分一次,即得原方程的通解为 $y=\int\varphi(x,C_1)dx+C_2$.

对不显含 x 的方程(8-10),因为等号右边 f 中不显含 x 而有 y,如果也直接以 $y''=\frac{dp}{dx}$代入,则方程成为$\frac{dp}{dx}=f(y,p)$,同时出现了两个未知函数 p,y. 为了解决这个问题,化 y''为 p 关于 y 的导数:

$$y''=\frac{dp}{dx}=\frac{dp}{dy}\cdot\frac{dy}{dx}=p\frac{dp}{dy},$$

这样方程变为

$$p\frac{dp}{dy}=f(y,p).$$

这是一个以 p 为未知函数,y 为自变量的一阶方程. 若能求出它的通解 $p=\frac{dy}{dx}=\varphi(y,C_1)$,则问题转化为求一个以 y 为未知函数,x 为自变量的可分离变量的一阶方程. 继续求出其通解,即得方程(8-10)的通解.

例 2 求方程 $y''-\frac{y'}{x}=xe^x$ 的通解.

解 方程属于不显含未知函数 y 的类型(8-9). 令 $y'=p(x)$,得到关于 p 的一阶线性非齐次方程

$$\frac{dp}{dx}-\frac{1}{x}p=xe^x.$$

利用非齐次线性方程的通解公式,解得

$$p=e^{-\int\left(-\frac{1}{x}\right)dx}\left(\int xe^x e^{-\int\frac{1}{x}dx}dx+C_1^*\right)=e^{\ln x}\left(\int xe^x e^{\ln\frac{1}{x}}dx+C_1^*\right)$$

$$=x\left(\int e^x dx+C_1^*\right)=xe^x+C_1^*x,$$

即

$$\frac{dy}{dx}=x(e^x+C_1^*).$$

所以原方程的通解为

$$y=\int(xe^x+C_1^*x)dx+C_2=e^x(x-1)+C_1x^2+C_2(\text{其中 } C_1=\frac{C_1^*}{2}).$$

例 3 求方程 $y''=2yy'$满足初始条件 $y|_{x=0}=1,y'|_{x=0}=2$ 的特解.

解 方程属于不显含自变量 x 的类型(8-10). 令 $y'=p(y)$,则 $y''=p\frac{dp}{dy}$.

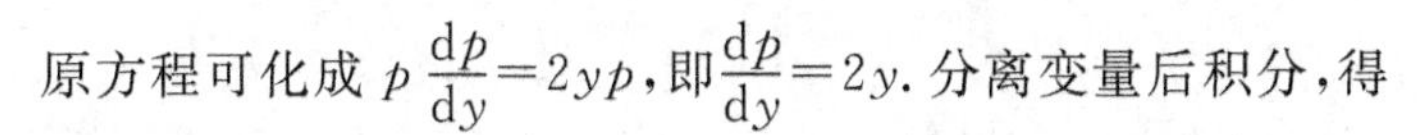

原方程可化成 $p\frac{\mathrm{d}p}{\mathrm{d}y}=2yp$，即$\frac{\mathrm{d}p}{\mathrm{d}y}=2y$. 分离变量后积分，得

$$\int \mathrm{d}p=\int 2y\mathrm{d}y,\ p=y^2+C_1,\text{即 } y'=y^2+C_1.$$

以初始条件 $y|_{x=0}=1, y'|_{x=0}=2$ 代入上式，得 $C_1=1$，所以

$$y'=y^2+1,\text{即}\frac{\mathrm{d}y}{\mathrm{d}x}=y^2+1.$$

分离变量后积分，得

$$\int \frac{\mathrm{d}y}{y^2+1}=\int \mathrm{d}x,\text{即 } \arctan y=x+C_2.$$

以初始条件 $y|_{x=0}=1$ 代入，得 $C_2=\frac{\pi}{4}$. 故所求特解为

$$\arctan y=x+\frac{\pi}{4},\text{即 } y=\tan\left(x+\frac{\pi}{4}\right).$$

例 4　求微分方程 $y''-3y'^2=0$ 满足初始条件 $y(0)=0, y'(0)=-1$ 的特解.

解　视方程为(8-9)类型. 令 $y'=p(x), y''=p'$，代入原方程，方程降阶为

$$p'-3p^2=0,\text{即}\frac{\mathrm{d}p}{p^2}=3\mathrm{d}x.$$

两边积分，得$-\frac{1}{p}=3x+C_1$. 由 $y'(0)=p(0)=-1$，得 $C_1=1$. 代入后得一阶方程

$$y'=-\frac{1}{3x+1},\text{即 } \mathrm{d}y=-\frac{\mathrm{d}x}{3x+1}.$$

再次两边积分，得 $y=-\frac{1}{3}\ln(3x+1)+C_2$. 又由 $y(0)=0$，得 $C_2=0$，所以原方程的特解为

$$y=-\frac{1}{3}\ln(3x+1).$$

例 5　已知曲率处处为常数$\frac{1}{R}$的曲线，过点 $O(0,0)$ 且在 O 点有水平切线，求此曲线.

解　其实所求曲线必定是图8-4所示的两个半径为 R 的圆，本例不过是一个验证.

设所求曲线的方程为 $y=y(x)$，这样所求曲线必定是图 8-4 中上面一个圆的下半圆或下面一个圆的上半圆.

据曲率公式得到未知函数 y 应满足的微分方程及初始条件：

$$\begin{cases}\dfrac{|y''|}{(1+y'^2)^{\frac{3}{2}}}=\dfrac{1}{R}, & (1)\\ y|_{x=0}=y'|_{x=0}=0. & (2)\end{cases}$$

设 $y''\geqslant 0$，则由(1)式得

$$y''=\frac{1}{R}(1+y'^2)^{\frac{3}{2}}. \quad (3)$$

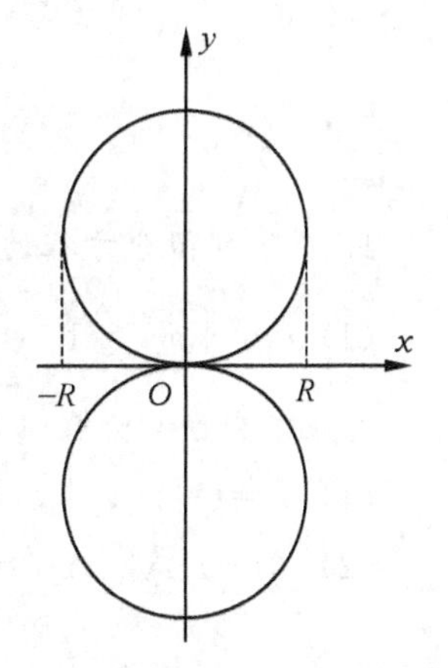

图 8-4

作变换 $y'=p(x)$，则 $y''=\frac{\mathrm{d}p}{\mathrm{d}x}$，代入(3)式，得

$$\frac{\mathrm{d}p}{\mathrm{d}x}=\frac{1}{R}(1+p^2)^{\frac{3}{2}},$$

分离变量得

$$\frac{\mathrm{d}p}{\sqrt{(1+p^2)^3}}=\frac{1}{R}\mathrm{d}x.$$

两边积分,查简易积分表,解得

$$\frac{p}{\sqrt{1+p^2}}=\frac{x}{R}+C_1.$$

以初始条件(2)式代入,得 $C_1=0$,所以

$$\frac{p}{\sqrt{1+p^2}}=\frac{x}{R},\text{即 } p^2=\frac{x^2}{R^2-x^2}\text{ 或 } p=\frac{\mathrm{d}y}{\mathrm{d}x}=\pm\frac{x}{\sqrt{R^2-x^2}}.$$

分离变量并积分,得 $y=\pm\sqrt{R^2-x^2}+C_2$. 据初始条件(2)得 $C_2=\pm R$,所以

$$y=\pm\sqrt{R^2-x^2}\pm R \text{ 或 } x^2+(y\pm R)^2=R^2.$$

所以所求曲线是方程 $x^2+(y-R)^2=R^2(y<R)$ 的下半圆,或者是方程 $x^2+(y+R)^2=R^2(y>-R)$ 的上半圆.

如设 $y''\leqslant 0$,则由(1)式得到的是 $-y''=\frac{1}{R}(1+y'^2)^{\frac{3}{2}}$,与上面解法类似.

随堂练习 8-3

求解下列微分方程:

(1) $y'''=2x+\sin x$;　　(2) $xy''=y'$;　　(3) $yy''+(y')^3=0, y(0)=y'(0)=1$.

习 题 8-3

1. 求下列微分方程的通解:

(1) $x^2y''+xy'=1$;　　(2) $y''=\frac{1}{1+x^2}$;　　(3) $yy''-y'^2=0$.

2. 求下列微分方程满足初始条件的特解:

(1) $y''=(y')^{\frac{1}{2}}, y|_{x=0}=0, y'|_{x=0}=1$;

(2) $(1-x^2)y''-xy'=3, y|_{x=0}=0, y'|_{x=0}=0$.

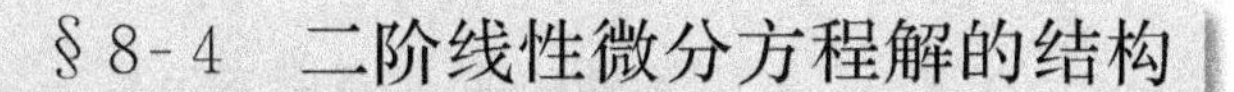

§8-4　二阶线性微分方程解的结构

在第二节中我们讨论了一阶线性微分方程 $y'+P(x)y=Q(x)$ 的解法，其通解为

$$y=Ce^{-\int P(x)dx}+e^{-\int P(x)dx}\int Q(x)e^{\int P(x)dx}dx.$$

在实际问题中，我们还会遇到比一阶线性微分方程更为复杂的二阶线性微分方程，其形式如下：

$$y''+P(x)y'+Q(x)y=f(x). \tag{8-11}$$

当 $f(x)\neq 0$ 时，方程(8-11)称为**二阶非齐次线性微分方程**. 当 $f(x)\equiv 0$ 时，方程(8-11)变为

$$y''+P(x)y'+Q(x)y=0. \tag{8-12}$$

方程(8-12)称为**二阶齐次线性微分方程**.

一、二阶齐次线性微分方程解的结构

定理 1　如果函数 y_1 和 y_2 是方程(8-12)的两个解，那么

$$y=C_1y_1+C_2y_2$$

也是方程(8-12)的解，其中 C_1,C_2 是任意常数.

证　将 $y=C_1y_1+C_2y_2$ 代入方程(8-12)的左边，得

$$\begin{aligned}&(C_1y_1+C_2y_2)''+P(x)(C_1y_1+C_2y_2)'+Q(x)(C_1y_1+C_2y_2)\\=&C_1[y_1''+P(x)y_1'+Q(x)y_1]+C_2[y_2''+P(x)y_2'+Q(x)y_2].\end{aligned}$$

由于 y_1 和 y_2 是方程(8-12)的解，即

$$y_1''+P(x)y_1'+Q(x)y_1=0,$$

$$y_2''+P(x)y_2'+Q(x)y_2=0,$$

因此　$(C_1y_1+C_2y_2)''+P(x)(C_1y_1+C_2y_2)'+Q(x)(C_1y_1+C_2y_2)=0.$

所以 $y=C_1y_1+C_2y_2$ 是方程(8-12)的解.

这个定理表明了齐次线性微分方程的解具有叠加性.

叠加起来的解 $y=C_1y_1+C_2y_2$ 从形式上看含有两个任意常数，但它还不一定是方程(8-12)的通解. 例如，可以验证 $y_1=\sin 2x$ 和 $y_2=\sin x\cos x$ 都是方程 $y''+4y=0$ 的解，而

$$\begin{aligned}y&=C_1y_1+C_2y_2=C_1\sin 2x+C_2\sin x\cos x\\&=\left(C_1+\frac{1}{2}C_2\right)\sin 2x=C\sin 2x,\text{其中 } C=C_1+\frac{1}{2}C_2.\end{aligned}$$

由于叠加起来的解只有一个独立的任意常数，所以它不是方程的通解. 那么在什么情况下 $y=C_1y_1+C_2y_2$ 才是方程(8-12)的通解呢？要解决这个问题，须引入函数的线性相关和线性无关的概念.

定义 设函数 y_1 和 y_2 不恒等于零,如果存在一常数 C,使 $y_2=Cy_1$,那么 y_1 与 y_2 称为**线性相关**;否则就称为**线性无关**.

显然,如果$\frac{y_2}{y_1}=C(y_1\neq 0)$,则 y_1 与 y_2 线性相关;如果$\frac{y_2}{y_1}$不恒等于一个常数,则 y_1 与 y_2 线性无关.

例如,函数 $y_1=\sin 2x$ 与 $y_2=\sin x\cos x$,由于$\frac{y_1}{y_2}=2$,所以 y_1,y_2 线性相关.

又如,$y_1=\mathrm{e}^{r_1x}$与 $y_2=\mathrm{e}^{r_2x}$,因为$\frac{y_2}{y_1}=\frac{\mathrm{e}^{r_2x}}{\mathrm{e}^{r_1x}}=\mathrm{e}^{(r_2-r_1)x}$,当 $r_1\neq r_2$ 时,指数函数 $\mathrm{e}^{(r_2-r_1)x}$不可能是常数,所以函数 e^{r_1x}与 e^{r_2x}当 $r_1\neq r_2$ 时线性无关.

定理 2 如果 y_1 和 y_2 是齐次线性微分方程(8-12)的两个线性无关的特解,那么

$$y=C_1y_1+C_2y_2$$

就是方程(8-12)的通解,其中 C_1 和 C_2 是任意常数.

容易验证 $y_1=\sin 2x$ 与 $y_2=\cos 2x$ 是二阶齐次线性微分方程

$$y''+4y=0$$

的两个特解,而$\frac{y_1}{y_2}=\frac{\sin 2x}{\cos 2x}=\tan 2x$ 不恒为常数,即 y_1 和 y_2 是线性无关的,所以 $y=C_1\sin 2x+C_2\cos 2x$ 是方程的通解.

又如,$y_1=\mathrm{e}^{-2x}$与 $y_2=\mathrm{e}^{-3x}$是方程 $y''+5y'+6y=0$ 的两个线性无关的特解,所以方程的通解为

$$y=C_1\mathrm{e}^{-2x}+C_2\mathrm{e}^{-3x}.$$

二、二阶非齐次线性微分方程解的结构

二阶非齐次线性微分方程通解的构成和一阶非齐次线性微分方程通解的构成完全类似.

定理 3 设 $\overline{y}$ 是二阶非齐次线性微分方程(8-11)的一个特解,Y 是方程(8-11)所对应的齐次方程(8-12)的通解,那么

$$y=Y+\overline{y}$$

是二阶非齐次线性微分方程(8-11)的通解.

例如,方程 $y''+4y=x$ 对应的齐次方程 $y''+4y=0$ 的通解为

$$Y=C_1\sin 2x+C_2\cos 2x.$$

又容易验证 $\overline{y}=\frac{1}{4}x$ 是该方程的一个特解,因此

$$y=C_1\sin 2x+C_2\cos 2x+\frac{1}{4}x$$

是该方程的通解.

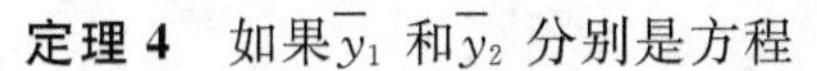

定理4　如果$\overline{y}_1$和$\overline{y}_2$分别是方程

$$y''+P(x)y'+Q(x)y=f_1(x)$$

和

$$y''+P(x)y'+Q(x)y=f_2(x)$$

的解，那么$y=C_1\overline{y}_1+C_2\overline{y}_2$是方程

$$y''+P(x)y'+Q(x)y=C_1f_1(x)+C_2f_2(x)$$

的解，其中C_1，C_2是常数.

随堂练习8-4

1. 下列各组函数哪些是线性相关的？哪些是线性无关的？

(1) x与$\sqrt{x}$；　(2) x^2与$2x^2$；

(3) e^{-x}与$3e^{-x}$；　(4) e^{-x}与e^x；

(5) e^x与xe^x；　(6) $e^{2x}\sin 2x$与$e^{2x}\cos 2x$.

2. 验证$y_1=e^{2x}$与$y_2=e^{3x}$都是方程$y''-5y'+6y=0$的解，并写出该方程的通解.

3. 验证$y_1=e^{-2x}$与$y_2=xe^{-2x}$都是方程$y''+4y'+4y=0$的解，并写出该方程的通解.

4. 验证$y_1=e^{-x}\sin 3x$与$y_2=e^{-x}\cos 3x$都是方程$y''+2y'+10y=0$的解，并写出该方程的通解.

5. 验证$y=C_1e^x+C_2e^{2x}+e^{3x}$($C_1$，$C_2$是任意常数)是方程$y''-3y'+2y=2e^{3x}$的通解.

习题8-4

1. 下列各组函数哪些是线性相关的？哪些是线性无关的？

(1) $\sin 2x$与$\cos 2x$；　(2) $\sin 2x$与$\sin x\cos x$；

(3) $e^x\sin 2x$与$e^x\cos 2x$；　(4) $\ln x$与$x\ln x$；

(5) e^{ax}与e^{bx} $(a\neq b)$.

2. 验证$y_1=\cos\omega x$与$y_2=\sin\omega x$都是方程$y''+\omega^2y=0$的解，并写出该方程的通解.

3. 验证$y_1=e^{x^2}$与$y_2=xe^{x^2}$都是方程$y''-4xy'+(4x^2-2)y=0$的解，并写出该方程的通解.

4. 验证$y_1=C_1e^x+C_2e^{2x}+\frac{1}{12}e^{5x}$($C_1$，$C_2$是任意常数)是方程$y''-3y'+2y=e^{5x}$的通解.

§8-5 二阶常系数齐次线性微分方程

方程

$$y''+py'+qy=0, \tag{8-13}$$

其中 p,q 是常数，称为**二阶常系数齐次线性微分方程**.

由上一节的定理 2 可知，求方程(8-13)的通解，关键在于求出方程的两个线性无关的特解 y_1 与 y_2. 我们分析方程(8-13)的特点后，设方程(8-13)的解是指数函数 $y=e^{rx}$（r 为常数），将 $y=e^{rx}$ 和它的一、二阶导数 $y'=re^{rx}$，$y''=r^2e^{rx}$ 代入方程(8-13)，得

$$e^{rx}(r^2+pr+q)=0.$$

因为 $e^{rx}\neq 0$，所以应有

$$r^2+pr+q=0. \tag{8-14}$$

显然，只要常数 r 满足方程(8-14)，函数 $y=e^{rx}$ 就是微分方程(8-13)的解.

称方程(8-14)为微分方程(8-13)的**特征方程**，特征方程的根 r 称为**特征根**.

按特征方程的根可能出现的三种不同情形分别讨论如下：

(1) 相异实根.

设 r_1,r_2 是特征方程的两个相异实根，这时微分方程(8-13)的两个特解为

$$y_1=e^{r_1x},y_2=e^{r_2x}.$$

由于$\dfrac{y_2}{y_1}=e^{(r_2-r_1)x}$不等于常数，所以方程(8-13)的通解为

$$y=C_1e^{r_1x}+C_2e^{r_2x}.$$

例 1 求微分方程 $y''-6y'+8y=0$ 的通解.

解 特征方程 $r^2-6r+8=0$ 的两个特征根是

$$r_1=4,r_2=2,$$

所以方程的通解为

$$y=C_1e^{4x}+C_2e^{2x}.$$

(2) 重根($r_1=r_2=r$).

这时只能得到微分方程的一个特解 $y_1=e^{rx}$，用常数变易法，即设 $y_2=C(x)y_1$ 是方程的另一个与 y_1 线性无关的解，代入方程(8-13)，其中 $C(x)$不是常数. 容易求出方程(8-13)的另一个特解 $y_2=xy_1=xe^{rx}$. 因此，微分方程的通解为

$$y=(C_1+C_2x)e^{rx}.$$

例 2 求微分方程 $y''-6y'+9y=0$ 满足初始条件 $y\big|_{x=0}=0$ 和 $y'\big|_{x=0}=1$ 的特解.

解 特征方程 $r^2-6r+9=0$ 的特征根为

$$r_1=r_2=3,$$

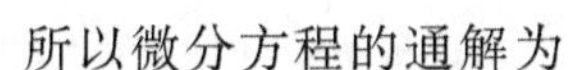

所以微分方程的通解为

$$y=(C_1+C_2x)e^{3x}.$$

求导得

$$y'=(3C_1+C_2+3C_2x)e^{3x},$$

将 $x=0$ 时，$y=0$，$y'=1$ 代入以上两式，得

$$C_1=0, C_2=1.$$

因此，满足初始条件的微分方程的特解为

$$y=xe^{3x}.$$

(3) 共轭复数根.

设 $r_1=\alpha+\beta i$，$r_2=\alpha-\beta i$ 是特征方程的一对共轭复根，此时

$$y_1=e^{\alpha x}\cos\beta x, y_2=e^{\alpha x}\sin\beta x$$

是方程(8-13)的两个特解. 显然，它们是线性无关的.

因此，方程的通解为

$$y=e^{\alpha x}(C_1\cos\beta x+C_2\sin\beta x).$$

例 3　求微分方程 $y''+2y'+10y=0$ 的通解.

解　特征方程 $r^2+2r+10=0$ 的两个特征根为

$$r_1=-1+3i, r_2=-1-3i,$$

所以原方程的通解为

$$y=e^{-x}(C_1\cos 3x+C_2\sin 3x).$$

根据以上讨论，现将二阶常系数齐次线性微分方程的通解归纳如下表：

特征方程 $r^2+pr+q=0$ 的根的情形	方程 $y''+py'+qy=0$ 的通解
相异实根 $r_1\neq r_2$	$y=C_1e^{r_1x}+C_2e^{r_2x}$
重根 $r_1=r_2=r$	$y=(C_1+C_2x)e^{rx}$
共轭复根 $r=\alpha\pm\beta i$	$y=e^{\alpha x}(C_1\cos\beta x+C_2\sin\beta x)$

例 4　弹簧上端固定，下端悬挂质量为 m 的物体，如图 8-5 所示. 当物体处于静止状态时，物体所受的重力与弹簧的弹力大小相等，方向相反，这个位置称为物体的平衡位置. 当弹簧做上下振动时，物体受到与速度有关的阻力，求物体的运动规律.

解　取垂直向下为 x 轴的正方向，平衡位置为原点，在时刻 t，物体所在位置的坐标为 x. 作用于物体的力有弹簧的弹力 $-kx$ 及阻力 $-\mu\frac{dx}{dt}$（k 为弹簧的弹性系数，μ 为阻尼系数），于是

$$m\frac{d^2x}{dt^2}=-\mu\frac{dx}{dt}-kx \quad 或 \quad \frac{d^2x}{dt^2}+\frac{\mu}{m}\frac{dx}{dt}+\frac{k}{m}x=0.$$

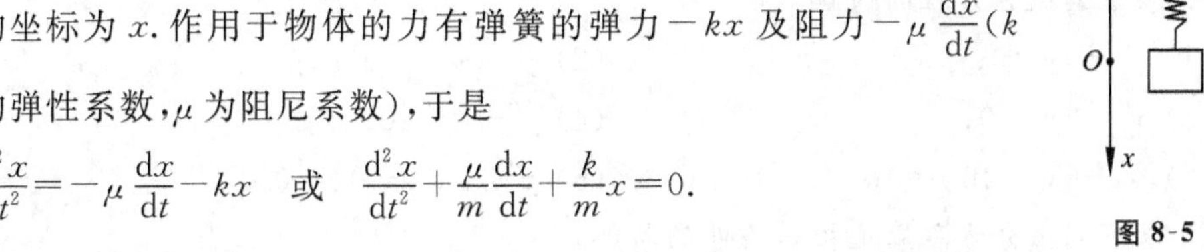

图 8-5

特征方程为 $r^2+\frac{\mu}{m}r+\frac{k}{m}=0$.

(1) 当 $\mu^2-4mk>0$ 时，r_1 与 r_2 为两个不相等的实根，$r_{1,2}=\frac{-\mu\pm\sqrt{\mu^2-4mk}}{2m}$，方程的通

解为

$$x=\mathrm{e}^{-\frac{\mu}{2m}t}\left(C_1\mathrm{e}^{\frac{\sqrt{\mu^2-4mk}}{2m}t}+C_2\mathrm{e}^{-\frac{\sqrt{\mu^2-4mk}}{2m}t}\right).$$

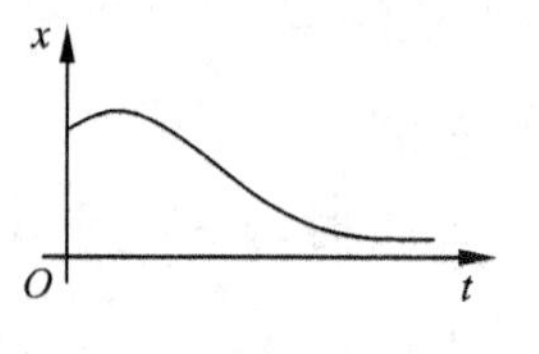

图 8-6

上式说明，当 μ 比 k 大得多，即在“大阻尼”的情况下，物体的运动按指数函数规律迅速衰减，不会产生振动，如图 8-6 所示.

（2）当 $\mu^2-4mk=0$ 时，$r_1=r_2=-\dfrac{\mu}{2m}$ 是相等的实根，于是方程的通解为

$$x=(C_1+C_2t)\mathrm{e}^{-\frac{\mu}{2m}t}.$$

上式说明，在这种情况（称为临界阻尼）下，物体也按指数函数规律做衰减运动，图形与图 8-6 相似.

（3）当 $\mu^2-4mk<0$ 时，则特征方程有一对复根

$$r_{1,2}=-\frac{\mu}{2m}\pm\frac{\sqrt{4mk-\mu^2}}{2m}\mathrm{i},$$

于是方程的通解为

$$x=\mathrm{e}^{-\frac{\mu}{2m}t}\left(C_1\cos\frac{\sqrt{4mk-\mu^2}}{2m}t+C_2\sin\frac{\sqrt{4mk-\mu^2}}{2m}t\right).$$

化为正弦型，得

$$x=A\mathrm{e}^{-\frac{\mu}{2m}t}\sin\left(\frac{\sqrt{4mk-\mu^2}}{2m}t+\varphi\right),$$

其中 $A=\sqrt{C_1^2+C_2^2}$，$\sin\varphi=\dfrac{C_1}{A}$，$\cos\varphi=\dfrac{C_2}{A}$，$\varphi$ 所在象限与点 (C_1, C_2) 所在象限相同.

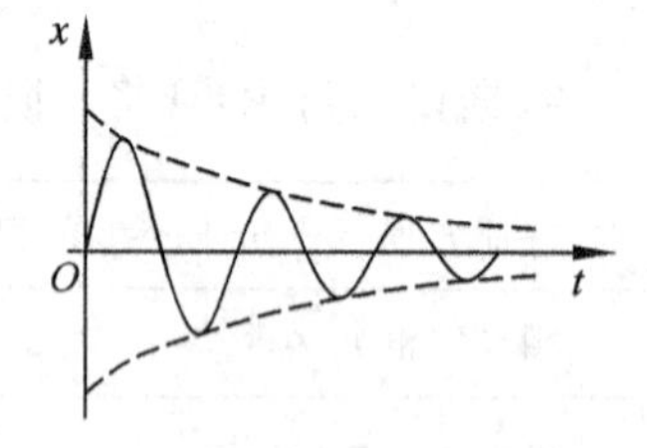

图 8-7

上式说明，当 μ 比 k 小得多，即在“小阻尼”的情况下，物体做衰减振荡运动，$\varphi=0$ 时的情形如图 8-7 所示.

随堂练习 8-5

1. 求下列微分方程的通解：

（1）$y''-9y=0$；（2）$y''+y'-2y=0$；

（3）$y''-2y'=0$；（4）$y''+4y=0$；

（5）$y''+6y'+10y=0$；（6）$y''-2y'+10y=0$.

2. 求下列微分方程满足初始条件的特解：

（1）$y''-4y'+3y=0, y\big|_{x=0}=6, y'\big|_{x=0}=0$；

（2）$4y''+4y'+y=0, y\big|_{x=0}=2, y'\big|_{x=0}=0$；

（3）$x''+2x'+5x=0, x\big|_{t=0}=2, x'\big|_{t=0}=0$.

3. 求简谐运动方程 $x''+100x=0$,满足 $t=0$ 时,$x=10$,$x'=50$ 的解,并求振幅、周期.

4. 一质点运动的加速度为 $a=-2v-5x$,如果 $t=0$ 时,$x=0$,$v_0=12$,求质点的运动方程.

习题 8-5

1. 求下列微分方程的通解:

(1) $y''+3y'+2y=0$;　　(2) $\frac{d^2s}{dt^2}+2\frac{ds}{dt}+s=0$;

(3) $y''-4y'+5y=0$;　　(4) $y''-2y'+(1-a^2)y=0\ (a>0)$.

2. 求下列微分方程满足所给初始条件的特解:

(1) $y''-3y'-4y=0, y\big|_{x=0}=0, y'\big|_{x=0}=-5$;

(2) $s''+2s'+s=0, s\big|_{t=0}=4, s'\big|_{t=0}=2$;

(3) $4y''+16y'+17y=0, y\big|_{t=0}=1, y'\big|_{t=0}=0$;

(4) $y''-4y'+13y=0, y\big|_{x=0}=0, y'\big|_{x=0}=3$.

3. 已知特征方程的根为下面的形式,试写出相应的二阶常系数齐次线性微分方程和它们的通解:

(1) $r_1=2, r_2=-1$;　　(2) $r_1=r_2=2$;　　(3) $r_1=-1+\mathrm{i}, r_2=-1-\mathrm{i}$.

4. 已知二阶常系数齐次线性微分方程的一个特解为 $y=\mathrm{e}^{nx}$,对应的特征方程的 $\Delta=0$,求此方程满足初始条件 $y\big|_{x=0}=1, y'\big|_{x=0}=1$ 的特解.

5. 在 R-L-C 回路中,电动势为 E 的电源向电容 C 充电,电容的初始电压为零,已知 $E=20\mathrm{V}$,$R=10^3\Omega$,$L=0.1\mathrm{H}$,$C=0.2\mu\mathrm{F}$,设开关闭合时 $t=0$,求开关闭合后回路中的电流 i.

§8-6 二阶常系数非齐次线性微分方程

在这一节里,我们讨论二阶常系数非齐次线性微分方程

$$y''+py'+qy=f(x)(f(x)\neq 0) \tag{8-15}$$

的求解问题.

根据二阶线性微分方程解的结构定理 3,这个问题归结为求方程(8-15)的一个特解$\overline{y}$和它对应的齐次方程(8-13)的通解 Y,和式 $y=Y+\overline{y}$即为方程(8-15)的通解.

当方程(8-15)的右端的函数 $f(x)$是某些特殊类型的函数时,我们用待定系数法就可以求得所需要的特解$\overline{y}$.

例 1 求方程 $y''+3y'-2y=xe^x$ 的一个特解.

解 设$\overline{y}=(Ax+B)e^x$(A,B 为待定常数),则$\overline{y}'=(A+B+Ax)e^x$,$\overline{y}''=(2A+B+Ax)e^x$,代入方程并约去 e^x,得

$$2Ax+5A+2B=x.$$

比较系数,得

$$2A=1,5A+B=0,即\ A=\frac{1}{2},B=-\frac{5}{4}.$$

所以微分方程的一个特解为

$$\overline{y}=\left(\frac{1}{2}x-\frac{5}{4}\right)e^x.$$

例 2 讨论方程 $y''+py'+qy=ke^{\lambda x}$($k$,$\lambda$ 为常数)的特解 $\overline{y}$ 的形式.

解 考虑到λ可能是特征方程$r^2+pr+q=0$ 的根,故先设 $\overline{y}=u(x)e^{\lambda x}$,代入方程,得

$$[u(x)e^{\lambda x}]''+p[u(x)e^{\lambda x}]'+q[u(x)e^{\lambda x}]=ke^{\lambda x},$$

即

$$u''+(2\lambda+p)u'+(\lambda^2+p\lambda+q)u=k.$$

(1) 如果λ不是特征方程的根,即$\lambda^2+p\lambda+q\neq 0$,要使上式两端恒等,可令 $u=A$,即应设特解 $\overline{y}=Ae^{\lambda x}$.

(2) 如果λ是特征方程的单根,即$\lambda^2+px+q=0$,且 $2\lambda+p\neq 0$,要使上式两端恒等,可令 $u=Ax$,即应设 $\overline{y}=Axe^{\lambda x}$.

(3) 如果λ是特征方程的重根,即$\lambda^2+p\lambda+q=0$,且 $2\lambda+p=0$,要使上式两端恒等,可令 $u=Ax^2$,即应设 $\overline{y}=Ax^2e^{\lambda x}$.

综合以上两例,有如下结论:

● 如果 $f(x)=P_m(x)e^{\lambda x}$,则方程(8-15)具有形如

$$\overline{y}=x^kQ_m(x)e^{\lambda x}$$

的特解,其中 $Q_m(x)$是与 $P_m(x)$同次(m 次)的多项式,而 k 按λ 不是特征方程的根、是特征方程的单根或重根,依次取 0、1 或 2.

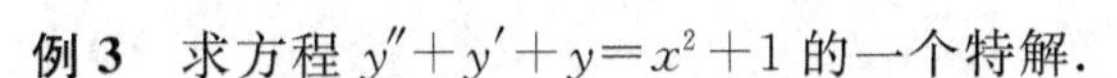

例3　求方程 $y''+y'+y=x^2+1$ 的一个特解.

解　方程的右端不出现 $e^{\lambda x}$，这时可认为 $\lambda=0$. 又原方程的特征方程为

$$r^2+r+1=0,$$

因此，$\lambda=0$ 不是特征方程的根，故设特解为(由求导可知，某二次多项式是方程的一个特解)

$$\overline{y}=Ax^2+Bx+C.$$

将它及它的导数代入微分方程，得

$$Ax^2+(2A+B)x+2A+B+C=x^2+1.$$

比较系数，得

$$A=1,2A+B=0,2A+B+C=1,$$

即

$$A=1,B=-2,C=1.$$

于是求得微分方程的一个特解为

$$\overline{y}=x^2-2x+1.$$

例4　求方程 $y''-3y'+2y=(2x+1)e^x$ 的通解.

解　特征方程 $r^2-3r+2=0$ 的特征根为

$$r_1=1,r_2=2.$$

对应的齐次方程的通解为

$$Y=C_1e^x+C_2e^{2x}.$$

因为 $\lambda=1$ 是特征方程的单根，所以应设 $\overline{y}=x(Ax+B)e^x$，求导并代入原方程，得

$$-2Ax+2A-B=2x+1,$$

比较系数，得

$$-2A=2,2A-B=1,\text{即 } A=-1,B=-3.$$

于是求得原方程的一个特解为

$$\overline{y}=-x(x+3)e^x.$$

从而所求的通解为

$$y=C_1e^x+C_2e^{2x}-x(x+3)e^x.$$

● 如果 $f(x)=e^{\lambda x}(a\cos\omega x+b\sin\omega x)$，可以证明方程(8-15)具有形如

$$\overline{y}=x^ke^{\lambda x}(A\cos\omega x+B\sin\omega x)$$

的特解，其中 A,B 为待定系数，而 k 按 $\lambda\pm\omega i$ 不是特征方程的根、是特征方程的根，依次取 0 和 1.

例5　求方程 $y''+2y'+5y=3e^{-x}\sin x$ 的一个特解.

解　因为 $\lambda\pm\omega i=-1\pm i$ 不是特征方程 $r^2+2r+5=0$ 的根，所以可设 $\overline{y}=e^{-x}(A\cos x+B\sin x)$，求导并代入原方程，得

$$3A\cos x+3B\sin x=3\sin x,$$

比较系数，得

$$A=0,B=1.$$

因此，所求的一个特解为

$$y=e^{-x}\sin x.$$

例6　求微分方程 $y''+4y=e^{2x}+\cos 2x$ 满足初始条件 $y\big|_{x=0}=1,y'\big|_{x=0}=0$ 的解.

解 特征方程 $r^2+4=0$ 的特征根为

$$r=\pm 2\mathrm{i}.$$

对应的齐次方程的通解为

$$Y=C_1\cos 2x+C_2\sin 2x.$$

将原方程分为如下两个方程

$$y''+4y=\mathrm{e}^{2x}, \tag{1}$$

$$y''+4y=\cos 2x. \tag{2}$$

先求微分方程(1)的特解$\overline{y}_1$.

设 $\overline{y}_1=A\mathrm{e}^{2x}$,代入微分方程(1),得 $A=\frac{1}{8}$,所以 $\overline{y}_1=\frac{1}{8}\mathrm{e}^{2x}$.

再求微分方程(2)的特解 $\overline{y}_2$.

因 $\lambda\pm\omega\mathrm{i}=\pm 2\mathrm{i}$ 是特征方程的根,可设 $\overline{y}_2=x(B\cos 2x+C\sin 2x)$,代入微分方程(2),得

$$4C\cos 2x-4B\sin 2x=\cos 2x.$$

比较系数,得 $B=0,C=\frac{1}{4}$,因此

$$\overline{y}_2=\frac{1}{4}x\sin 2x.$$

根据§8-4定理4可知,原方程的一个特解为

$$\overline{y}=\overline{y}_1+\overline{y}_2=\frac{1}{8}\mathrm{e}^{2x}+\frac{1}{4}x\sin 2x.$$

原方程的通解为

$$y=C_1\cos 2x+C_2\sin 2x+\frac{1}{8}\mathrm{e}^{2x}+\frac{1}{4}x\sin 2x.$$

将上式求导,得

$$y'=-2C_1\sin 2x+2C_2\cos 2x+\frac{1}{4}\mathrm{e}^{2x}+\frac{1}{4}\sin 2x+\frac{1}{2}x\cos 2x.$$

将初始条件代入,得

$$\begin{cases}C_1+\frac{1}{8}=1,\\ 2C_2+\frac{1}{2}=0.\end{cases}$$

解得 $C_1=\frac{7}{8},C_2=-\frac{1}{4}$. 于是原方程满足初始条件的解为

$$y=\frac{7}{8}\cos 2x-\frac{1}{4}\sin 2x+\frac{1}{8}\mathrm{e}^{2x}+\frac{1}{4}x\sin 2x.$$

例7 在电感 L 和电容 C 的串联电路中,当开关合上后,电源 $E=U\sin\omega t$ 向电容充电,如图8-8所示,求电容器上电压 u 的变化规律.

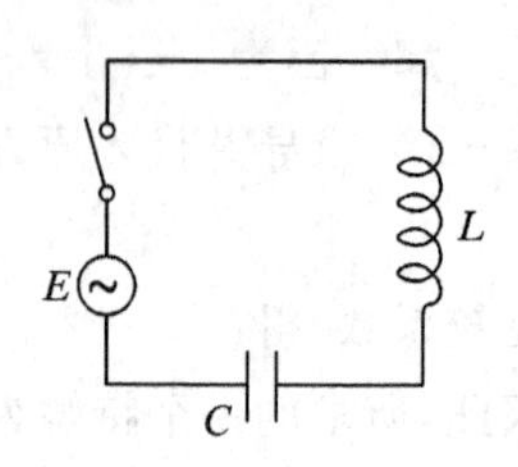

图8-8

解 根据回路电压定律可知

$$u_L+u_C=U\sin\omega t.$$

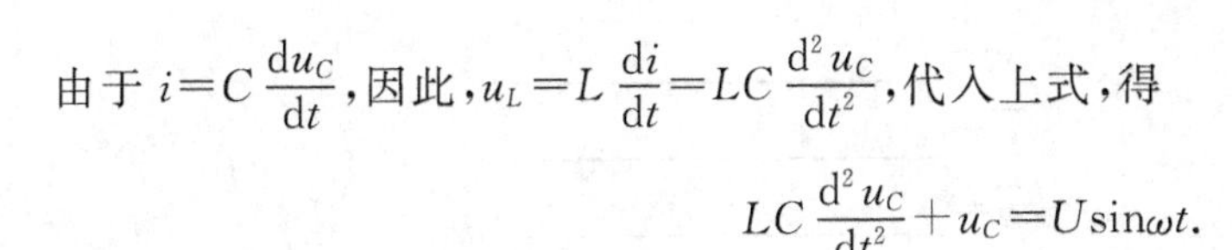

由于 $i=C\dfrac{\mathrm{d}u_C}{\mathrm{d}t}$，因此，$u_L=L\dfrac{\mathrm{d}i}{\mathrm{d}t}=LC\dfrac{\mathrm{d}^2u_C}{\mathrm{d}t^2}$，代入上式，得

$$LC\frac{\mathrm{d}^2u_C}{\mathrm{d}t^2}+u_C=U\sin\omega t.$$

令 $\dfrac{1}{LC}=k^2$，$\dfrac{U}{LC}=h$，方程变为

$$u_C''+k^2u_C=h\sin\omega t.$$

它的特征方程 $r^2+k^2=0$ 的根为 $r=\pm k\mathrm{i}$，对应的齐次方程的通解为

$$u_C=C_1\cos kt+C_2\sin kt \text{ 或 } u_C=A\sin(kt+\varphi).$$

(1) 如果 $\omega\neq k$，则 $\pm\omega\mathrm{i}$ 不是特征根，故设 $\overline{u}_C=A_1\cos\omega t+B_1\sin\omega t$，代入方程可求得

$$A_1=0,B_1=\frac{h}{k^2-\omega^2}.$$

于是

$$\overline{u}_C=\frac{h}{k^2-\omega^2}\sin\omega t.$$

从而得方程的通解为

$$u_C=A\sin(kt+\varphi)+\frac{h}{k^2-\omega^2}\sin\omega t.$$

(2) 如果 $\omega=k$，则 $\pm\omega\mathrm{i}$ 是特征根，故设 $\overline{u}_C=t(A_2\cos\omega t+B_2\sin\omega t)$，代入方程可求得

$$A_2=-\frac{h}{2k},B_2=0,$$

于是

$$\overline{u}_C=-\frac{h}{2k}t\cos\omega t.$$

从而得方程的通解为

$$u_C=A\sin(kt+\varphi)-\frac{h}{2k}t\cos\omega t.$$

用待定系数法求方程(8-15)的特解 $\overline{y}$，其形式归纳如下表：

$f(x)$的形式	特解 $\overline{y}$ 的形式
$P_m(x)\mathrm{e}^{\lambda x}$	$\overline{y}=x^kQ_m(x)\mathrm{e}^{\lambda x}$，$Q_m(x)$为与 $P_m(x)$同次的多项式 λ 不是特征根，取 $k=0$；λ 是特征方程的单根，取 $k=1$；λ 是特征方程的重根，取 $k=2$
$\mathrm{e}^{\lambda x}(a\cos\omega x+b\sin\omega x)$	$\overline{y}=x^k\mathrm{e}^{\lambda x}(A\cos\omega t+B\sin\omega x)$ $\lambda\pm\omega\mathrm{i}$ 不是特征方程的根，取 $k=0$；是特征方程的根，取 $k=1$

随堂练习 8-6

1. 写出下列微分方程的特解的形式：

(1) $y''+3y'+2y=(x+1)\mathrm{e}^x$，　　$\overline{y}=$____________________；

(2) $y''+3y'+2y=xe^{-x}$， $\overline{y}=$________；

(3) $y''+3y'+2y=e^{-2x}$， $\overline{y}=$________；

(4) $y''+4y'+4y=x^2e^{-2x}$， $\overline{y}=$________；

(5) $y''+2y'+2y=x^2e^{-x}$， $\overline{y}=$________；

(6) $y''+2y'+2y=e^{-x}\sin x$， $\overline{y}=$________.

2. 求微分方程 $y''+y=2x^2-3$ 的一个特解.

3. 求微分方程 $y''-5y'+6y=e^x$ 的一个特解.

4. 求微分方程 $y''+2y'-3y=4\sin x$ 的一个特解.

5. 求微分方程 $y''-2y'=3x+1$ 的通解.

6. 求微分方程 $y''+6y'+9y=5xe^{-3x}$ 的通解.

7. 求微分方程 $y''+4y=2\cos^2 x$ 满足初始条件 $y\big|_{x=0}=0, y'\big|_{x=0}=0$ 的一个特解.

习 题 8-6

1. 求下列微分方程的一个特解：

(1) $y''+2y'-3y=x^2+2x$；

(2) $y''+3y'=x^2+1$；

(3) $y''-5y'-14y=xe^x$；

(4) $y''+2y'+5y=3e^{-5x}$；

(5) $y''+4y'+4y=2e^{-2x}$；

(6) $y''+9y=3\sin 3x$；

(7) $y''+2y'+5y=3e^{-x}\cos x-20$.

2. 求下列微分方程的通解：

(1) $y''-2y'-3y=3x+2$；

(2) $x''+3x'-4x=5e^t$；

(3) $4y''+4y'+y=e^{\frac{x}{2}}$；

(4) $y''+y=x+1+\cos x$.

3. 求下列微分方程满足初始条件的特解：

(1) $y''+y=-\sin 2x$，当 $x=\pi$ 时，$y=y'=1$；

(2) $y''+y'-2y=2x, y\big|_{x=0}=0, y'\big|_{x=0}=3$；

(3) $x''+x=2\cos t, x\big|_{t=0}=2, x'\big|_{t=0}=0$；

(4) $2y''+2y'+y=26e^{2x}, y\big|_{x=0}=1, y'\big|_{x=0}=0$.

4. 一弹簧下端悬挂 10kg 物体时，弹簧伸长了 9.8cm，在平衡位置弹簧由静止受到一外力 $f=20\cos 5t$(N) 作用，物体向上的初速度为 10cm/s，并产生振动，如果阻力忽略不计，求物体的运动规律 $x(t)$.

5. 在电感 L、电容 C 及电源 E 的串联电路中，已知 $L=1$H，$C=0.04$F，$E=10\sin 10t$(V)，设在 $t=0$ 时将开关闭合，并设电容器初始电压为零，试求开关闭合后回路电流 $i(t)$.

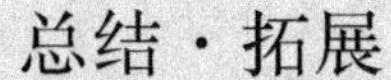

一、知识小结

本章介绍了微分方程的一些基础内容，重点是可分离变量微分方程、一阶线性微分方程、二阶常系数线性微分方程的解法.

本章的知识结构如下：

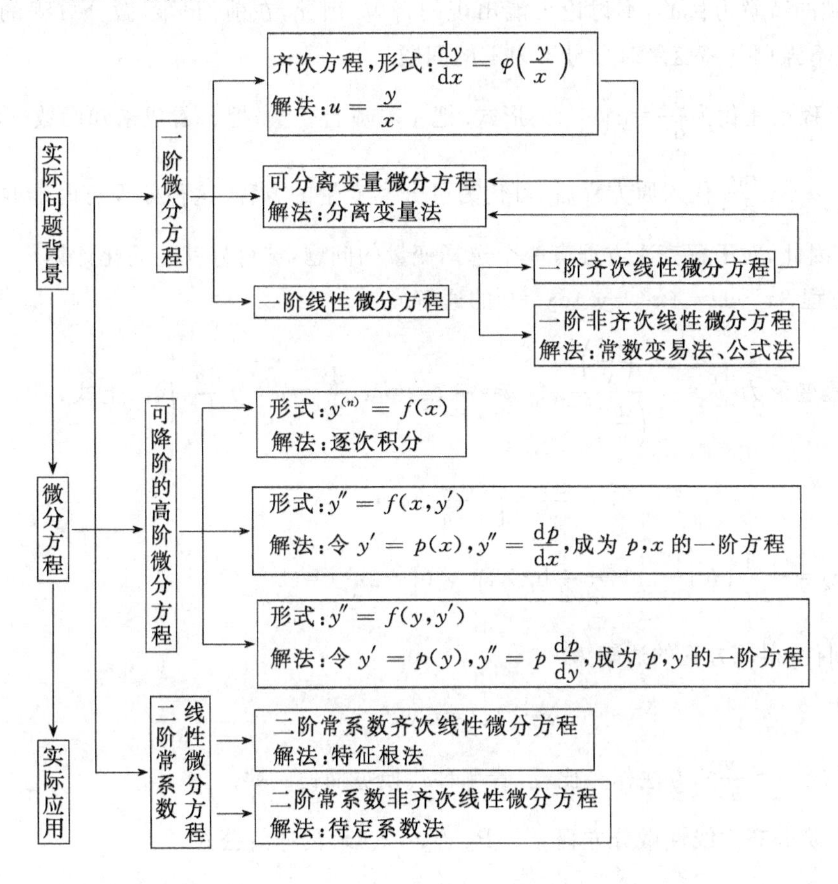

二、要点回顾

(1) 分离变量法是求微分方程解的最基本的方法.

一般地，形如$\frac{dy}{dx}=\frac{f(x)}{g(y)}$，$\frac{dy}{dx}=f(x)g(y)$或 $M(x)N(y)dx+M_1(x)N_1(y)dy=0$ 的方程都是可分离变量的，分离变量后依次成为如下形式：

$$g(y)\mathrm{d}y=f(x)\mathrm{d}x,\frac{\mathrm{d}y}{g(y)}=f(x)\mathrm{d}x \text{ 或 } \frac{N_1(y)}{N(y)}\mathrm{d}y=-\frac{M(x)}{M_1(x)}\mathrm{d}x.$$

必须指出,在分离变量的过程中,要求分母不等于0,若不注意这一条件,用分离变量法求方程的解时,可能会失去原方程的某些解.

例1 求方程$(1+y^2)\mathrm{d}x-x(1+x^2)y\mathrm{d}y=0$的通解.

解 显然$x=0$是积分曲线.

将方程分离变量,得$\frac{y}{1+y^2}\mathrm{d}y=\frac{\mathrm{d}x}{x(1+x^2)}$,两边积分,得原方程的通解为

$$(1+x^2)(1+y^2)=Cx^2\ (C\text{为任意常数}).$$

该通解中未能包含积分曲线$x=0$.之所以在求解过程中会丢失,是因为当$x=0$时分母为0,常称这种不包含在通解中的解为**奇解**.在目前阶段,我们一般总是以求通解或由通解结合初始条件得到的特解为目的,不讨论可能出现的奇解.因此,在前面学习微分方程的各种解法时,我们也不强调分离变量时分母不为零的问题.

(2) 齐次方程也能化为$\frac{\mathrm{d}x}{\mathrm{d}y}=\varphi\left(\frac{x}{y}\right)$的形式.把$y$看成自变量,把$x$看成未知函数,令$u=\frac{x}{y}$,$x=uy$,$\frac{\mathrm{d}x}{\mathrm{d}y}=u+y\frac{\mathrm{d}u}{\mathrm{d}y}$.代入原方程后,可化为可分离变量的方程.这种处理有时能收到简化运算的效果.因此,对于解齐次方程有一个选择变量的问题,选得好就能简化计算.

例2 求方程$3x^2y\mathrm{d}x-(x^3+y^3)\mathrm{d}y=0$的通解.

解 原方程变形为$\frac{\mathrm{d}x}{\mathrm{d}y}=\frac{1+\left(\frac{x}{y}\right)^3}{3\left(\frac{x}{y}\right)^2}$.令$u=\frac{x}{y}$,$x=uy$,$\frac{\mathrm{d}x}{\mathrm{d}y}=u+y\frac{\mathrm{d}u}{\mathrm{d}y}$,代入上式,得

$$\frac{\mathrm{d}y}{y}=\frac{3u^2}{1-2u^3}\mathrm{d}u.$$

两边积分,得$\ln y=-\frac{1}{2}\ln(1-2u^3)+\frac{1}{2}\ln C$,即$y^2(1-2u^3)=C$.

将$u=\frac{x}{y}$回代,得原方程的通解为

$$y^3-2x^3=Cy.$$

读者不妨与令$u=\frac{y}{x}$的方法作一比较,看哪种代换更简便一些.

(3) 利用一阶非齐次线性微分方程$y'+P(x)y=Q(x)$的通解公式

$$y=\mathrm{e}^{-\int P(x)\mathrm{d}x}\left[\int Q(x)\mathrm{e}^{\int P(x)\mathrm{d}x}\mathrm{d}x+C\right].$$

解题时,注意$P(x)$,$Q(x)$表示方程中y的系数和非齐次项,不要搞错位置,也要注意不要再加多余的任意常数.

(4) 对于$y''=f(x,y')$,$y''=f(y,y')$这两类基本的可降阶的高阶微分方程,要注意它们缺项的区别.虽然首次都是令$y'=p$,但在降阶为p的一阶方程时,对缺y的前者,自变量仍然是x,即设$y'=p(x)$,因此,$y''=p'$;而对缺x的后者,则是把y暂作自变量,即设$y'=$

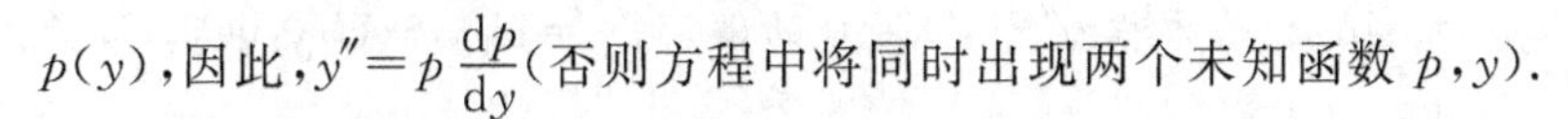

$p(y)$，因此，$y''=p\dfrac{\mathrm{d}p}{\mathrm{d}y}$（否则方程中将同时出现两个未知函数 p，y）.

（5）用特征根法求二阶常系数齐次线性微分方程的通解时，不用积分，只要解代数方程，根据根的情况，立即就能写出通解. 求非齐次线性方程的通解时所求的特解 $\overline{y}(x)$，与根据通解求满足初始条件的特解是不同的，之所以称其为特解，是因为在 $\overline{y}(x)$ 中不含任意常数，我们并不关心它所满足的初始条件是怎样的.

（6）为了求出二阶常系数非齐次线性微分方程的通解，除了要求出相应的齐次方程的通解外，还应求出非齐次方程的一个特解. 而这种特解是由方程右端的 $f(x)$ 决定的，对于不同类型的 $f(x)$，可能会有不同的特解. 本书只讨论了 $f(x)$ 为两种较为简单的形式时方程的特解的求法.

① $f(x)=P_n(x)\mathrm{e}^{\lambda x}$，其中 $P_n(x)$ 是一个 n 次多项式，λ 为常数. 根据多项式与指数函数乘积的导数仍是一个多项式与原来指数函数的乘积，经分析推导，得出特解的一般形式为 $\overline{y}=x^kQ_n(x)\mathrm{e}^{\lambda x}$，其中 $Q_n(x)$ 为与 $P_n(x)$ 同次的多项式，并对 k 值的取法作出相应的说明.

② $f(x)=\mathrm{e}^{\lambda x}(a\cos\omega x+b\sin\omega x)$，其中 λ,a,b,ω 均为常数，根据正弦和余弦的导数仍是余弦和正弦，因此不论 a，b 为何值时，非齐次方程的特解一般来说具有形式 $\overline{y}=x^k\mathrm{e}^{\lambda x}(A\cos\omega x+B\sin\omega x)$，并对 k 值的取法作出相应的说明.

复习题八

1. 填空题：

（1）微分方程 $y'+2xy=0$ 的通解是________________；

（2）微分方程 $xyy'=1-x^2$ 的通解是________________；

（3）微分方程 $y''+2y=0$ 的通解是________________；

（4）微分方程 $y''+y'-2y=0$ 的通解是________________；

（5）$xy'+y=3$ 满足初始条件 $y|_{x=1}=0$ 的特解是________________；

*（6）求 $y''+2y'=2x^2-1$ 的一个特解时，若使用待定系数法，则应设特解的形式为 $\overline{y}=$________________；

*（7）求 $y''+4y'+4y=x\mathrm{e}^{-2x}$ 的一个特解时，若使用待定系数法，则应设特解的形式为 $\overline{y}=$________________；

*（8）求 $y''+y'-2y=3\cos x-4\sin x$ 的一个特解时，若使用待定系数法，则应设特解的形式为 $\overline{y}=$________________.

2. 选择题：

（1）方程 $(y-\ln x)\mathrm{d}x+x\mathrm{d}y=0$ 是　　　　（　　）

A. 可分离变量方程　　　　B. 齐次方程

C. 一阶非齐次线性方程　　　　D. 一阶齐次线性方程

(2) 已知 $y_1=\cos\omega x, y_2=3\sin\omega x$ 是方程 $y''+\omega^2 y=0$ 的解，则 $y=C_1y_1+C_2y_2$(C_1, C_2 为任意常数)　　(　　)

A. 是方程的通解　　B. 是方程的解，但不是通解

C. 是方程的一个特解　　D. 不一定是方程的解

(3) 若 $x(t)=-\dfrac{1}{4}\cos 2t$ 是方程 $\dfrac{d^2x}{dt^2}+4x=\sin 2t$ 的一个特解，则方程的通解是　　(　　)

A. $x=C_1\sin 2t+C_2\cos 2t-\dfrac{1}{4}\cos 2t$　　B. $x=C_1\sin 2t-\cos 2t$

C. $x=(C_1+C_2t)e^{2t}-\dfrac{1}{4}\cos 2t$　　D. $x=C_1e^{2t}+C_2e^{-2t}-\dfrac{1}{4}\cos 2t$

(4) 微分方程 $y''-2y'+y=0$ 的一个特解是　　(　　)

A. $y=x^2e^x$　　B. $y=e^x$　　C. $y=x^3e^x$　　D. $y=e^{-x}$

(5) 微分方程 $(x-2y)y'=2x-y$ 的通解是　　(　　)

A. $x^2+y^2=C$　　B. $y+x=C$　　C. $y=x+1$　　D. $x^2-xy+y^2=C^2$

*(6) 下列函数组线性无关的是　　(　　)

A. $x^2, \dfrac{2}{3}x^2$　　B. $\sin 2x, \sin x\cos x$

C. $1+\cos x, \cos^2\dfrac{x}{2}$　　D. e^x, e^{-2x}

(7) 微分方程 $(y')^2+y'(y'')^3+xy^4=0$ 的阶数是　　(　　)

A. 1　　B. 2　　C. 3　　D. 4

(8) 在下列微分方程中，其通解为 $y=C_1\cos x+C_2\sin x$ 的是　　(　　)

A. $y''-y'=0$　　B. $y''+y'=0$　　C. $y''+y=0$　　D. $y''-y'=0$

3. 求下列微分方程的通解：

(1) $x\dfrac{dy}{dx}+y=xy\dfrac{dy}{dx}$;　　(2) $2x\sin y dx+(x^2+3)\cos y dy=0$;

(3) $(1+2e^{\frac{x}{y}})dx+2e^{\frac{x}{y}}\left(1-\dfrac{x}{y}\right)dy=0$;　　(4) $\dfrac{dy}{dx}=\dfrac{2(\ln x-y)}{x}$;

(5) $\dfrac{dy}{dx}+y=e^{-x}$;　　(6) $y'+y\tan x=\sin 2x$;

*(7) $y''=y'+x$;　　*(8) $y''+5y'+4y=3-2x$;

*(9) $y''+3y=2\sin x$.

4. 求下列微分方程满足所给初始条件的特解：

(1) $\sec^2 x\tan y dx+\sec^2 y\tan x dy=0, y\left(\dfrac{\pi}{4}\right)=\dfrac{\pi}{3}$;(2) $dy-(3x-2y)dx=0, y|_{x=0}=0$;

(3) $\dfrac{dy}{dx}+\dfrac{2y}{x}=\dfrac{x-1}{x^2}, y|_{x=1}=0$;　　(4) $y''=e^{3x}, y(1)=y'(1)=0$.

5. 一条曲线通过点(1,2)，它在两坐标轴间的任意切线线段均被切点所平分，求这条曲线的方程.

6. 一台电动机开动后，温度每分钟升高10℃，同时将按冷却定律不断散发热量. 设电机

安置在一个保持15℃恒温的房子里，求电机温度Q与时间t的函数关系.

*7. 方程$y''+4y=\sin x$的一条积分曲线过点(0,1)，并在这一点与直线$y=1$相切，求此曲线方程.

8. 一个质量为m的物体，其密度大于水的密度，则放在水面上松开手后在重力作用下会下沉. 设水的阻力与下沉速度的平方成正比，比例系数为$k>0$. 求物体下沉速度的变化规律，并证明物体速度很快接近于常数$v_0=\sqrt{\frac{mg}{k}}$，即物体近似于匀速v_0下沉.

第9章 多元函数微积分简介

多元函数微积分是一元函数微积分的推广和发展,许多概念以及处理问题的思想方法与一元函数的情形类似,但在某些方面又存在着本质的不同.本章首先介绍空间解析几何,然后介绍多元函数微积分的有关知识.

·学习目标·

1. 了解向量的概念及其表示,掌握向量的线性运算、数量积和向量积.
2. 了解单位向量、方向余弦、向量的坐标表达式,会用坐标表达式进行向量的运算.
3. 了解曲面方程的概念,掌握平面和直线的方程及其求法,了解常用二次曲面的方程及其图形.
4. 了解多元函数、二元函数的极限与连续性和偏导数的概念,会求二元函数的极值.
5. 了解二重积分的概念及性质,会计算二重积分.

·重点、难点·

重点:二元函数的微积分.
难点:二重积分.

§9-1 空间直角坐标系

一、空间直角坐标系的概念

在空间取三条相互垂直且相交于 O 点的数轴构成**空间直角坐标系**.这三条数轴按右手系依次称为 x **轴**(**横轴**)、y **轴**(**纵轴**)、z **轴**(**竖轴**)(图 9-1),三条轴统称为**坐标轴**,点 O 称为

坐标原点.

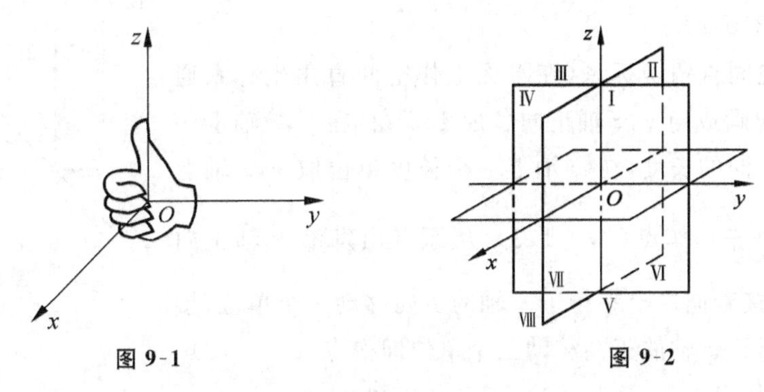

图 9-1　　　　图 9-2

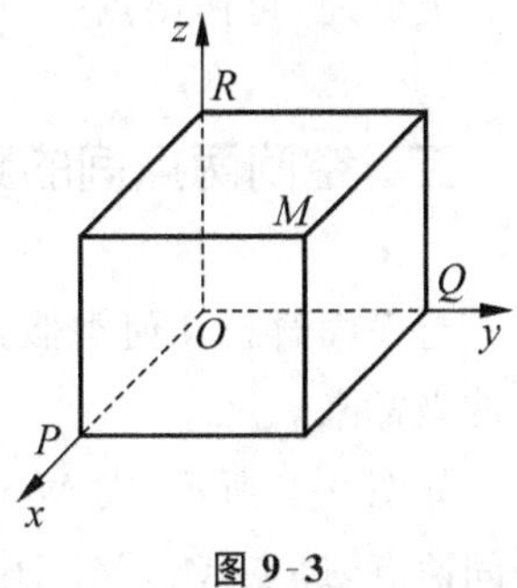

图 9-3

任意两条坐标轴所确定的平面称为**坐标面**. 空间直角坐标系共有 xOy,yOz,zOx 三个坐标面,这三个坐标面相互垂直且相交于原点 O. 它们把空间分成八个部分,每一部分称为一个**卦限**,各卦限的位置如图 9-2 所示. 建立了空间直角坐标系后,就可以像平面直角坐标系那样在空间确立点的直角坐标.

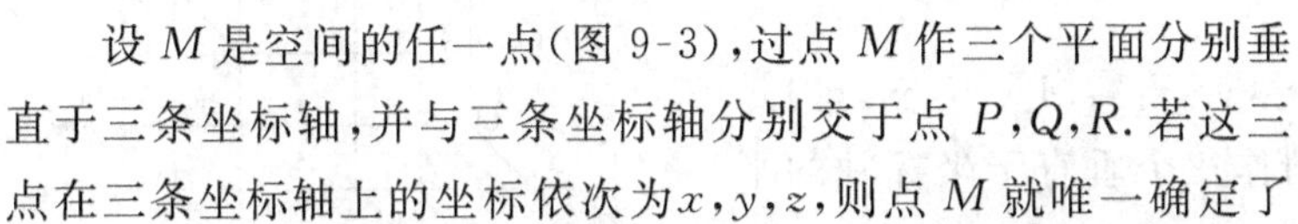

设 M 是空间的任一点(图 9-3),过点 M 作三个平面分别垂直于三条坐标轴,并与三条坐标轴分别交于点 P,Q,R. 若这三点在三条坐标轴上的坐标依次为 x,y,z,则点 M 就唯一确定了一个三元有序数组 (x,y,z);反过来,任给一个三元有序数组 (x,y,z),在 x 轴上取坐标为 x 的点 P,在 y 轴上取坐标为 y 的点 Q,在 z 轴上取坐标为 z 的点 R,然后过 P,Q,R 分别作三个垂直于相应坐标轴的平面,这三个平面的交点 M 就是空间对应于这个三元有序数组 (x,y,z) 的点. 由此可见,空间中的点 M 与三元有序数组 (x,y,z) 之间具有一一对应关系. (x,y,z) 称为点 M 的**坐标**,记作 $M(x,y,z)$. x,y,z 分别称为点 M 的**横坐标**、**纵坐标**和**竖坐标**(或称为 x **坐标**、y **坐标**、z **坐标**).

八个卦限里以及原点、坐标轴、坐标面上点的坐标的特征列表如下:

卦限	坐标符号	特殊点	坐标特征
Ⅰ	(+,+,+)	原点	$(0,0,0)$ 或 $x=y=z=0$
Ⅱ	(−,+,+)	x 轴上的点	$(x,0,0)$ 或 $y=z=0$
Ⅲ	(−,−,+)	y 轴上的点	$(0,y,0)$ 或 $x=z=0$
Ⅳ	(+,−,+)	z 轴上的点	$(0,0,z)$ 或 $x=y=0$
Ⅴ	(+,+,−)	xOy 面上的点	$(x,y,0)$ 或 $z=0$
Ⅵ	(−,+,−)	yOz 面上的点	$(0,y,z)$ 或 $x=0$
Ⅶ	(−,−,−)	zOx 面上的点	$(x,0,z)$ 或 $y=0$
Ⅷ	(+,−,−)		

例 1　指出下列各点所在的卦限:$(2,-1,-4)$,$(-1,-3,1)$,$(2,1,-1)$.

解　点 $(2,-1,-4)$ 在第Ⅷ卦限,点 $(-1,-3,1)$ 在第Ⅲ卦限,点 $(2,1,-1)$ 在第Ⅴ卦限.

例 2 在空间直角坐标系中作出点$(2,-1,3)$，$(-1,2,-1)$，$(2,0,2)$.

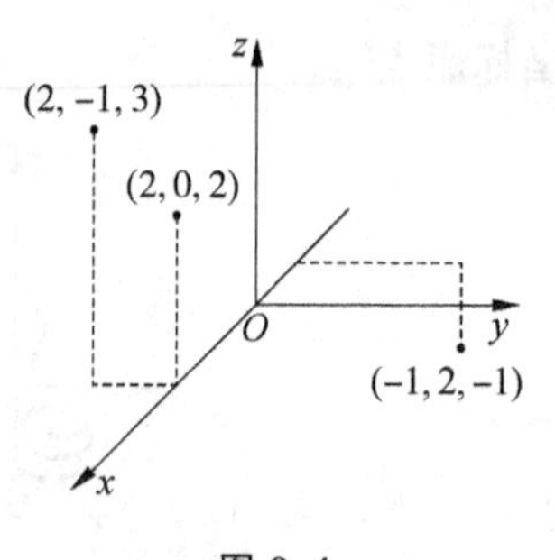

图 9-4

解 画出空间直角坐标系(在平面上作空间直角坐标系通常将x轴的正向画成与y,z轴正向各成135°角,在y,z轴上一个长度单位取相同的长度,在x轴上一个长度单位取y,z轴上一个长度单位的$\frac{\sqrt{2}}{2}$). 作点$(2,-1,3)$:从原点出发沿x轴正向移动两个单位,接着向左沿平行于y轴的负向移动一个单位,接着再向上沿平行于z轴的正向移动三个单位即得点$(2,-1,3)$.

类似地,可作出点$(-1,2,-1)$,$(2,0,2)$(图 9-4).

二、空间两点间的距离

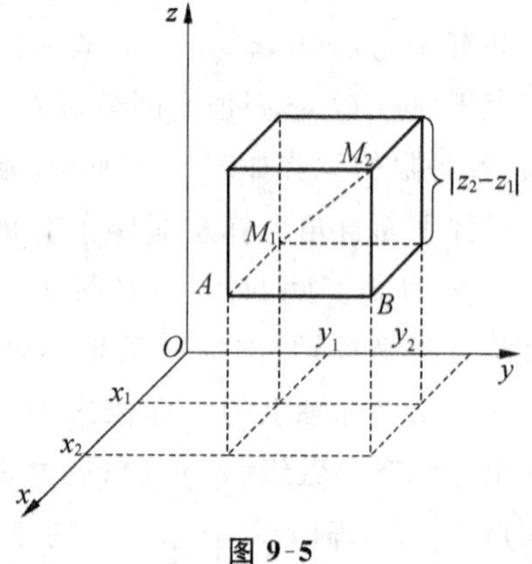

图 9-5

与平面解析几何类似,空间两点间的距离可用这两点的坐标来表示.

如图 9-5 所示,设$M_1(x_1,y_1,z_1)$,$M_2(x_2,y_2,z_2)$是空间两点,过点M_1,M_2分别作三个垂直于坐标轴的平面,这六个平面围成一个以M_1M_2为对角线的长方体,其长、宽、高三棱之长分别为$|AM_1|$,$|AB|$,$|BM_2|$,容易看出

$$|AM_1|=|x_2-x_1|,$$
$$|AB|=|y_2-y_1|,$$
$$|BM_2|=|z_2-z_1|.$$

根据勾股定理有

$$|M_1M_2|=\sqrt{|M_1B|^2+|BM_2|^2}=\sqrt{|AM_1|^2+|AB|^2+|BM_2|^2},$$

所以

$$|M_1M_2|=\sqrt{(x_2-x_1)^2+(y_2-y_1)^2+(z_2-z_1)^2}. \tag{9-1}$$

公式(9-1)称为**空间两点间的距离公式**.

特别地,点$M(x,y,z)$与坐标原点$O(0,0,0)$间的距离为

$$|OM|=\sqrt{x^2+y^2+z^2}. \tag{9-2}$$

例 3 求点$M(x,y,z)$到三条坐标轴的距离.

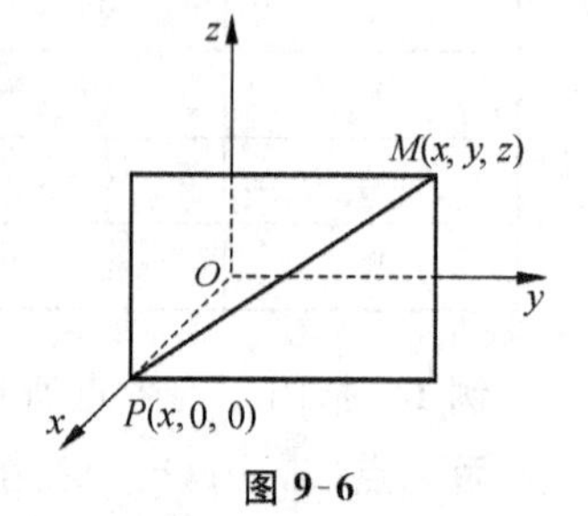

图 9-6

解 过点M作x轴的垂直平面与x轴交于P点,点P称为**点M在x轴上的投影**(图 9-6). 点P的坐标为$P(x,0,0)$,线段PM的长度就是点M到x轴的距离. 由公式(9-1)得

$$|PM|=\sqrt{(x-x)^2+(y-0)^2+(z-0)^2}=\sqrt{y^2+z^2}.$$

同理可得点M到y轴、z轴的距离分别为

$$|QM|=\sqrt{x^2+z^2},$$

$$|RM|=\sqrt{x^2+y^2},$$

其中点 Q,R 分别为点 M 在 y 轴和 z 轴上的投影.

例 4　求点 $M(x,y,z)$ 到三个坐标面的距离.

解　过点 M 作 xOy 面的垂线与 xOy 面交于 A 点，点 A 称为**点 M 在 xOy 面上的投影**，其坐标为 $A(x,y,0)$（图 9-7）.

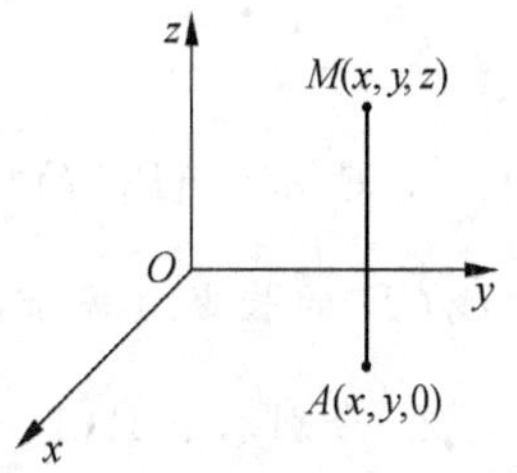

线段 AM 的长度就是点 M 到 xOy 面的距离，由公式(9-1)得

$$|AM|=\sqrt{(x-x)^2+(y-y)^2+(z-0)^2}=|z|.$$

图 9-7

同理可得点 M 到 yOz，zOx 面的距离分别为

$$|BM|=|x|,$$

$$|CM|=|y|,$$

其中 B,C 分别是点 M 在 yOz 面和 zOx 面上的投影.

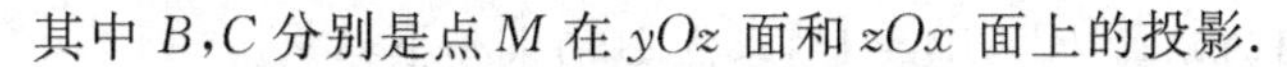

例 5　在 y 轴上求与点 $A(1,-3,7)$ 和 $B(5,7,-5)$ 等距离的点.

解　设所求的点的坐标为 $M(0,y,0)$，据题意有 $|AM|=|BM|$，即

$$\sqrt{(0-1)^2+(y+3)^2+(0-7)^2}=\sqrt{(0-5)^2+(y-7)^2+(0+5)^2},$$

经化简、整理，得 $y=2$.

故所求的点为 $M(0,2,0)$.

随堂练习 9-1

1. 在空间直角坐标系中作出下列各点：

$A(2,0,0)$，$B(0,-1,2)$，$C(-1,2,-1)$，$D(2,3,4)$.

2. 指出下列各点所在的卦限：

$A(1,2,3)$，$B(-3,2,1)$，$C\left(\frac{1}{2},-\frac{1}{2},-\frac{1}{2}\right)$，$D(-4,-4,2)$.

3. 求下列 M_1，M_2 两点之间的距离：

(1) $M_1(1,2,3)$，$M_2(1,3,0)$；

(2) $M_1(2,4,0)$，$M_2(3,5,7)$.

4. 自点 $P_0(x_0,y_0,z_0)$ 分别作各坐标面和各坐标轴的垂线，并写出各垂足的坐标.

5. 过点 $P_0(x_0,y_0,z_0)$ 分别作平行于 z 轴的直线和平行于 xOy 面的平面，问在它们上面的点的坐标各有什么特点？

6. 求点 $M(4,-3,5)$ 到原点、各坐标轴、各坐标面的距离.

习题 9-1

1. 已知$\triangle ABC$的顶点为$A(3,2,-1)$,$B(5,-4,7)$和$C(-1,1,2)$,求从顶点C所引的中线CD的长度.(提示:中点坐标公式为$x_0=\dfrac{x_1+x_2}{2}$,$y_0=\dfrac{y_1+y_2}{2}$,$z_0=\dfrac{z_1+z_2}{2}$)

2. 分别求点$A(1,-2,3)$和$B(x_0,y_0,z_0)$在各坐标轴上的投影及在各坐标面上的投影的坐标.

3. 分别求出点$A(1,-2,3)$,$B(x_0,y_0,z_0)$关于原点、三条坐标轴、三个坐标面对称点的坐标.

4. 设点$A(4,-7,1)$,$B(6,2,z)$间的距离为$|AB|=11$,求点B的未知坐标z.

5. 在x轴上求一点,使它到点$(-3,2,-2)$的距离为3.

6. 证明以点$A(4,1,9)$,$B(10,-1,6)$,$C(2,4,3)$为顶点的三角形是等腰直角三角形.

§9-2　向量的坐标表示

前面我们曾介绍过向量的概念以及向量的加减和向量的数乘运算. 现建立向量与有序数组之间的对应关系,给出向量的坐标表示.

一、向量的坐标表示

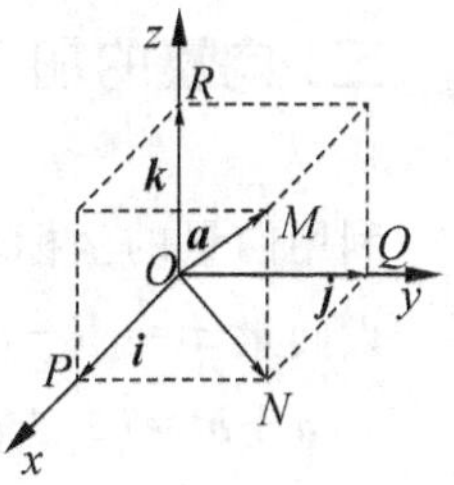

已知向量 $\boldsymbol{a}=\overrightarrow{OM}$, $\overrightarrow{OM}$ 的起点在坐标原点,终点为 $M(x,y,z)$(图 9-8). 由向量的加法得

$$\overrightarrow{OM}=\overrightarrow{ON}+\overrightarrow{NM}=\overrightarrow{OP}+\overrightarrow{OQ}+\overrightarrow{OR}.$$

图 9-8

现沿 x 轴、y 轴、z 轴的正向分别取单位向量,记作 $\boldsymbol{i},\boldsymbol{j},\boldsymbol{k}$,并称这三个向量为**基本单位向量**. 由向量的数乘知

$$\overrightarrow{OP}=x\boldsymbol{i},\overrightarrow{OQ}=y\boldsymbol{j},\overrightarrow{OR}=z\boldsymbol{k}.$$

这三个向量分别称为向量 $\boldsymbol{a}=\overrightarrow{OM}$ 在 x 轴、y 轴、z 轴上的分向量,于是

$$\boldsymbol{a}=\overrightarrow{OM}=x\boldsymbol{i}+y\boldsymbol{j}+z\boldsymbol{k}. \tag{9-3}$$

(9-3)式称为**向量 $\boldsymbol{a}$ 按基本单位向量的分解式.**

可以看出,任给一个以原点 O 为起点、M 为终点的向量 $\overrightarrow{OM}$,都可以由其终点坐标 (x,y,z) 表示为 $\overrightarrow{OM}=x\boldsymbol{i}+y\boldsymbol{j}+z\boldsymbol{k}$,即向量 $\overrightarrow{OM}$ 对应着唯一的一个三元有序数组 (x,y,z);反之,任给一个三元有序数组 (x,y,z),就对应一个以原点 O 为起点、以 $M(x,y,z)$ 为终点的向量 $\overrightarrow{OM}$. 由此可见,以原点为起点的向量与三元有序数组 (x,y,z) 是一一对应的. 因此,把 x,y,z 称为**向量 $\boldsymbol{a}$ 的坐标**,并记作 $\{x,y,z\}$,即

$$\boldsymbol{a}=\{x,y,z\}. \tag{9-4}$$

(9-4)式称为**向量 $\boldsymbol{a}$ 的坐标表示式.**

特别地,$\boldsymbol{0},\boldsymbol{i},\boldsymbol{j},\boldsymbol{k}$ 的坐标表示式分别为

$$\boldsymbol{0}=\{0,0,0\},\boldsymbol{i}=\{1,0,0\},\boldsymbol{j}=\{0,1,0\},\boldsymbol{k}=\{0,0,1\}.$$

对于起点不在原点的向量 $\boldsymbol{a}$,因平移后的向量与原向量相等,可以将 $\boldsymbol{a}$ 的起点平移到原点,故 $\boldsymbol{a}$ 也对应于一个三元有序数组.

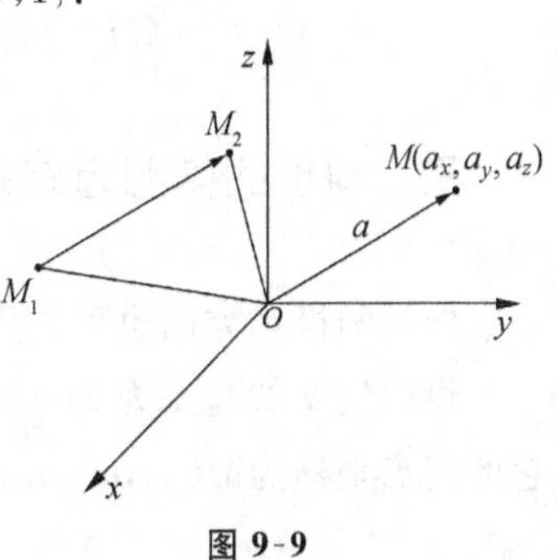

图 9-9

设向量 $\boldsymbol{a}$ 的起点为 $M_1(x_1,y_1,z_1)$,终点为 $M_2(x_2,y_2,z_2)$. 向量 $\boldsymbol{a}$ 的起点平移到原点 O 时终点为 M, $\boldsymbol{a}=\overrightarrow{OM}$. 设点 M 的坐标为 a_x,a_y,a_z(图 9-9),则

$$\boldsymbol{a}=a_x\boldsymbol{i}+a_y\boldsymbol{j}+a_z\boldsymbol{k}.$$

我们可以直接用向量 $\overrightarrow{M_1M_2}$ 的起点和终点坐标表示 $\overrightarrow{M_1M_2}$. 由

于 $a_x=x_2-x_1, a_y=y_2-y_1, a_z=z_2-z_1$,因此

$$\overrightarrow{M_1M_2}=(x_2-x_1)\boldsymbol{i}+(y_2-y_1)\boldsymbol{j}+(z_2-z_1)\boldsymbol{k} \tag{9-5}$$

或

$$\overrightarrow{M_1M_2}=\{x_2-x_1, y_2-y_1, z_2-z_1\}. \tag{9-6}$$

(9-5)式称为**向量$\overrightarrow{M_1M_2}$按基本单位向量的分解式**,(9-6)式称为**向量$\overrightarrow{M_1M_2}$的坐标表示式**.

二、向量的加、减及数乘运算的坐标表示

利用向量的坐标表示,可以将向量加、减及数乘的运算转化为坐标之间的代数运算.

设向量 $\boldsymbol{a}=a_x\boldsymbol{i}+a_y\boldsymbol{j}+a_z\boldsymbol{k}, \boldsymbol{b}=b_x\boldsymbol{i}+b_y\boldsymbol{j}+b_z\boldsymbol{k}$,则

$$\begin{aligned}\boldsymbol{a}+\boldsymbol{b}&=(a_x+b_x)\boldsymbol{i}+(a_y+b_y)\boldsymbol{j}+(a_z+b_z)\boldsymbol{k}\\&=\{a_x+b_x, a_y+b_y, a_z+b_z\},\end{aligned} \tag{9-7}$$

$$\begin{aligned}\boldsymbol{a}-\boldsymbol{b}&=(a_x-b_x)\boldsymbol{i}+(a_y-b_y)\boldsymbol{j}+(a_z-b_z)\boldsymbol{k}\\&=\{a_x-b_x, a_y-b_y, a_z-b_z\},\end{aligned} \tag{9-8}$$

$$\begin{aligned}\lambda\boldsymbol{a}&=\lambda a_x\boldsymbol{i}+\lambda a_y\boldsymbol{j}+\lambda a_z\boldsymbol{k}\\&=\{\lambda a_x, \lambda a_y, \lambda a_z\}(\lambda\text{ 为实数}).\end{aligned} \tag{9-9}$$

这就是说,向量和(差)的坐标等于它们对应坐标的和(差),向量与实数的乘积的坐标等于该实数乘以向量的每个坐标.

例 1 设向量 $\boldsymbol{a}=3\boldsymbol{i}-\boldsymbol{j}+2\boldsymbol{k}, \boldsymbol{b}=-2\boldsymbol{i}-2\boldsymbol{j}+\boldsymbol{k}$,用基本单位向量的分解式表示 $\boldsymbol{a}+\boldsymbol{b}$, $\boldsymbol{a}-\boldsymbol{b}$, $-3\boldsymbol{a}$.

解

$$\begin{aligned}\boldsymbol{a}+\boldsymbol{b}&=(3\boldsymbol{i}-\boldsymbol{j}+2\boldsymbol{k})+(-2\boldsymbol{i}-2\boldsymbol{j}+\boldsymbol{k})\\&=(3-2)\boldsymbol{i}+(-1-2)\boldsymbol{j}+(2+1)\boldsymbol{k}\\&=\boldsymbol{i}-3\boldsymbol{j}+3\boldsymbol{k},\end{aligned}$$

$$\begin{aligned}\boldsymbol{a}-\boldsymbol{b}&=(3\boldsymbol{i}-\boldsymbol{j}+2\boldsymbol{k})-(-2\boldsymbol{i}-2\boldsymbol{j}+\boldsymbol{k})\\&=[3-(-2)]\boldsymbol{i}+[-1-(-2)]\boldsymbol{j}+(2-1)\boldsymbol{k}\\&=5\boldsymbol{i}+\boldsymbol{j}+\boldsymbol{k},\end{aligned}$$

$$-3\boldsymbol{a}=-3(3\boldsymbol{i}-\boldsymbol{j}+2\boldsymbol{k})=-9\boldsymbol{i}+3\boldsymbol{j}-6\boldsymbol{k}.$$

三、向量的模和方向余弦的坐标表示

向量的模和方向也可以用向量的坐标来表示.

设向量 $\boldsymbol{a}$ 的起点为 $M_1(x_1, y_1, z_1)$,终点为 $M_2(x_2, y_2, z_2)$,将它的起点移到原点 O 时,它的终点坐标为$M(a_x, a_y, a_z)$(图 9-10). 由两点间的距离公式得向量 $\boldsymbol{a}$ 的模为

$$|\boldsymbol{a}|=\sqrt{a_x^2+a_y^2+a_z^2}. \tag{9-10}$$

公式(9-10)称为**向量模的坐标表示式**. 亦可结合(9-6)式直接用向量 $\boldsymbol{a}$ 原来的起点、终

点坐标表示向量 $\boldsymbol{a}$ 的模,即

$$|\boldsymbol{a}|=|\overrightarrow{M_1M_2}|=\sqrt{(x_2-x_1)^2+(y_2-y_1)^2+(z_2-z_1)^2}.$$

向量 $\boldsymbol{a}$ 的方向可用 $\boldsymbol{a}$ 分别与 x 轴、y 轴、z 轴的正向的夹角来确定.

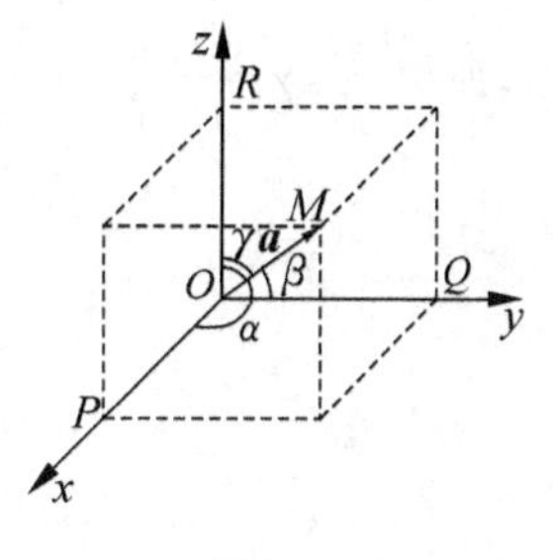

图 9-10

非零向量 $\boldsymbol{a}$ 分别与 x 轴、y 轴、z 轴正向的夹角 α,β,γ 称为向量 $\boldsymbol{a}$ 的**方向角**(图 9-10). 规定它们的取值范围为 $0\leqslant\alpha\leqslant\pi,0\leqslant\beta\leqslant\pi,0\leqslant\gamma\leqslant\pi$.

向量的方向角的余弦 $\cos\alpha,\cos\beta,\cos\gamma$ 称为该向量的**方向余弦**.

由余弦函数的定义得

$$\cos\alpha=\frac{a_x}{|\boldsymbol{a}|},\cos\beta=\frac{a_y}{|\boldsymbol{a}|},\cos\gamma=\frac{a_z}{|\boldsymbol{a}|},$$

因此

$$\cos\alpha=\frac{a_x}{\sqrt{a_x^2+a_y^2+a_z^2}},\cos\beta=\frac{a_y}{\sqrt{a_x^2+a_y^2+a_z^2}},\cos\gamma=\frac{a_z}{\sqrt{a_x^2+a_y^2+a_z^2}}. \tag{9-11}$$

公式(9-11)称为向量 $\boldsymbol{a}$ 的**方向余弦的坐标表示式.**

将(9-11)三式的两边分别平方后相加得

$$\cos^2\alpha+\cos^2\beta+\cos^2\gamma=1, \tag{9-12}$$

即任何一个非零向量的三个方向余弦的平方和等于1. 我们亦可用向量的模和方向余弦表示向量的坐标,即

$$\boldsymbol{a}=\{a_x,a_y,a_z\}=|\boldsymbol{a}|\{\cos\alpha,\cos\beta,\cos\gamma\}. \tag{9-13}$$

由(9-13)式可得

$$\boldsymbol{e}_a=\frac{\boldsymbol{a}}{|\boldsymbol{a}|}=\left\{\frac{a_x}{|\boldsymbol{a}|},\frac{a_y}{|\boldsymbol{a}|},\frac{a_z}{|\boldsymbol{a}|}\right\}=\{\cos\alpha,\cos\beta,\cos\gamma\}. \tag{9-14}$$

(9-14)式是用向量 $\boldsymbol{a}$ 的方向余弦表示与 $\boldsymbol{a}$ 同方向的单位向量 $\boldsymbol{e}_a$,且 $\boldsymbol{e}_a$ 的坐标就是向量 $\boldsymbol{a}$ 的方向余弦.

例 2　已知点 $M_1(2,2,\sqrt{2})$ 和 $M_2(1,3,0)$,计算向量 $\overrightarrow{M_1M_2}$ 的模、方向余弦和方向角.

解　$\overrightarrow{M_1M_2}=\{1-2,3-2,0-\sqrt{2}\}=\{-1,1,-\sqrt{2}\}$,

$$|\overrightarrow{M_1M_2}|=\sqrt{(-1)^2+1^2+(-\sqrt{2})^2}=2,$$

$$\cos\alpha=-\frac{1}{2},\cos\beta=\frac{1}{2},\cos\gamma=-\frac{\sqrt{2}}{2},$$

$$\alpha=\frac{2\pi}{3},\beta=\frac{\pi}{3},\gamma=\frac{3\pi}{4}.$$

例 3　设向量 $\boldsymbol{a}$ 的两个方向余弦 $\cos\alpha=\frac{2}{7},\cos\beta=\frac{3}{7}$,又知 $\boldsymbol{a}$ 与 z 轴正向的夹角为钝角,求 $\cos\gamma$.

解　因为 $\cos^2\alpha+\cos^2\beta+\cos^2\gamma=1$,且 $\cos\alpha=\frac{2}{7},\cos\beta=\frac{3}{7}$,故 $\cos\gamma=\pm\frac{6}{7}$. 又因 γ 是钝

角,所以 $\cos\gamma=-\frac{6}{7}$.

随堂练习 9-2

1. 求向量 $\boldsymbol{a}=\{1,\sqrt{2},-1\}$ 的模、方向余弦、方向角及与 $\boldsymbol{a}$ 同方向的单位向量.

2. 已知向量 $\boldsymbol{a}=\{3,5,-1\}$,$\boldsymbol{b}=\{2,2,3\}$,$\boldsymbol{c}=\{4,-1,-3\}$,求下列各向量的坐标:

(1) $2\boldsymbol{a}$; (2) $\boldsymbol{a}+\boldsymbol{b}-\boldsymbol{c}$; (3) $2\boldsymbol{a}-3\boldsymbol{b}$.

3. 求向量 $\boldsymbol{a}=\boldsymbol{i}+\sqrt{2}\boldsymbol{j}+\boldsymbol{k}$ 与坐标轴间的夹角.

4. 一向量与三坐标轴的夹角依次为 α,β,γ,且 $\alpha=\beta,\gamma=2\alpha$,试确定该向量的方向角.

5. 一向量 $\overrightarrow{AB}=\{4,-4,7\}$,其终点为点 $B(2,-1,7)$,求这个向量的起点 A 的坐标.

6. 从点 $A(2,-1,7)$ 沿向量 $\boldsymbol{a}=8\boldsymbol{i}+9\boldsymbol{j}-12\boldsymbol{k}$ 的方向取线段长 $|\overrightarrow{AB}|=34$,求点 B 的坐标.

习 题 9-2

1. 已知向量 $\boldsymbol{a}=\{2,3,1\}$,$\boldsymbol{b}=\{1,-1,4\}$,求:

(1) $3\boldsymbol{a}$,$\boldsymbol{a}-3\boldsymbol{b}$ 的坐标;(2) 以 $\boldsymbol{a}$,$\boldsymbol{b}$ 为边的平行四边形对角线的长.

2. 求向量 $\overrightarrow{AB}$ 的模、方向余弦以及与 $\overrightarrow{AB}$ 同方向的单位向量的坐标表示式. 已知 A,B 点的坐标如下:

(1) $A(0,0,0)$,$B(2,3,5)$; (2) $A(1,-3,3)$,$B(4,2,-1)$.

3. 已知向量 $\boldsymbol{a}$ 的模为 $|\boldsymbol{a}|=6$,它与 x 轴、y 轴的正向的夹角分别为 $\frac{2\pi}{3}$,$\frac{\pi}{4}$,求此向量与 z 轴的正向的夹角及它的坐标表示式.

4. 已知向量 $\boldsymbol{a}=\{m,5,-1\}$ 和 $\boldsymbol{b}=\{3,1,n\}$ 互相平行,求 m,n 的值.

5. 设三个力 $\boldsymbol{f}_1=\{1,2,3\}$,$\boldsymbol{f}_2=\{-2,3,-4\}$,$\boldsymbol{f}_3=\{3,-4,5\}$ 同时作用于一点,求合力 $\boldsymbol{r}$ 的大小和方向(即方向余弦).

6. 分别求出向量 $\boldsymbol{a}=\boldsymbol{i}+\boldsymbol{j}+\boldsymbol{k}$,$\boldsymbol{b}=2\boldsymbol{i}-3\boldsymbol{j}+5\boldsymbol{k}$ 及 $\boldsymbol{c}=-2\boldsymbol{i}-\boldsymbol{j}+2\boldsymbol{k}$ 的模,并分别用单位向量 $\boldsymbol{e}_a$,$\boldsymbol{e}_b$,$\boldsymbol{e}_c$ 表示向量 $\boldsymbol{a}$,$\boldsymbol{b}$,$\boldsymbol{c}$.

§9-3　向量的数量积和向量积

一、两向量的数量积

1. 向量数量积的概念

设一物体在常力 $\boldsymbol{f}$ 的作用下沿直线从点 M_1 移动到点 M_2，以 $\boldsymbol{s}$ 表示位移 $\overrightarrow{M_1M_2}$. 由物理学知识知，力 $\boldsymbol{f}$ 所做的功为

$$W=|\boldsymbol{f}||\boldsymbol{s}|\cos\theta,$$

其中 θ 为 $\boldsymbol{f}$ 与 $\boldsymbol{s}$ 的夹角(图 9-11).

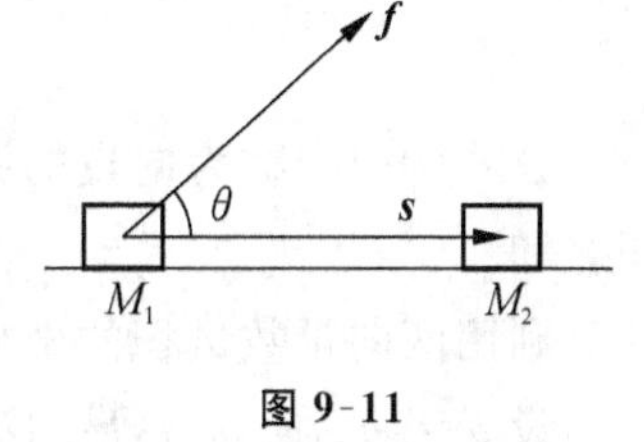

图 9-11

一般地，两向量 $\boldsymbol{a},\boldsymbol{b}$ 正方向间的夹角记作 $(\widehat{\boldsymbol{a},\boldsymbol{b}})$ 或 θ，且规定 $0\leqslant(\widehat{\boldsymbol{a},\boldsymbol{b}})\leqslant\pi$，由上述 W 的计算公式可知，W 取决于向量 $\boldsymbol{f}$ 与 $\boldsymbol{s}$. 类似的问题在力学、电学等学科中经常遇到，数学上将这类问题抽象为两个向量的数量积.

定义 1　两个向量 $\boldsymbol{a},\boldsymbol{b}$ 的模及其夹角余弦的连乘积，称为向量 $\boldsymbol{a},\boldsymbol{b}$ 的**数量积**，记作 $\boldsymbol{a}\cdot\boldsymbol{b}$(读作"$\boldsymbol{a}$ 点乘 $\boldsymbol{b}$")，即

$$\boldsymbol{a}\cdot\boldsymbol{b}=|\boldsymbol{a}||\boldsymbol{b}|\cos(\widehat{\boldsymbol{a},\boldsymbol{b}}).\tag{9-15}$$

依照这个定义，上述问题中力 $\boldsymbol{f}$ 所做的功 W 可表示为

$$W=\boldsymbol{f}\cdot\boldsymbol{s}.$$

两向量的数量积有以下运算性质：

(1) $\boldsymbol{a}\cdot\boldsymbol{a}=|\boldsymbol{a}|^2$ 或 $|\boldsymbol{a}|=\sqrt{\boldsymbol{a}\cdot\boldsymbol{a}}$；

(2) $\boldsymbol{a}\cdot\boldsymbol{0}=0$，其中 $\boldsymbol{0}$ 是零向量；

(3) 交换律　$\boldsymbol{a}\cdot\boldsymbol{b}=\boldsymbol{b}\cdot\boldsymbol{a}$；

(4) 结合律　$(\lambda\boldsymbol{a})\cdot\boldsymbol{b}=\boldsymbol{a}\cdot(\lambda\boldsymbol{b})=\lambda(\boldsymbol{a}\cdot\boldsymbol{b})$，其中 λ 为实数；

(5) 分配律　$(\boldsymbol{a}+\boldsymbol{b})\cdot\boldsymbol{c}=\boldsymbol{a}\cdot\boldsymbol{c}+\boldsymbol{b}\cdot\boldsymbol{c}$.

2. 两向量垂直的充要条件

定理 1　两向量 $\boldsymbol{a},\boldsymbol{b}$ 垂直的充要条件是 $\boldsymbol{a}\cdot\boldsymbol{b}=0$.

证　必要性.　若 $\boldsymbol{a}\perp\boldsymbol{b}$，则 $\theta=(\widehat{\boldsymbol{a},\boldsymbol{b}})=\dfrac{\pi}{2}$，由向量数量积的定义得

$$\boldsymbol{a}\cdot\boldsymbol{b}=|\boldsymbol{a}||\boldsymbol{b}|\cos\frac{\pi}{2}=0.$$

充分性.　若 $\boldsymbol{a}\cdot\boldsymbol{b}=0$，则由向量数量积的定义知

$$\theta=(\widehat{\boldsymbol{a},\boldsymbol{b}})=\frac{\pi}{2}\text{或 }\boldsymbol{a}=\boldsymbol{0}\text{ 或 }\boldsymbol{b}=\boldsymbol{0}.$$

因为零向量的方向任意,可以认为它与任何向量垂直,所以由上式得 $\boldsymbol{a}\perp\boldsymbol{b}$.

由此定理及向量数量积的定义,立即可得三个基本单位向量 $\boldsymbol{i},\boldsymbol{j},\boldsymbol{k}$ 之间的数量积为

$$\boldsymbol{i}\cdot\boldsymbol{i}=\boldsymbol{j}\cdot\boldsymbol{j}=\boldsymbol{k}\cdot\boldsymbol{k}=1;$$

$$\boldsymbol{i}\cdot\boldsymbol{j}=\boldsymbol{j}\cdot\boldsymbol{k}=\boldsymbol{k}\cdot\boldsymbol{i}=\boldsymbol{j}\cdot\boldsymbol{i}=\boldsymbol{k}\cdot\boldsymbol{j}=\boldsymbol{i}\cdot\boldsymbol{k}=0.$$

3. 向量的数量积的坐标表示

设向量 $\boldsymbol{a}=a_x\boldsymbol{i}+a_y\boldsymbol{j}+a_z\boldsymbol{k}$,$\boldsymbol{b}=b_x\boldsymbol{i}+b_y\boldsymbol{j}+b_z\boldsymbol{k}$,由向量数量积的运算性质得

$$\begin{aligned}\boldsymbol{a}\cdot\boldsymbol{b}&=(a_x\boldsymbol{i}+a_y\boldsymbol{j}+a_z\boldsymbol{k})\cdot(b_x\boldsymbol{i}+b_y\boldsymbol{j}+b_z\boldsymbol{k})\\&=a_xb_x(\boldsymbol{i}\cdot\boldsymbol{i})+a_xb_y(\boldsymbol{i}\cdot\boldsymbol{j})+a_xb_z(\boldsymbol{i}\cdot\boldsymbol{k})\\&\quad+a_yb_x(\boldsymbol{j}\cdot\boldsymbol{i})+a_yb_y(\boldsymbol{j}\cdot\boldsymbol{j})+a_yb_z(\boldsymbol{j}\cdot\boldsymbol{k})\\&\quad+a_zb_x(\boldsymbol{k}\cdot\boldsymbol{i})+a_zb_y(\boldsymbol{k}\cdot\boldsymbol{j})+a_zb_z(\boldsymbol{k}\cdot\boldsymbol{k}),\end{aligned}$$

所以

$$\boldsymbol{a}\cdot\boldsymbol{b}=a_xb_x+a_yb_y+a_zb_z. \tag{9-16}$$

公式(9-16)称为**向量的数量积的坐标表示式**,即两向量的数量积等于它们对应坐标乘积之和.

利用两向量数量积的坐标表示式,可得以下两个结论:

设 $\boldsymbol{a}=\{a_x,a_y,a_z\}$,$\boldsymbol{b}=\{b_x,b_y,b_z\}$,则

(1) $\boldsymbol{a}\perp\boldsymbol{b}\Leftrightarrow a_xb_x+a_yb_y+a_zb_z=0$,即两个向量垂直的充要条件是它们对应坐标乘积之和等于 0.

(2) $$\cos(\widehat{\boldsymbol{a},\boldsymbol{b}})=\frac{\boldsymbol{a}\cdot\boldsymbol{b}}{|\boldsymbol{a}||\boldsymbol{b}|}=\frac{a_xb_x+a_yb_y+a_zb_z}{\sqrt{a_x^2+a_y^2+a_z^2}\sqrt{b_x^2+b_y^2+b_z^2}}. \tag{9-17}$$

公式(9-17)称为**两非零向量 $\boldsymbol{a},\boldsymbol{b}$ 夹角余弦的坐标表示式.**

例 1 已知向量 $\boldsymbol{a}=\{11,10,2\}$,$\boldsymbol{b}=\{4,0,3\}$,求:(1) $\boldsymbol{a}\cdot\boldsymbol{b}$;(2) $\boldsymbol{a}$ 与 $\boldsymbol{b}$ 的夹角.

解 (1) 根据向量数量积的坐标表示式得

$$\boldsymbol{a}\cdot\boldsymbol{b}=a_xb_x+a_yb_y+a_zb_z=11\times4+10\times0+2\times3=50.$$

(2) $\boldsymbol{a}$ 与 $\boldsymbol{b}$ 夹角的余弦为

$$\cos(\widehat{\boldsymbol{a},\boldsymbol{b}})=\frac{\boldsymbol{a}\cdot\boldsymbol{b}}{|\boldsymbol{a}||\boldsymbol{b}|}=\frac{50}{15\times5}=\frac{2}{3},$$

故 $\boldsymbol{a}$ 与 $\boldsymbol{b}$ 的夹角为 $(\widehat{\boldsymbol{a},\boldsymbol{b}})=\arccos\frac{2}{3}$.

二、两向量的向量积

1. 向量积的概念

如图 9-12 所示,设 O 为杠杆的支点,力 $\boldsymbol{f}$ 作用于杠杆的 A 点处. 由力学知识知,力 $\boldsymbol{f}$ 对

支点O的力矩是一个向量$\boldsymbol{m}$，它的模为

$$|\boldsymbol{m}|=|\boldsymbol{f}||\overrightarrow{OP}|=|\boldsymbol{f}||\overrightarrow{OA}|\sin\theta,$$

这里θ为$\boldsymbol{f}$与$\overrightarrow{OA}$的夹角，$|\overrightarrow{OP}|=|\overrightarrow{OA}|\sin\theta$称为力臂.

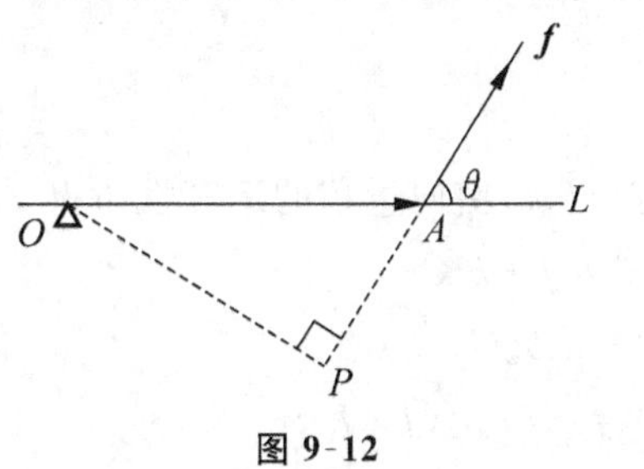

图 9-12

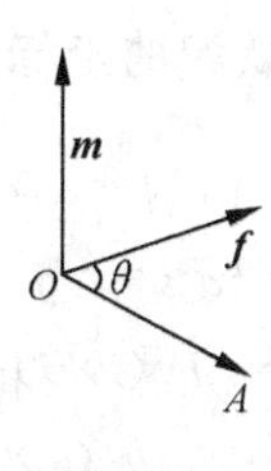

图 9-13

力矩$\boldsymbol{m}$的方向这样确定：$\boldsymbol{m}\perp\boldsymbol{f}$，$\boldsymbol{m}\perp\overrightarrow{OA}$，也就是$\boldsymbol{m}$垂直于$\boldsymbol{f}$和$\overrightarrow{OA}$所确定的平面. 当右手的四个手指从$\overrightarrow{OA}$抱拳握向$\boldsymbol{f}$时，大拇指所指的方向即为力矩$\boldsymbol{m}$的方向(图9-13). 这时称向量$\overrightarrow{OA}$，$\boldsymbol{f}$，$\boldsymbol{m}$构成**右手系**.

两个向量按上述方法确定出另一个向量，这样的问题在力学中经常遇到，数学上将这些问题抽象为两个向量的向量积.

定义2　设向量$\boldsymbol{c}$是由两个向量$\boldsymbol{a}$与$\boldsymbol{b}$按下列方式确定的：

(1) $|\boldsymbol{c}|=|\boldsymbol{a}||\boldsymbol{b}|\sin(\widehat{\boldsymbol{a},\boldsymbol{b}})$；

(2) $\boldsymbol{c}\perp\boldsymbol{a}$，$\boldsymbol{c}\perp\boldsymbol{b}$；

(3) $\boldsymbol{a}$，$\boldsymbol{b}$，$\boldsymbol{c}$构成右手系(图9-14).

则称向量$\boldsymbol{c}$是向量$\boldsymbol{a}$与$\boldsymbol{b}$的**向量积**，记作

$$\boldsymbol{c}=\boldsymbol{a}\times\boldsymbol{b}\text{(读作“}\boldsymbol{a}\text{ 叉乘 }\boldsymbol{b}\text{”)}.$$

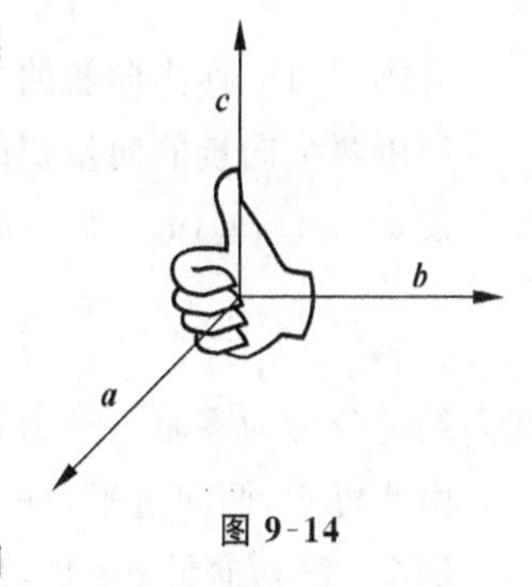

图 9-14

依照这个定义，力矩$\boldsymbol{m}$可表示为$\boldsymbol{m}=\overrightarrow{OA}\times\boldsymbol{f}$.

在几何上，向量积的模$|\boldsymbol{a}\times\boldsymbol{b}|=|\boldsymbol{a}||\boldsymbol{b}|\sin(\widehat{\boldsymbol{a},\boldsymbol{b}})$表示以向量$\boldsymbol{a}$与$\boldsymbol{b}$为边所构成的平行四边形的面积(图9-15).

两向量的向量积有以下运算性质：

(1) $\boldsymbol{a}\times\boldsymbol{a}=\boldsymbol{0}$；

(2) $\boldsymbol{a}\times\boldsymbol{0}=\boldsymbol{0}$；

(3) $\boldsymbol{b}\times\boldsymbol{a}=-\boldsymbol{a}\times\boldsymbol{b}$；

(4) 结合律　$(\lambda\boldsymbol{a})\times\boldsymbol{b}=\boldsymbol{a}\times(\lambda\boldsymbol{b})=\lambda(\boldsymbol{a}\times\boldsymbol{b})$($\lambda$为实数)；

(5) 分配律　$(\boldsymbol{a}+\boldsymbol{b})\times\boldsymbol{c}=\boldsymbol{a}\times\boldsymbol{c}+\boldsymbol{b}\times\boldsymbol{c}$.

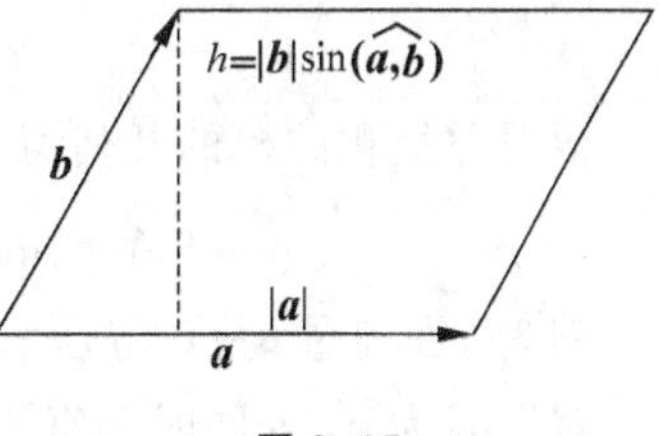

图 9-15

2. 两向量平行的充要条件

定理2　两向量$\boldsymbol{a}$，$\boldsymbol{b}$平行的充要条件是$\boldsymbol{a}\times\boldsymbol{b}=\boldsymbol{0}$.

由此定理及向量积的定义，立即可得三个基本单位向量$\boldsymbol{i}$，$\boldsymbol{j}$，$\boldsymbol{k}$之间的向量积为

$$\boldsymbol{i}\times\boldsymbol{i}=\boldsymbol{j}\times\boldsymbol{j}=\boldsymbol{k}\times\boldsymbol{k}=\boldsymbol{0};$$
$$\boldsymbol{i}\times\boldsymbol{j}=\boldsymbol{k},\boldsymbol{j}\times\boldsymbol{k}=\boldsymbol{i},\boldsymbol{k}\times\boldsymbol{i}=\boldsymbol{j};$$
$$\boldsymbol{j}\times\boldsymbol{i}=-\boldsymbol{k},\boldsymbol{k}\times\boldsymbol{j}=-\boldsymbol{i},\boldsymbol{i}\times\boldsymbol{k}=-\boldsymbol{j}.$$

3. 向量的向量积的坐标表示

设向量 $\boldsymbol{a}=a_x\boldsymbol{i}+a_y\boldsymbol{j}+a_z\boldsymbol{k}$，$\boldsymbol{b}=b_x\boldsymbol{i}+b_y\boldsymbol{j}+b_z\boldsymbol{k}$，由向量积的运算性质得

$$\begin{aligned}\boldsymbol{a}\times\boldsymbol{b}&=(a_x\boldsymbol{i}+a_y\boldsymbol{j}+a_z\boldsymbol{k})\times(b_x\boldsymbol{i}+b_y\boldsymbol{j}+b_z\boldsymbol{k})\\&=a_xb_x(\boldsymbol{i}\times\boldsymbol{i})+a_xb_y(\boldsymbol{i}\times\boldsymbol{j})+a_xb_z(\boldsymbol{i}\times\boldsymbol{k})\\&\quad+a_yb_x(\boldsymbol{j}\times\boldsymbol{i})+a_yb_y(\boldsymbol{j}\times\boldsymbol{j})+a_yb_z(\boldsymbol{j}\times\boldsymbol{k})\\&\quad+a_zb_x(\boldsymbol{k}\times\boldsymbol{i})+a_zb_y(\boldsymbol{k}\times\boldsymbol{j})+a_zb_z(\boldsymbol{k}\times\boldsymbol{k})\\&=(a_yb_z-a_zb_y)\boldsymbol{i}-(a_xb_z-a_zb_x)\boldsymbol{j}+(a_xb_y-a_yb_x)\boldsymbol{k}.\end{aligned}$$

为了便于记忆，借用三阶行列式的记号，上式可表示为

$$\boldsymbol{a}\times\boldsymbol{b}=\begin{vmatrix}\boldsymbol{i}&\boldsymbol{j}&\boldsymbol{k}\\a_x&a_y&a_z\\b_x&b_y&b_z\end{vmatrix}.\tag{9-18}$$

公式(9-18)称为**向量的向量积的坐标表示式**.

利用两个向量的向量积的坐标表示式可得以下重要结论：

设 $\boldsymbol{a}=\{a_x,a_y,a_z\}$，$\boldsymbol{b}=\{b_x,b_y,b_z\}$，则

$$\boldsymbol{a}/\!/\boldsymbol{b}\Leftrightarrow\boldsymbol{a}\times\boldsymbol{b}=\boldsymbol{0}\Leftrightarrow\frac{a_x}{b_x}=\frac{a_y}{b_y}=\frac{a_z}{b_z}.$$

我们约定分母为零时分子为零. 例如，若 $b_y=0$，则 $a_y=0$.

由此可知，两向量平行的充要条件是它们的对应坐标成比例.

例 2 已知向量 $\boldsymbol{a}=\{2,1,-1\}$，$\boldsymbol{b}=\{1,-1,2\}$，求 $\boldsymbol{a}\times\boldsymbol{b}$ 以及以 $\boldsymbol{a}$，$\boldsymbol{b}$ 为边的平行四边形的面积.

解 $\boldsymbol{a}\times\boldsymbol{b}=\begin{vmatrix}\boldsymbol{i}&\boldsymbol{j}&\boldsymbol{k}\\2&1&-1\\1&-1&2\end{vmatrix}=(2-1)\boldsymbol{i}-(4+1)\boldsymbol{j}+(-2-1)\boldsymbol{k}=\{1,-5,-3\}.$

根据向量积的模的几何意义知，以 $\boldsymbol{a}$，$\boldsymbol{b}$ 为边的平行四边形的面积为

$$A=|\boldsymbol{a}\times\boldsymbol{b}|=\sqrt{1^2+(-5)^2+(-3)^2}=\sqrt{35}.$$

例 3 设向量 $\boldsymbol{a}=\boldsymbol{i}+\boldsymbol{j}$，$\boldsymbol{b}=\boldsymbol{k}$，求同时垂直于 $\boldsymbol{a}$，$\boldsymbol{b}$ 的单位向量.

解 因为 $\boldsymbol{a}\times\boldsymbol{b}$ 同时垂直于 $\boldsymbol{a}$ 与 $\boldsymbol{b}$，设 $\boldsymbol{a}\times\boldsymbol{b}=\boldsymbol{c}$，则所求的单位向量为

$$\boldsymbol{e}_c=\pm\frac{\boldsymbol{a}\times\boldsymbol{b}}{|\boldsymbol{a}\times\boldsymbol{b}|},$$

而
$$\boldsymbol{a}\times\boldsymbol{b}=\begin{vmatrix}\boldsymbol{i}&\boldsymbol{j}&\boldsymbol{k}\\1&1&0\\0&0&1\end{vmatrix}=\boldsymbol{i}-\boldsymbol{j},$$

$$|\boldsymbol{a}\times\boldsymbol{b}|=\sqrt{1^2+(-1)^2}=\sqrt{2},$$

所以
$$e_c=\pm\frac{1}{\sqrt{2}}(\boldsymbol{i}-\boldsymbol{j}).$$

随堂练习 9-3

1. 已知向量 $\boldsymbol{a}=3\boldsymbol{i}+2\boldsymbol{j}-\boldsymbol{k}$ 与 $\boldsymbol{b}=\boldsymbol{i}-\boldsymbol{j}+2\boldsymbol{k}$：(1) 求 $\boldsymbol{a}$ 与 $\boldsymbol{b}$ 的数量积；(2) 分别求出数量积 $\boldsymbol{a}\cdot\boldsymbol{i},\boldsymbol{a}\cdot\boldsymbol{j},\boldsymbol{a}\cdot\boldsymbol{k}$.

2. 已知向量 $\boldsymbol{a}=\{1,1,-4\},\boldsymbol{b}=\{2,-2,1\}$：(1) 计算 $\boldsymbol{a}\cdot\boldsymbol{b}$；(2) 求 $|\boldsymbol{a}|,|\boldsymbol{b}|$ 和 $(\widehat{\boldsymbol{a},\boldsymbol{b}})$.

3. 已知三角形三个顶点的坐标是分别为 $A(-1,2,3),B(1,1,1)$ 和 $C(0,0,5)$，试证 $\triangle ABC$ 是直角三角形，并求角 B.

4. 证明向量 $\boldsymbol{a}=2\boldsymbol{i}-\boldsymbol{j}+\boldsymbol{k}$ 和向量 $\boldsymbol{b}=4\boldsymbol{i}+9\boldsymbol{j}+\boldsymbol{k}$ 互相垂直.

5. 已知向量 $\boldsymbol{a}=3\boldsymbol{i}+2\boldsymbol{j}-\boldsymbol{k}$ 与 $\boldsymbol{b}=\boldsymbol{i}-\boldsymbol{j}+2\boldsymbol{k}$：(1) 求 $\boldsymbol{a}$ 与 $\boldsymbol{b}$ 的向量积；(2) 分别求出向量积 $\boldsymbol{a}\times\boldsymbol{i},\boldsymbol{i}\times\boldsymbol{a}$.

6. 求向量 $\boldsymbol{a}$ 与 $\boldsymbol{b}$ 的向量积：

(1) $\boldsymbol{a}=\{1,1,1\},\boldsymbol{b}=\{3,-2,1\}$；(2) $\boldsymbol{a}=\{0,1,-1\},\boldsymbol{b}=\{1,-1,0\}$.

7. 求同时垂直于向量 $\boldsymbol{a}=2\boldsymbol{i}+2\boldsymbol{j}+\boldsymbol{k}$ 和 $\boldsymbol{b}=4\boldsymbol{i}+5\boldsymbol{j}+3\boldsymbol{k}$ 的单位向量.

习　题 9-3

1. 已知 $|\boldsymbol{a}|=3,|\boldsymbol{b}|=2,(\widehat{\boldsymbol{a},\boldsymbol{b}})=\frac{\pi}{3}$，求：(1) $\boldsymbol{a}\cdot\boldsymbol{b}$；(2) $|\boldsymbol{a}\times\boldsymbol{b}|$；(3) $(3\boldsymbol{a}+2\boldsymbol{b})\cdot(2\boldsymbol{a}-5\boldsymbol{b})$.

2. 已知向量 $\boldsymbol{a}=\boldsymbol{i}-\boldsymbol{j}+3\boldsymbol{k},\boldsymbol{b}=2\boldsymbol{i}-3\boldsymbol{j}+\boldsymbol{k}$，求：(1) $\boldsymbol{a}\cdot\boldsymbol{b}$；(2) $\boldsymbol{a}\times\boldsymbol{b}$；(3) 以 $\boldsymbol{a},\boldsymbol{b}$ 为边的平行四边形的面积；(4) $\cos(\widehat{\boldsymbol{a},\boldsymbol{b}})$.

3. 证明向量 $(\boldsymbol{b}\cdot\boldsymbol{c})\boldsymbol{a}-(\boldsymbol{a}\cdot\boldsymbol{c})\boldsymbol{b}$ 与向量 $\boldsymbol{c}$ 垂直.

4. 求同时垂直于 $\boldsymbol{a}=\{3,6,8\}$ 和 $\boldsymbol{b}=\{1,2,-1\}$ 的单位向量.

5. 已知向量 $\boldsymbol{a}=\{3,5,-4\},\boldsymbol{b}=\{2,1,8\}$，求 λ 的值使 $\lambda\boldsymbol{a}+\boldsymbol{b}$ 与 z 轴垂直.

6. 求与向量 $\boldsymbol{a}=\{2,-1,2\}$ 平行且满足 $\boldsymbol{a}\cdot\boldsymbol{b}=-18$ 的向量 $\boldsymbol{b}$.

7. 已知 $|\boldsymbol{a}|=2,|\boldsymbol{b}|=3,|\boldsymbol{a}-\boldsymbol{b}|=\sqrt{7}$，求夹角 $(\widehat{\boldsymbol{a},\boldsymbol{b}})$.

8. 不用向量的坐标证明 $|\boldsymbol{a}\times\boldsymbol{b}|^2+(\boldsymbol{a}\cdot\boldsymbol{b})^2=|\boldsymbol{a}|^2|\boldsymbol{b}|^2$，并利用此式，在已知 $|\boldsymbol{a}|=10$，$|\boldsymbol{b}|=2,\boldsymbol{a}\cdot\boldsymbol{b}=12$ 的条件下，求 $\boldsymbol{a}\times\boldsymbol{b}$ 的模.

9. 设质量为 100kg 的物体，从点 $M_1(3,1,8)$ 沿直线移动到点 $M_2(1,4,2)$，计算重力所做的功.（长度单位：m，重力的方向为 z 轴的负向）

§9-4 曲面和曲线

一、曲面与方程

在空间解析几何中,可将曲面视为动点的运动轨迹.如果曲面Σ与三元方程

$$F(x,y,z)=0$$

有如下关系:

(1) 曲面Σ上任意一点的坐标(x,y,z)都满足方程$F(x,y,z)=0$,

(2) 不在曲线Σ上的点的坐标都不满足方程$F(x,y,z)=0$,

则称方程$F(x,y,z)=0$是**曲面Σ的方程**,而称曲面Σ是**方程**$F(x,y,z)=0$**的图形**.

关于曲面与方程,讨论如下两类问题.

(1) 已知曲面,建立该曲面的方程.

已知曲面,建立该曲面的方程,大致有以下几个步骤:首先建立适当的空间直角坐标系;其次设曲面上的动点为$P(x,y,z)$,根据已知条件建立含有x,y,z的等式;最后把此等式化简,即得所求的曲面方程.

例1 一动点$P(x,y,z)$与两定点$A(1,1,0)$,$B(2,0,1)$等距离,求动点P的轨迹方程.

解 动点为$P(x,y,z)$,依题意有$|AP|=|BP|$,利用两点间的距离公式得

$$\sqrt{(x-1)^2+(y-1)^2+(z-0)^2}=\sqrt{(x-2)^2+(y-0)^2+(z-1)^2}.$$

将上式两端平方后化简得$2x-2y+2z-3=0$,此方程即为所求动点P的轨迹方程.

由几何学知识可知,例1中动点P的轨迹是线段AB的垂直平分面.因此,所求方程也是线段AB的垂直平分面方程.

(2) 已知方程,作出该方程的图形.

例2 作出$y=3$的图形.

解 方程$y=3$不含有x,z,即x,z取任意值时均有$y=3$,因此该图形是一个平行于zOx面且与zOx面的距离为3个单位的平面,如图9-16所示.

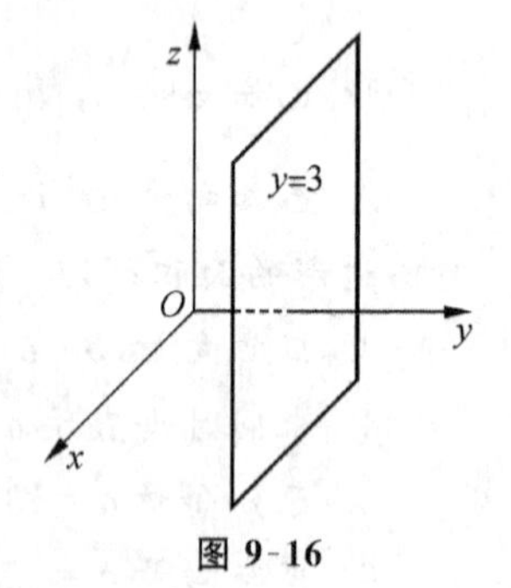

图 9-16

二、几种常用的曲面

1. 平面

(1) 平面的点法式方程.

由立体几何知识知,过空间一点作与已知直线垂直的平面是唯一的. 因此,如果已知平面上一个点及垂直于该平面的一个非零向量,那么这个平面的位置由这个已知点和这个非零向量完全确定. 现根据这个条件来建立平面方程.

垂直于平面的任一非零向量称为这个**平面的法向量**.

设 $M_0(x_0,y_0,z_0)$ 是平面 Π 上的一个定点,向量 $\boldsymbol{n}=\{A,B,C\}$(A,B,C 不全为零)是平面 Π 的一个法向量,$M(x,y,z)$ 是平面 Π 上的动点(图 9-17).

因为 $\boldsymbol{n}\perp\overrightarrow{M_0M}$,所以 $\boldsymbol{n}\cdot\overrightarrow{M_0M}=0$. 又因为 $\boldsymbol{n}=\{A,B,C\}$, $\overrightarrow{M_0M}=\{x-x_0,y-y_0,z-z_0\}$,所以有

$$A(x-x_0)+B(y-y_0)+C(z-z_0)=0. \quad (9\text{-}19)$$

这个方程称为**平面的点法式方程**.

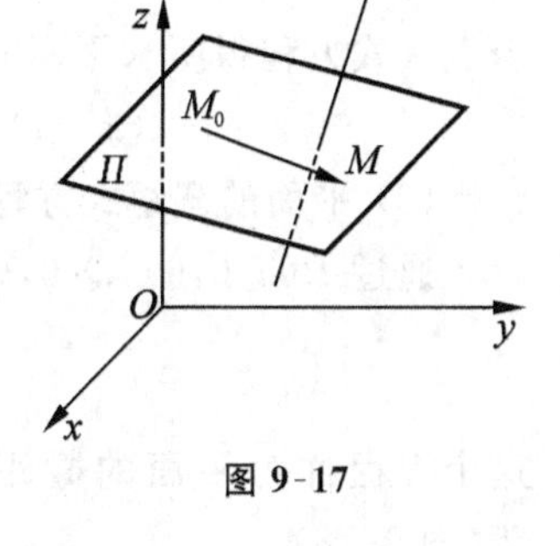

图 9-17

(2) 平面的一般式方程.

将平面的点法式方程 $A(x-x_0)+B(y-y_0)+C(z-z_0)=0$ 展开,得

$$Ax+By+Cz-(Ax_0+By_0+Cz_0)=0.$$

记 $-(Ax_0+By_0+Cz_0)=D$,得

$$Ax+By+Cz+D=0(A,B,C\text{ 不全为零}). \quad (9\text{-}20)$$

这个方程称为**平面的一般式方程**. 称 $\boldsymbol{n}=\{A,B,C\}$ 为**平面的法向量**. 可见,平面的方程为一个三元一次方程;反之,任何一个三元一次方程均表示一个平面.

特别地,当一般式方程(9-20)中某些系数或常数项为零时,平面对于坐标系具有特殊的位置关系.

通过原点的平面方程为 $Ax+By+Cz=0(D=0)$.

坐标面的方程为

$$x=0(yOz\text{ 面}),$$
$$y=0(zOx\text{ 面}),$$
$$z=0(xOy\text{ 面}).$$

平行于坐标面的平面的方程为

$$x=a(\text{平行于 }yOz\text{ 面}),$$
$$y=b(\text{平行于 }zOx\text{ 面}),$$
$$z=c(\text{平行于 }xOy\text{ 面}).$$

平行于坐标轴的平面的方程为

$$Ax+By+D=0\text{(不含 }z\text{,平行于 }z\text{ 轴)},$$
$$Ax+Cz+D=0\text{(不含 }y\text{,平行于 }y\text{ 轴)},$$
$$By+Cz+D=0\text{(不含 }x\text{,平行于 }x\text{ 轴)}.$$

在平面解析几何中,一次方程表示一条直线.而在空间解析几何中,一次方程表示一个平面.二者不可混淆.

例 3 设一平面经过点$(3,-4,5)$,且与向量$\boldsymbol{n}=\{6,-4,7\}$垂直,求此平面的方程.

解 由平面的点法式方程得所求平面的方程为

$$6(x-3)-4(y+4)+7(z-5)=0,\text{即 }6x-4y+7z-69=0.$$

例 4 求过$M_1(1,1,1)$,$M_2(2,0,1)$,$M_3(-1,-1,0)$三点的平面方程.

解 由于点M_1,M_2,M_3均在所求的平面上,所以平面的法向量$\boldsymbol{n}$与向量$\overrightarrow{M_1M_2}=\{1,-1,0\}$及$\overrightarrow{M_1M_3}=\{-2,-2,-1\}$都垂直.取

$$\boldsymbol{n}=\overrightarrow{M_1M_2}\times\overrightarrow{M_1M_3}=\begin{vmatrix}\boldsymbol{i}&\boldsymbol{j}&\boldsymbol{k}\\1&-1&0\\-2&-2&-1\end{vmatrix}=\{1,1,-4\}.$$

由点法式方程得所求平面的方程为

$$(x-1)+(y-1)-4(z-1)=0,\text{即 }x+y-4z+2=0.$$

(3) 平面的截距式方程.

通过$P(a,0,0)$,$Q(0,b,0)$,$R(0,0,c)$三点的平面方程为

$$\frac{x}{a}+\frac{y}{b}+\frac{z}{c}=1\ (a,b,c\text{ 都不为 }0).\tag{9-21}$$

这个方程称为**平面的截距式方程**,其中a,b,c分别称为平面在x轴、y轴、z轴上的**截距**(图 9-18).

(4) 点到平面的距离.

设点$P_0(x_0,y_0,z_0)$是平面Π: $Ax+By+Cz+D=0$外的一点(图 9-19),d为点P_0到平面Π的距离,可以证明下面的等式成立:

$$d=\frac{|Ax_0+By_0+Cz_0+D|}{\sqrt{A^2+B^2+C^2}}.\tag{9-22}$$

这个公式称为**点到平面的距离公式**.

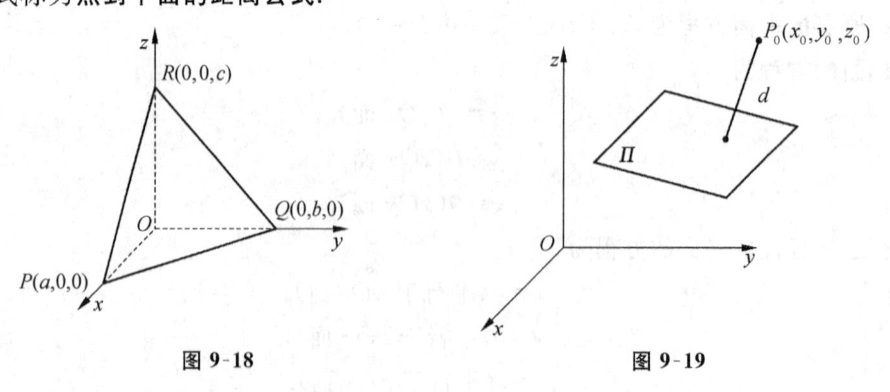

图 9-18　　　　图 9-19

例 5 求两个平行平面$19x-4y+8z+21=0$与$19x-4y+8z+42=0$之间的距离.

解 因为这两个平面平行,所以只需求出一个平面上的任意一点到另一平面的距离即

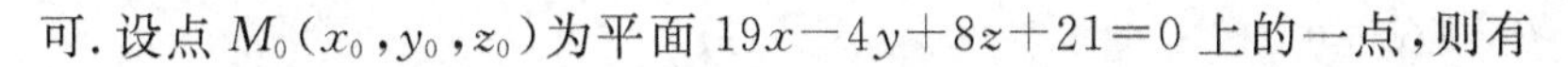

可.设点 $M_0(x_0,y_0,z_0)$ 为平面 $19x-4y+8z+21=0$ 上的一点,则有

$$19x_0-4y_0+8z_0=-21.$$

利用平面外一点到平面的距离公式,可得点 $M_0(x_0,y_0,z_0)$ 到另一平面 $19x-4y+8z+42=0$ 的距离为

$$d=\frac{|19x_0-4y_0+8z_0+42|}{\sqrt{19^2+(-4)^2+8^2}}=\frac{|-21+42|}{\sqrt{441}}=\frac{21}{21}=1.$$

故所求两平行平面之间的距离为 1.

在此例中,如果在第一个平面上任取一个具体的点,如令 $x_0=0,y_0=0$,代入该方程得 $z_0=-\frac{21}{8}$,求出点 $M_0\left(0,0,-\frac{21}{8}\right)$ 到另一平面的距离,同样可得 $d=1$.

2. 二次曲面

由一个三元二次方程表示的曲面称为**二次曲面**.下面介绍几种二次曲面.

(1) 球面.

与一定点的距离为定长的空间点的轨迹叫做**球面**,这个定点叫做这个**球面的球心**,定长叫做这个**球面的半径**.

设一个球面的球心为点 $M_0(x_0,y_0,z_0)$,半径为 R,下面建立这个球面的方程.

设 $M(x,y,z)$ 是该球面上的任意一点.因为球面上各点到球心的距离都等于半径 R,所以有 $|M_0M|=R$,即有

$$\sqrt{(x-x_0)^2+(y-y_0)^2+(z-z_0)^2}=R,$$

等式两边平方得

$$(x-x_0)^2+(y-y_0)^2+(z-z_0)^2=R^2. \tag{9-23}$$

这个方程称为球心为点 $M_0(x_0,y_0,z_0)$、半径为 R 的**球面方程**.

特别地,球心为原点 $O(0,0,0)$、半径为 R 的球面方程为

$$x^2+y^2+z^2=R^2. \tag{9-24}$$

一般地,方程

$$Ax^2+Ay^2+Az^2+Dx+Ey+Fz+G=0 \tag{9-25}$$

称为**球面的一般方程**.

(2) 柱面.

动直线 L 沿已知曲线 C 平行移动所形成的曲面称为**柱面**,其中 L 称为**柱面的母线**,C 称为**柱面的准线**.

下面讨论准线 C 在 xOy 面内、母线 L 平行于 z 轴的柱面方程(这种柱面如图 9-20 所示).

设准线是 xOy 面内的曲线,即

$$C:F(x,y)=0,$$

则准线为曲线 C、母线 L 平行于 z 轴的柱面方程为

$$F(x,y)=0(\text{不含 } z). \tag{9-26}$$

准线是二次曲线的柱面称为**二次柱面**.常见的二次柱面有以下几种:

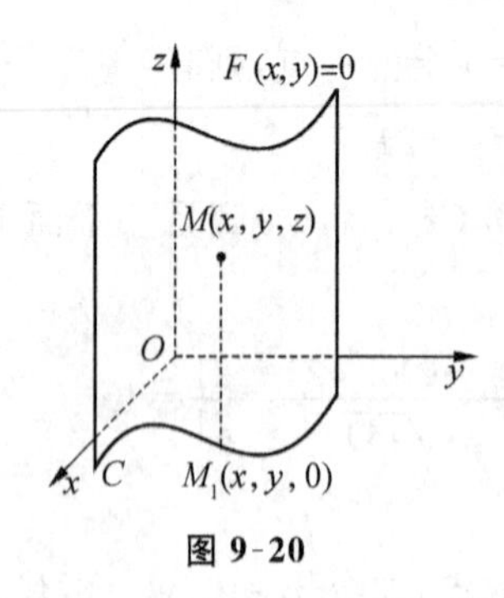

图 9-20

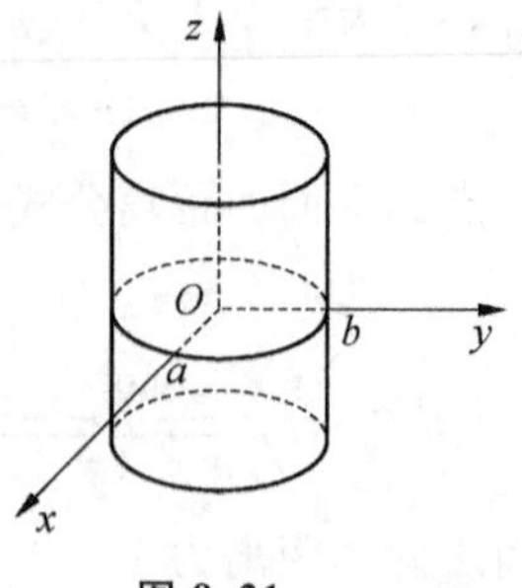

图 9-21

① 椭圆柱面(图 9-21)：$\frac{x^2}{a^2}+\frac{y^2}{b^2}=1$(不含 z,母线平行于 z 轴). 特别地,当 $a=b$ 时为圆柱面：$x^2+y^2=a^2$.

② 双曲柱面：$\frac{x^2}{a^2}-\frac{y^2}{b^2}=1$(图 9-22)或$-\frac{x^2}{a^2}+\frac{y^2}{b^2}=1$.

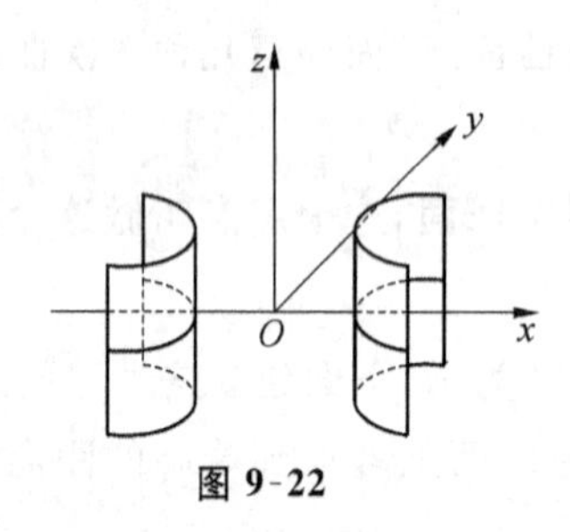

图 9-22

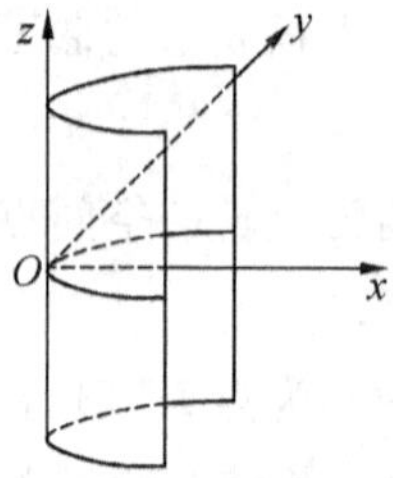

图 9-23

③ 抛物柱面(图 9-23)：$y^2=2px(p>0)$.

柱面方程也可以是 $F(y,z)=0$(不含 x,母线平行于 x 轴)或 $F(x,z)=0$(不含 y,母线平行于 y 轴).

母线平行于某坐标轴的柱面方程的特点是：母线平行于哪条坐标轴,则方程中就不含有该坐标变量.

(3) 旋转曲面.

一条平面曲线 C 绕其平面上的一条定直线 L 旋转一周所成的曲面称为**旋转曲面**. 曲线 C 称为**旋转曲面的母线**,定直线 L 称为**旋转曲面的旋转轴**. 球面、圆柱面都是旋转曲面.

设在 yOz 面上有一条曲线 C,其方程为 $f(y,z)=0$. 将曲线 C 绕 z 轴旋转一周,就得到一个以 z 轴为旋转轴的旋转曲面(图 9-24),其方程为 $f(\pm\sqrt{x^2+y^2},z)=0$.

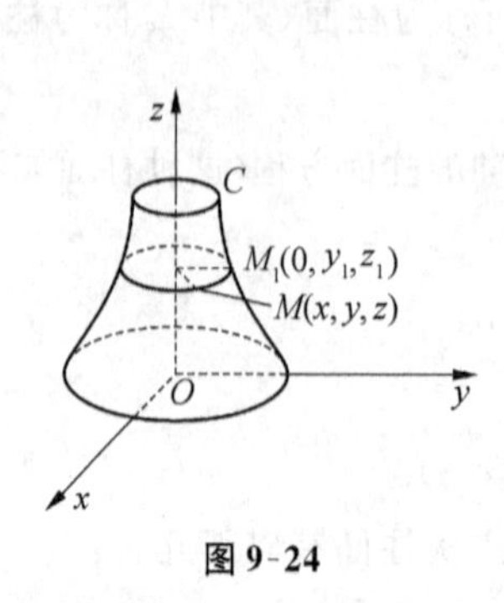

图 9-24

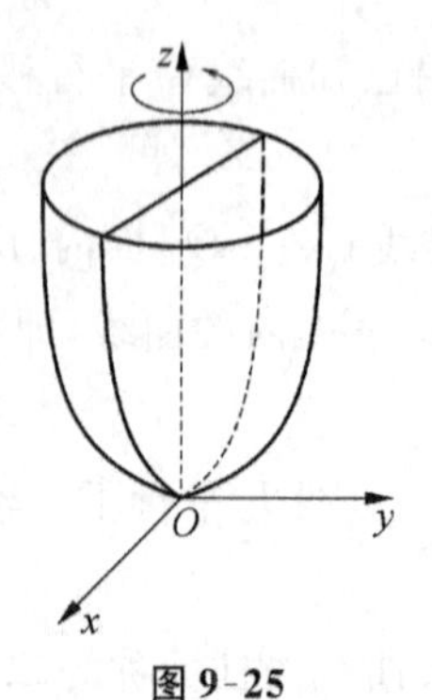

图 9-25

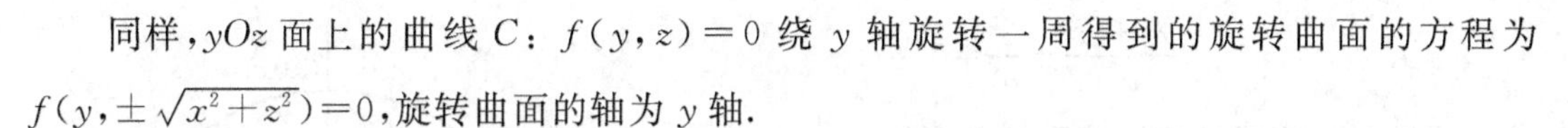

同样，yOz 面上的曲线 C：$f(y,z)=0$ 绕 y 轴旋转一周得到的旋转曲面的方程为 $f(y,\pm\sqrt{x^2+z^2})=0$，旋转曲面的轴为 y 轴.

以坐标面上的曲线为母线，以坐标轴为旋转轴的旋转曲面方程的一般求法：已知某坐标面上的曲线 C 绕某坐标轴旋转，为了求此旋转曲面的方程，只要使曲线方程中与旋转轴同名的坐标变量保持不变，而以其他两个坐标变量平方和的平方根来代替方程中的另一个坐标变量.

例 6　求 yOz 面上的抛物线 $z=ay^2$ 绕 z 轴旋转所得的旋转曲面方程，并画出它的图形.

解　在方程 $z=ay^2$ 中，使 z 保持不变，将 y 换成 $\pm\sqrt{x^2+y^2}$，即得旋转曲面的方程 $z=a(x^2+y^2)$，该旋转曲面称为**旋转抛物面**. 当 $a>0$ 时，其图形如图 9-25 所示；当 $a<0$ 时，旋转抛物面的开口向下.

例 7　求 yOz 面内的抛物线 $z=6-y^2$ 绕 z 轴旋转所成的旋转曲面方程，并画出它的图形.

解　在方程 $z=6-y^2$ 中，使 z 保持不变，将 y 换成 $\pm\sqrt{x^2+y^2}$，即得该旋转曲面的方程 $z=6-(x^2+y^2)$，其图形如图 9-26 所示，这是一个开口向下的旋转抛物面.

例 8　求 yOz 面内的直线 $z=ay$（常数 $a>0$）绕 z 轴旋转所得的旋转曲面方程，并画出它的图形.

解　在方程 $z=ay$ 中，使 z 保持不变，将 y 换成 $\pm\sqrt{x^2+y^2}$，即得旋转曲面方程 $z=\pm a\sqrt{x^2+y^2}$，两边平方得 $z^2=a^2(x^2+y^2)$. 该曲面称为**圆锥面**，其图形如图 9-27 所示. 其中，方程 $z=a\sqrt{x^2+y^2}$ 表示上半圆锥面，方程 $z=-a\sqrt{x^2+y^2}$ 表示下半圆锥面，点 O 称为**圆锥面的顶点**.

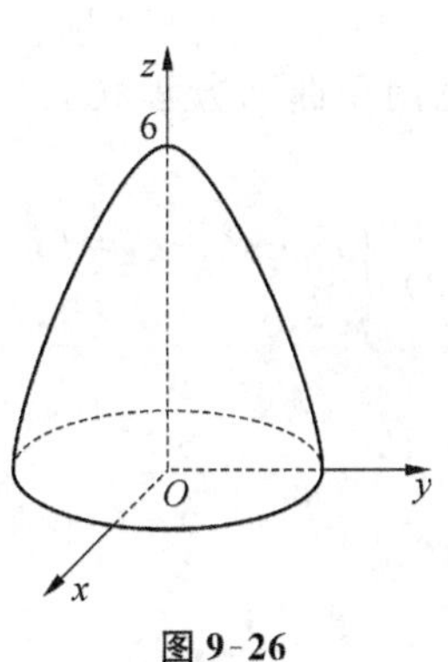

图 9-26

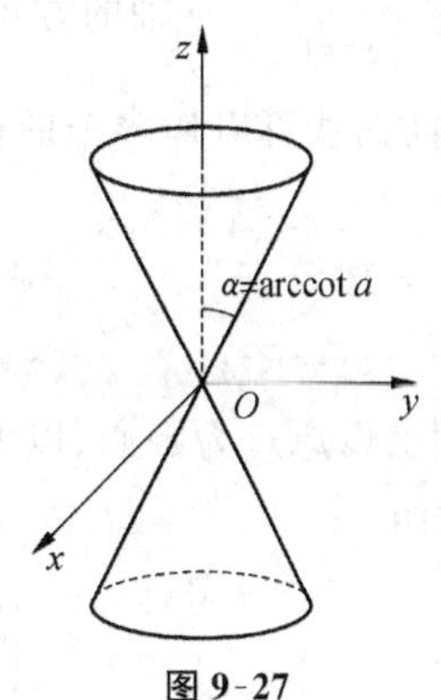

图 9-27

特别地，如果 $a=1$，则图中的 $\alpha=\frac{\pi}{4}$.

例 9　将 yOz 面上的椭圆 $\frac{y^2}{a^2}+\frac{z^2}{b^2}=1$ 分别绕 z 轴和 y 轴旋转，求所形成的旋转曲面的方程.

解　给定的椭圆绕 z 轴旋转所形成的旋转曲面的方程为

$$\frac{x^2+y^2}{a^2}+\frac{z^2}{b^2}=1,$$

绕 y 轴旋转所形成的旋转曲面的方程为

$$\frac{y^2}{a^2}+\frac{x^2+z^2}{b^2}=1.$$

这两种旋转曲面都称为**旋转椭球面**.

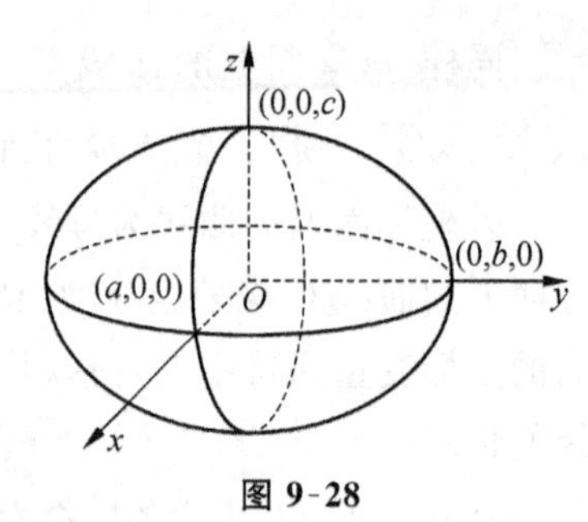

图 9-28

方程$\frac{x^2}{a^2}+\frac{y^2}{b^2}+\frac{z^2}{c^2}=1(a,b,c>0)$所表示的曲面称为**椭球面**(图 9-28). 若 $a=b=c$,则椭球面就变成球面 $x^2+y^2+z^2=a^2$.

三、空间曲线

1. 空间曲线的一般方程

空间曲线 C 可看成空间两个曲面的交线. 设空间两个曲面的方程分别为 $F(x,y,z)=0$ 和 $G(x,y,z)=0$. 两曲面交线 C 上任意点的坐标必同时满足这两个曲面的方程;反过来,坐标同时满足这两个曲面方程的点,就是这两个曲面的公共点,一定在它们的交线 C 上. 因此,交线 C 的方程为两曲面的方程所组成的方程组

$$\begin{cases}F(x,y,z)=0,\\G(x,y,z)=0.\end{cases}\tag{9-27}$$

这个方程组称为**空间曲线的一般方程**.

例如,在空间直角坐标系中,两个坐标面的交线为坐标轴. 因此,坐标轴的方程分别为

x 轴的方程:$\begin{cases}y=0,\\z=0;\end{cases}$ y 轴的方程:$\begin{cases}x=0,\\z=0;\end{cases}$ z 轴的方程:$\begin{cases}x=0,\\y=0.\end{cases}$

通过一条空间曲线可以作多个曲面时,其中任意两个曲面方程联立均可以表示这条曲线. 例如,方程组

(1) $\begin{cases}x^2+y^2=R^2,\\x^2+y^2+z^2=R^2;\end{cases}$ (2) $\begin{cases}x^2+y^2=R^2,\\z=0;\end{cases}$ (3) $\begin{cases}x^2+y^2+z^2=R^2,\\z=0\end{cases}$

都表示在 xOy 面上以原点为圆心、以 R 为半径的圆.

例 10 方程组

$$\begin{cases}x^2+y^2+z^2=16,\\y=3\end{cases}$$

表示怎样的曲线?

解 方程 $x^2+y^2+z^2=16$ 表示以原点为球心、4 为半径的球面,$y=3$ 表示平行于 zOx 面的平面,所以方程组

$$\begin{cases}x^2+y^2+z^2=16,\\y=3\end{cases}$$

表示球面 $x^2+y^2+z^2=16$ 与平面 $y=3$ 的交线,它是平面 $y=3$ 上的一个圆. 将这个方程组

等价变形,得

$$\begin{cases}x^2+z^2=7,\\ y=3.\end{cases}$$

由此可见,此圆是平面 $y=3$ 上圆心为(0,3,0)、半径为$\sqrt{7}$的一个圆.

空间直线是空间曲线的特殊情况,它可以看成空间两个平面的交线.设两相交平面 Π_1 和 Π_2 的方程分别为

$$A_1x+B_1y+C_1z+D_1=0,\ A_2x+B_2y+C_2z+D_2=0.$$

由这两个方程组成一个方程组,得

$$\begin{cases}A_1x+B_1y+C_1z+D_1=0,\\ A_2x+B_2y+C_2z+D_2=0.\end{cases} \tag{9-28}$$

这个方程组称为**空间直线的一般方程**.

例 11　作出由方程组

$$\begin{cases}x+y=0,\\ x-y=0\end{cases}$$

所确定的空间曲线的图形.

解　因为平面 $x+y=0$ 和 $x-y=0$ 都通过 z 轴,它们的交线就是 z 轴(图 9-29),所以方程组

$$\begin{cases}x+y=0,\\ x-y=0\end{cases}$$

也是 z 轴的一般方程.

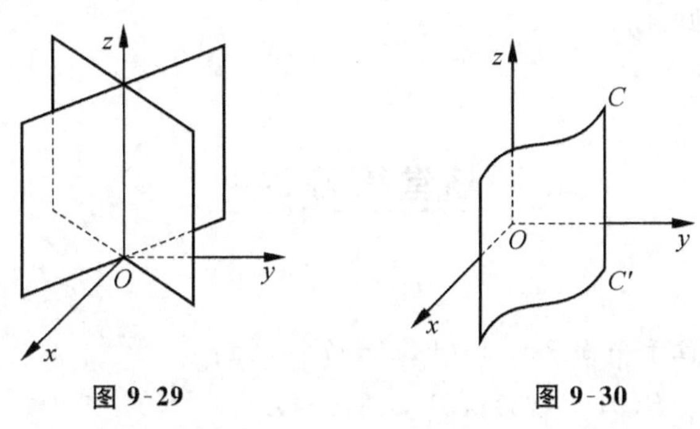

图 9-29　　　　图 9-30

2. 空间曲线在坐标面上的投影

以空间曲线 C 为准线、母线平行于 z 轴的柱面,称为空间曲线 C **关于 xOy 面的投影柱面**.投影柱面与 xOy 面的交线 C'称为 C **在 xOy 面上的投影曲线**,简称**投影**(图 9-30).

设空间曲线 C 的一般方程为

$$\begin{cases}F(x,y,z)=0,\\ G(x,y,z)=0,\end{cases}$$

消去 z 后所得的方程为

$$H(x,y)=0. \tag{9-29}$$

这个方程称为空间曲线 C **关于 xOy 面的投影柱面方程**.

曲线 C 在 xOy 面上的投影曲线 C' 的方程为

$$\begin{cases} H(x,y)=0, \\ z=0. \end{cases} \tag{9-30}$$

类似地，从曲线 C 的方程中分别消去 x 和 y，可分别求得曲线 C 关于 yOz 面和 zOx 面的投影柱面方程 $R(y,z)=0$ 和 $T(z,x)=0$. 曲线 C 在 yOz 面和 zOx 面上的投影曲线方程分别为

$$\begin{cases} R(y,z)=0, \\ x=0; \end{cases} \qquad \begin{cases} T(z,x)=0, \\ y=0. \end{cases}$$

例 12　求空间曲线

$$\begin{cases} z=x^2+y^2, \\ 8-z=x^2+y^2 \end{cases}$$

在 xOy 面上的投影曲线.

解　由方程组

$$\begin{cases} z=x^2+y^2, \\ 8-z=x^2+y^2 \end{cases}$$

消去 z 得曲线关于 xOy 面的投影柱面方程为 $x^2+y^2=4$. 因此，已知曲线在 xOy 面上的投影曲线为

$$\begin{cases} x^2+y^2=4, \\ z=0, \end{cases}$$

它是 xOy 面上的一个圆.

随堂练习 9-4

1. 下列各点是否位于平面 $3x-5y+2z-17=0$ 上？

(1) $A(4,1,2)$；(2) $B(2,-1,3)$；(3) $C(3,0,4)$.

2. 求与点 $A(2,1,0)$ 和点 $B(1,-3,6)$ 等距离的点的轨迹方程.

3. 求与定点 $(3,0,-2)$ 的距离等于 4 的点的轨迹方程.

4. 求满足下列条件的平面方程：

(1) 过 $M_1(1,2,1)$，$M_2(2,-1,2)$ 两点，且平行于向量 $\boldsymbol{a}=\{3,2,1\}$；

(2) 通过 z 轴和点 $(-3,1,-2)$；

(3) 过点 $(5,-7,4)$ 且在三个坐标轴上的截距相等.

5. 求点 $M_0(1,2,1)$ 到平面 $x+2y+2z-10=0$ 的距离.

6. 求球面 $x^2+y^2+z^2-2x+4y-4z-7=0$ 的球心与半径.

7. 指出下列方程所表示的曲面，并作出其图形：

(1) $x-y+1=0$；　(2) $x^2+z^2=R^2$；　(3) $y^2=5x$；

(4) $x^2=y^2+z^2$；　(5) $y^2+z^2=2Ry(R>0)$；　(6) $z=\sqrt{4-x^2-y^2}$.

习 题 9-4

1. 试求各坐标面和各坐标轴的方程.

2. 指出下列平面的位置特点，并作出其图形：

(1) $x-2=0$；　(2) $2x+3y-6=0$；

(3) $4y-z=0$；　(4) $3x-2y+2z-6=0$.

3. 求满足下列条件的旋转曲面的方程：

(1) 曲线 $\begin{cases}4x^2+9y^2=36,\\ z=0\end{cases}$ 绕 y 轴旋转所得的旋转椭球面方程；

(2) 曲线 $\begin{cases}z^2=5x,\\ y=0\end{cases}$ 绕 x 轴旋转所得的旋转抛物面方程；

(3) 曲线 $\begin{cases}x^2+z^2=9,\\ y=0\end{cases}$ 绕 z 轴旋转所得的球面方程.

4. 写出曲面 $z=2(x^2+y^2)$ 被平面 $z=2$ 截割后所得的曲线方程，并指出其曲线类型.

5. 求曲线 $\begin{cases}2x^2+y^2+z^2=16,\\ x^2+z^2-y^2=0\end{cases}$ 在 xOy 面上的投影方程.

§9-5　多元函数的极限与连续

一、多元函数的概念

在实际问题中，常会遇到多个变量之间的依赖关系.

例如，圆柱体的体积 V 和它的底面半径 r、高 h 之间的关系是

$$V=\pi r^2 h.$$

这里，V 随着 r 和 h 的变化而变化，当 r，h 在一定范围内（$r>0$，$h>0$）取定一组值时，V 的对应值就随之确定.

具体例子还可举出许多，这些例子有一些共同的性质，抽出其共性就可得以下二元函数的定义.

定义 1　设在某个变化过程中有三个变量 x，y，z，如果对于变量 x，y 在其允许的实数范围内所取的每一组值 (x,y)，按照某种对应法则，变量 z 总有确定的实数与之对应，则称 z 是 x，y 的**二元函数**，记作 $z=f(x,y)$. 其中 x，y 称为**自变量**，z 称为**因变量**. 自变量 x，y 所允许的取值范围称为**函数的定义域**.

有时也可用平面上的点 $P(x,y)$ 来表示数组 (x,y)，这样二元函数 $z=f(x,y)$ 可看成是平面上点 $P(x,y)$ 的函数而记作 $z=f(P)$.

二元函数在点 $P_0(x_0,y_0)$ 处所取得的函数值记作 $z\big|_{\substack{x=x_0\\y=y_0}}$，$f(x_0,y_0)$ 或 $f(P_0)$.

类似地可以定义**三元函数** $u=f(x,y,z)$ 以及三元以上的函数. 一般地，可以定义 n 个自变量的函数 $u=f(x_1,x_2,\cdots,x_n)$. n 个自变量的函数称为 n **元函数**，自变量的个数大于或等于 2 的函数统称为**多元函数**.

与一元函数一样，二元函数的两个要素是定义域和对应法则，所以当定义域和对应法则都给定时，才确定了一个二元函数. 换句话说，定义域与对应法则分别相同的两个二元函数才称为相等的（或同一个）函数.

在讨论二元函数 $z=f(x,y)$ 的定义域时，如果函数是由实际问题得到的，其定义域根据它的实际意义来确定；对于用解析式表示的二元函数，其定义域是使解析式有意义的自变量的取值范围. 二元函数 $z=f(x,y)$ 的定义域一般是 xOy 面上的平面区域. 如果区域延伸到无限远处，就称这样的区域是**无界的**；否则，它总可以被包围在一个以原点 O 为中心而半径适当大的圆内，这样的区域称为**有界的**. 围成平面区域的曲线称为该区域的**边界**，包含边界的区域称为**闭区域**，不包括边界的区域称为**开区域**.

例 1　求下列函数的定义域：

(1) $z=\sqrt{R^2-x^2-y^2}$；

(2) $z=\ln(x^2+y^2-1)+\frac{1}{\sqrt{4-x^2-y^2}}$;

(3) $z=\arcsin(x+y)$.

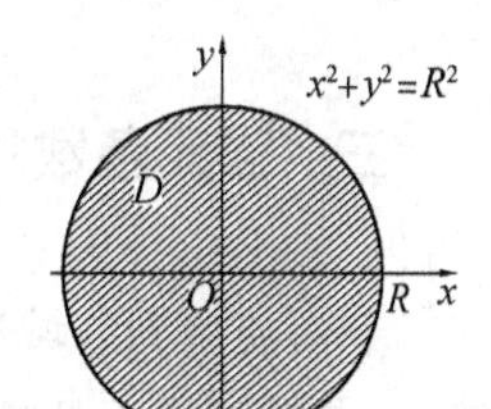

图 9-31

解 (1) 要使函数有意义，x,y 必须满足 $R^2-x^2-y^2\geqslant 0$，所以函数的定义域是 $x^2+y^2\leqslant R^2$. 满足 $x^2+y^2\leqslant R^2$ 的全体 (x,y) 构成 xOy 面上的有界闭区域(图 9-31)：

$$\{(x,y)\mid x^2+y^2\leqslant R^2\}.$$

(2) 要使函数有意义，x,y 必须满足不等式组

$$\begin{cases}x^2+y^2-1>0,\\4-x^2-y^2>0,\end{cases}$$

所以函数的定义域是 $1<x^2+y^2<4$. 这是 xOy 面上的有界圆环开区域(图 9-32)：

$$\{(x,y)\mid 1<x^2+y^2<4\}.$$

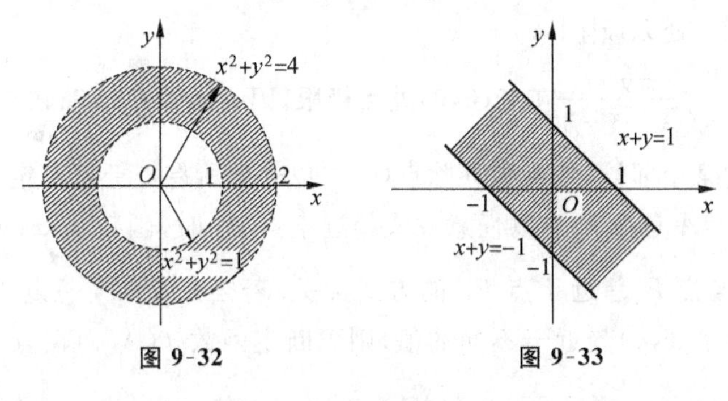

图 9-32　　图 9-33

(3) 由反三角函数的定义知，函数的定义域是 $-1\leqslant x+y\leqslant 1$. 这是 xOy 面上介于两条直线 $x+y=-1$，$x+y=1$ 之间(包含这两条直线)的一个无界闭区域(图 9-33)：

$$\{(x,y)\mid -1\leqslant x+y\leqslant 1\}.$$

二、二元函数的几何表示

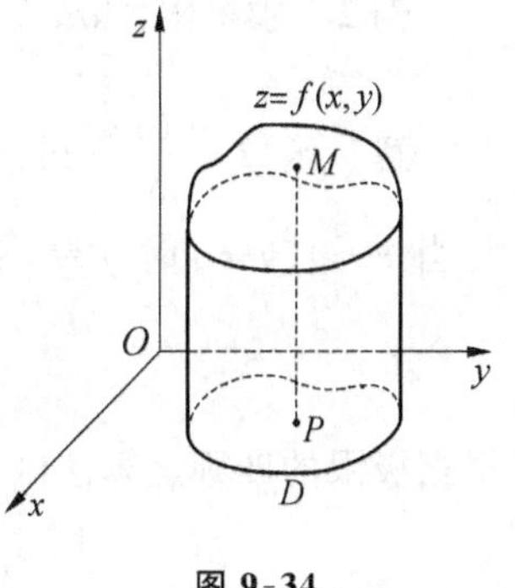

图 9-34

设二元函数 $z=f(x,y)$ 的定义域是 xOy 面上的区域 D. 对于 D 内的每一点 $P(x,y)$，把它所对应的函数值 $z=f(x,y)$ 作为竖坐标，就有空间中的一点 $M(x,y,z)$ 与其相对应. 当点 $P(x,y)$ 在 D 内变动时，点 $M(x,y,z)$ 就在空间变动，点 M 的轨迹就是**二元函数 $z=f(x,y)$ 的图形**. 一般说来，它是一个曲面，该曲面在 xOy 面上的投影即为函数的定义域 D(图 9-34).

例如，函数 $z=ax+by+c$ 的图形是一个平面，函数 $z=\sqrt{a^2-x^2-y^2}$ 表示一个上半球面，函数 $z=c\sqrt{1-\frac{x^2}{a^2}-\frac{y^2}{b^2}}$ 表示一个上半椭球面.

三、二元函数的极限

下面要用到邻域这一概念.所谓一点的**邻域**,是指以该点为中心的一个圆形开区域.显然,一点的邻域不是唯一的.

定义2 设函数 $z=f(x,y)$ 在点 $P_0(x_0,y_0)$ 的某个邻域内有定义(P_0 可以除外),点 $P(x,y)$ 是该邻域内异于点 $P_0(x_0,y_0)$ 的任意一点.如果当 $P(x,y)$ 以任意方式无限趋近于点 $P_0(x_0,y_0)$ 时,函数 $f(x,y)$ 总是趋近于一个常数 A,则称 A 为函数 $z=f(x,y)$ **当** $P(x,y)$ **趋近于** $P_0(x_0,y_0)$ **时的极限**,记作

$$\lim_{\substack{x\to x_0\\ y\to y_0}} f(x,y)=A \quad 或 \quad \lim_{P\to P_0} f(P)=A. \tag{9-31}$$

说明 (1) 定义中要求存在某个邻域,使函数在该邻域内除点 P_0 外的所有点上都有定义,否则函数在点 P_0 处无极限.

例如,函数 $z=\dfrac{xy}{\sqrt{xy+1}-1}$ 在点(0,0)处无极限,因为函数在 x 轴和 y 轴上均无定义,所以不存在原点 O 的某个邻域,使函数在除点(0,0)以外的所有点上都有定义.

(2) $\lim\limits_{P\to P_0} f(P)=A$ 是指 P 点以任意方式趋近于点 P_0 时,函数 $f(x,y)$ 都趋近于同一个常数 A,即常数 A 与点 P 趋近于点 P_0 的方式无关.若当点 $P(x,y)$ 以不同方式趋近于点 $P_0(x_0,y_0)$ 时,函数 $f(x,y)$ 趋近于不同的值,则可断定函数 $f(x,y)$ 在点 $P_0(x_0,y_0)$ 的极限不存在.

此外,二元函数极限的定义与一元函数极限的定义形式是相同的.因此,关于一元函数的极限运算法则等可推广到二元函数,这里不详述而直接使用.

例2 求极限:$\lim\limits_{\substack{x\to 0\\ y\to 0}}\dfrac{\sin(xy)}{y}$.

解 函数 $\dfrac{\sin(xy)}{y}$ 可以写成 $x\cdot\dfrac{\sin(xy)}{xy}(x\neq 0,y\neq 0)$.在 $\dfrac{\sin(xy)}{xy}$ 中,作变量代换 $u=xy$,且当 $x\to 0,y\to 0$ 时,$u=xy\to 0$,由一元函数的重要极限得

$$\lim_{\substack{x\to 0\\ y\to 0}}\frac{\sin(xy)}{xy}=\lim_{u\to 0}\frac{\sin u}{u}=1.$$

根据极限的四则运算法则得

$$\lim_{\substack{x\to 0\\ y\to 0}}\frac{\sin(xy)}{y}=\lim_{\substack{x\to 0\\ y\to 0}}x\cdot\lim_{\substack{x\to 0\\ y\to 0}}\frac{\sin(xy)}{xy}=0\times 1=0.$$

例3 证明函数

$$f(x,y)=\begin{cases}\dfrac{xy}{x^2+y^2}, & x^2+y^2\neq 0,\\ 0, & x^2+y^2=0\end{cases}$$

当 $(x,y)\to(0,0)$ 时极限不存在.

证 当点 $P(x,y)$ 沿直线 $y=kx$ 趋近于点 $O(0,0)$ 时,有

$$\lim_{\substack{x\to 0\\ y=kx\to 0}} f(x,y)=\lim_{x\to 0}\frac{kx^2}{x^2(1+k^2)}=\frac{k}{1+k^2}.$$

显然，它是随着 k 的取值不同而不同的. 这说明当点 $P(x,y)$ 沿着不同的直线趋近于点 $O(0,0)$ 时，函数 $f(x,y)$ 的对应值趋近于不同的数，所以 $\lim\limits_{\substack{x\to 0\\ y\to 0}} f(x,y)$ 不存在.

四、二元函数的连续性

定义 3　设函数 $z=f(x,y)$ 在点 $P_0(x_0,y_0)$ 的某个邻域内有定义. 若

$$\lim_{\substack{x\to x_0\\ y\to y_0}} f(x,y)=f(x_0,y_0) \text{ 或 } \lim_{P\to P_0} f(P)=f(P_0), \tag{9-32}$$

则称函数 $z=f(x,y)$ **在点** $P_0(x_0,y_0)$ **处连续**，并且点 $P_0(x_0,y_0)$ 称为函数 $z=f(x,y)$ 的**连续点**.

若函数 $z=f(x,y)$ 在区域 D 内每一点处都连续，则称函数 $z=f(x,y)$ **在区域** D **内连续**.

还可以定义函数 $z=f(x,y)$ 在区域 D 的边界点的连续：设函数 $z=f(x,y)$ 在区域 D 内及其边界上有定义，当点 $P(x,y)$ 从 D 内趋近于边界点 $P_0(x_0,y_0)$ 时，若 $f(x,y)$ 的极限存在且等于 $f(x_0,y_0)$，则称函数 $z=f(x,y)$ **在边界点** $P_0(x_0,y_0)$ **处连续**. 若在区域 D 的边界上每一点处都具有上述意义的连续，则称函数 $z=f(x,y)$ **在区域** D **的边界上连续**.

若函数 $z=f(x,y)$ 在区域 D 内每一点都连续，且在 D 的边界上每一点也连续，则称函数 $z=f(x,y)$ **在闭区域** D **上连续**.

二元连续函数的图形是一个没有任何空隙和裂缝的曲面.

使二元函数不连续的点称为函数的**间断点**. 例如，

(1) 函数 $z=\begin{cases}\dfrac{xy}{x^2+y^2}, & x^2+y^2\neq 0,\\ 0, & x^2+y^2=0\end{cases}$ 的间断点是 $O(0,0)$；

(2) 函数 $z=\dfrac{e^{xy}}{x^2+y^2-4}$ 在圆 $x^2+y^2=4$ 上没有定义，所以该圆上的点都是间断点.

由二元函数连续的定义及极限的运算法则可知，二元连续函数的和、差、积、商(分母为零的点除外)在其公共定义区域内仍是连续函数；二元连续函数的复合函数仍是连续函数.

由于二元初等函数是由常数及基本初等函数经过有限次四则运算和复合运算并用一个解析式表示的函数，从而有以下结论：**一切二元初等函数在其定义区域内都是连续的**(定义区域是指包含在定义域内的区域).

利用上面的结论，可以较方便地求出二元初等函数在其定义区域内的点 $P_0(x_0,y_0)$ 处的极限. 这时，该点的函数值就是极限值. 例如，

$$\lim_{\substack{x\to 1\\ y\to 2}}(x^2+y^2-3x+1)=1^2+2^2-3\times 1+1=3.$$

在有界闭区域上的二元连续函数具有类似于闭区间上的一元连续函数的性质：

性质 1(最大值和最小值定理)　如果二元函数 $f(x,y)$ 在有界闭区域 D 上连续，那么

$f(x,y)$在 D 上必能取得最大值和最小值.

性质 2(介值定理) 若二元函数 $f(x,y)$在有界闭区域 D 上连续,则函数$f(x,y)$在 D 上必能取到介于它的最小值与最大值之间的任何数值.

上述性质对于 $n(n\geqslant 2)$元函数也正确.

随堂练习 9-5

1. 设函数 $f(x,y)=x^2-2xy+3y^2$,试求:

(1) $f(0,1)$; (2) $f(tx,ty)$; (3) $\dfrac{f(x,y+h)-f(x,y)}{h}$.

2. 若 $f\left(\dfrac{y}{x}\right)=\dfrac{\sqrt{x^2+y^2}}{x}(x>0)$,求 $f(x)$.

3. 确定并画出下列函数的定义域 D:

(1) $f(x,y)=\ln[(16-x^2-y^2)(x^2+y^2-4)]$; (2) $z=\sqrt{1-\dfrac{x^2}{a^2}-\dfrac{y^2}{b^2}}$;

(3) $z=\dfrac{\arcsin y}{\sqrt{x}}$; (4) $z=\sqrt{x-\sqrt{y}}$.

4. 求下列极限:

(1) $\lim\limits_{\substack{x\to 1\\ y\to 2}}\dfrac{3xy+x^2y^2}{x+y}$; (2) $\lim\limits_{\substack{x\to 0\\ y\to \frac{1}{2}}}\arcsin\sqrt{x^2+y^2}$;

(3) $\lim\limits_{\substack{x\to 0\\ y\to 0}}\dfrac{\sin 3(x^2+y^2)}{x^2+y^2}$; (4) $\lim\limits_{\substack{x\to 0\\ y\to 0}}\dfrac{2-\sqrt{x^2+y^2+4}}{x^2+y^2}$.

5. 设 $f(x,y)=\dfrac{x^2y^2}{x^2y^2+(x-y)^2}$,证明$\lim\limits_{\substack{x\to 0\\ y\to 0}}f(x,y)$不存在.

6. 指出下列函数的间断点或间断曲线(即每个点都是函数间断点的曲线):

(1) $z=\dfrac{x+y}{\sqrt{x^2+y^2}}$; (2) $y=\dfrac{x+y}{y-2x^2}$;

(3) $z=\dfrac{1}{\sin x\sin y}$; (4) $f(x,y)=\begin{cases}\dfrac{xy^2}{x^2+y^4}, & x^2+y^2\neq 0,\\ 0, & x^2+y^2=0.\end{cases}$

习 题 9-5

1. 已知函数 $f(u,v)=u^v$，试求 $f(xy,x+y)$.

2. 确定并画出下列函数的定义域 D：

(1) $z=\ln xy$；　　(2) $z=\dfrac{\sqrt{4x-y^2}}{\ln(1-x^2-y^2)}$.

3. 求下列极限：

(1) $\lim\limits_{\substack{x\to 0\\ y\to 0}}\dfrac{xy}{\sqrt{xy+1}-1}$；　　(2) $\lim\limits_{\substack{x\to 0\\ y\to 0}}\left(x\sin\dfrac{1}{y}+y\cos\dfrac{1}{x}\right)$.

4. 验证：当 $(x,y)\to(0,0)$ 时，$u=\dfrac{x+y}{x-y}$ 的极限不存在. (x,y) 以怎样的方式趋近于 $(0,0)$ 时能使(1) $\lim u=1$，(2) $\lim u=2$？

§9-6 偏导数

一、二元函数的偏导数

定义 设函数 $z=f(x,y)$ 在点 $P_0(x_0,y_0)$ 的某邻域内有定义,如果极限

$$\lim_{\Delta x\to 0}\frac{f(x_0+\Delta x,y_0)-f(x_0,y_0)}{\Delta x} \tag{9-33}$$

存在,那么称这个极限值为函数 $f(x,y)$ **在点 P_0 处对 x 的偏导数**,记作 $\left.\frac{\partial z}{\partial x}\right|_{\substack{x=x_0\\y=y_0}}$, $\left.\frac{\partial f}{\partial x}\right|_{\substack{x=x_0\\y=y_0}}$, $f_x(x_0,y_0)$ 或 $z_x(x_0,y_0)$.

同样,可以定义函数 $f(x,y)$ **在点 P_0 处对 y 的偏导数**为

$$\left.\frac{\partial z}{\partial y}\right|_{\substack{x=x_0\\y=y_0}}=\lim_{\Delta y\to 0}\frac{f(x_0,y_0+\Delta y)-f(x_0,y_0)}{\Delta y}. \tag{9-34}$$

如果函数 $z=f(x,y)$ 在区域 D 内每一点 $P(x,y)$ 处对 x 的偏导数都存在,那么这个偏导数就是 x,y 的函数,称为函数 $z=f(x,y)$ **对自变量 x 的偏导函数**,记作

$$\frac{\partial z}{\partial x},\frac{\partial f}{\partial x},z_x \text{ 或 } f_x(x,y).$$

同样,可以定义函数 $z=f(x,y)$ **对自变量 y 的偏导函数**,记作

$$\frac{\partial z}{\partial y},\frac{\partial f}{\partial y},z_y \text{ 或 } f_y(x,y).$$

$f(x,y)$ 的偏导函数,通常简称为**偏导数**.

类似地,可以定义二元以上的多元函数的偏导数. 例如,三元函数 $u=f(x,y,z)$ 在点 $M_0(x_0,y_0,z_0)$ 处对 x 的偏导数定义为

$$\left.\frac{\partial u}{\partial x}\right|_{\substack{x=x_0\\y=y_0\\z=z_0}}=f_x(x_0,y_0,z_0)=\lim_{\Delta x\to 0}\frac{f(x_0+\Delta x,y_0,z_0)-f(x_0,y_0,z_0)}{\Delta x}. \tag{9-35}$$

由定义可见,n 元函数的偏导数(有 n 个)实质上就是一元函数的导数. 因此,可用一元函数求导数的方法求多元函数的偏导数. 求二元函数 $z=f(x,y)$ 对 x 的偏导数,即在求 $\frac{\partial z}{\partial x}$ 时,只要把 y 暂时看成常数而对 x 求导数;在求 $\frac{\partial z}{\partial y}$ 时,只要把 x 暂时看成常数而对 y 求导数. 至于函数 $z=f(x,y)$ 在点 (x_0,y_0) 处对 x 的偏导数 $f_x(x_0,y_0)$,就是偏导数 $f_x(x,y)$ 在点 (x_0,y_0) 处的函数值.

例 1 求函数 $z=x^3y^2+x^2$ 在点 $(1,2)$ 处的两个偏导数.

解 先求两个偏导数. 对 x 求偏导数得 $\frac{\partial z}{\partial x}=3x^2y^2+2x$,对 y 求偏导数得 $\frac{\partial z}{\partial y}=2x^3y$. 所以函数在点 $(1,2)$ 处的两个偏导数为

$$\left.\frac{\partial z}{\partial x}\right|_{\substack{x=1\\y=2}}=(3x^2y^2+2x)\Big|_{\substack{x=1\\y=2}}=14,\ \left.\frac{\partial z}{\partial y}\right|_{\substack{x=1\\y=2}}=2x^3y\Big|_{\substack{x=1\\y=2}}=4.$$

例 2　求函数 $u=\sqrt{x^2+y^2+z^2}$ 的偏导数.

解　对 x 求偏导数得

$$\frac{\partial u}{\partial x}=\frac{2x}{2\sqrt{x^2+y^2+z^2}}=\frac{x}{\sqrt{x^2+y^2+z^2}}.$$

类似地有
$$\frac{\partial u}{\partial y}=\frac{y}{\sqrt{x^2+y^2+z^2}},\ \frac{\partial u}{\partial z}=\frac{z}{\sqrt{x^2+y^2+z^2}}.$$

例 3　设函数 $z=x^y(x>0,x\neq1,y$ 为任意实数$)$，求证：$\frac{x}{y}\frac{\partial z}{\partial x}+\frac{1}{\ln x}\frac{\partial z}{\partial y}=2z$.

证　因为
$$\frac{\partial z}{\partial x}=yx^{y-1},\frac{\partial z}{\partial y}=x^y\ln x,$$

所以
$$\frac{x}{y}\frac{\partial z}{\partial x}+\frac{1}{\ln x}\frac{\partial z}{\partial y}=\frac{x}{y}yx^{y-1}+\frac{1}{\ln x}x^y\ln x=x^y+x^y=2z.$$

二、高阶偏导数

如果二元函数 $z=f(x,y)$ 在区域 D 内的两个偏导数 $f_x(x,y)$，$f_y(x,y)$ 的偏导数仍然存在，则称它们是函数 $z=f(x,y)$ 的**二阶偏导数**. 依照对变量求偏导数的次序不同而有下列四个二阶偏导数：

$$\begin{aligned}&\frac{\partial}{\partial x}\left(\frac{\partial z}{\partial x}\right)=\frac{\partial^2 z}{\partial x^2}=f_{xx}(x,y),\ \frac{\partial}{\partial y}\left(\frac{\partial z}{\partial x}\right)=\frac{\partial^2 z}{\partial x\partial y}=f_{xy}(x,y),\\&\frac{\partial}{\partial x}\left(\frac{\partial z}{\partial y}\right)=\frac{\partial^2 z}{\partial y\partial x}=f_{yx}(x,y),\ \frac{\partial}{\partial y}\left(\frac{\partial z}{\partial y}\right)=\frac{\partial^2 z}{\partial y^2}=f_{yy}(x,y).\end{aligned}\tag{9-36}$$

其中 $f_{xy}(x,y)$，$f_{yx}(x,y)$ 称为函数 $f(x,y)$ 的**二阶混合偏导数**. 一般说来，它们未必相等，但如果二元函数的二阶混合偏导数在区域 D 内连续，那么在该区域内这两个二阶混合偏导数必相等.

例 4　验证函数 $z=\ln\sqrt{x^2+y^2}$ 满足方程 $\frac{\partial^2 z}{\partial x^2}+\frac{\partial^2 z}{\partial y^2}=0$.

证　因为 $z=\ln\sqrt{x^2+y^2}=\frac{1}{2}\ln(x^2+y^2)$，所以

$$\frac{\partial z}{\partial x}=\frac{x}{x^2+y^2},\ \frac{\partial z}{\partial y}=\frac{y}{x^2+y^2},$$

$$\frac{\partial^2 z}{\partial x^2}=\frac{(x^2+y^2)-x\cdot 2x}{(x^2+y^2)^2}=\frac{y^2-x^2}{(x^2+y^2)^2},$$

$$\frac{\partial^2 z}{\partial y^2}=\frac{(x^2+y^2)-y\cdot 2y}{(x^2+y^2)^2}=\frac{x^2-y^2}{(x^2+y^2)^2}.$$

因此
$$\frac{\partial^2 z}{\partial x^2}+\frac{\partial^2 z}{\partial y^2}=\frac{y^2-x^2}{(x^2+y^2)^2}+\frac{x^2-y^2}{(x^2+y^2)^2}=0.$$

类似地，可以定义 $z=f(x,y)$ 的三阶、四阶、…、n 阶偏导数. 二阶及二阶以上的偏导数统称

为**高阶偏导数**.显然,$f(x,y)$的 n 阶偏导数一共有 2^n 个.为了求出 $f(x,y)$的 n 阶偏导数,必须先求出 $n-1$ 阶偏导数,即求 $f(x,y)$的高阶偏导数就是从它的一阶偏导数开始逐阶求偏导数.

同样,还可以定义二元以上的多元函数的各阶偏导数.不难看出,n 元函数的 k 阶偏导数共有 n^k 个.

随堂练习 9-6

1. 设 $z=\ln\left(x+\dfrac{y}{2x}\right)$,求$\left.\dfrac{\partial z}{\partial y}\right|_{\substack{x=1\\y=0}}$.

2. 设 $f(x,y)=e^{-x}\sin(x+2y)$,求 $f_x\left(0,\dfrac{\pi}{4}\right)$与 $f_y\left(0,\dfrac{\pi}{4}\right)$.

3. 求下列函数的偏导数:

(1) $z=x^3y-xy^3$;　　(2) $u=z\cdot\arctan\dfrac{x}{y}$;

(3) $z=\dfrac{x}{\sqrt{x^2+y^2}}$;　　(4) $z=\left(\dfrac{1}{3}\right)^{\frac{y}{x}}$.

4. 求下列函数的二阶偏导数:

(1) $z=\ln(x^2+y^2)$;　　(2) $z=x^{2y}$.

5. 设 $z=\ln(\sqrt{x}+\sqrt{y})$,求证:$x\dfrac{\partial z}{\partial x}+y\dfrac{\partial z}{\partial y}=\dfrac{1}{2}$.

习 题 9-6

1. 设 $f(x,y)=x+y-\sqrt{x^2+y^2}$,求 $f_x(3,4)$.

2. 求下列函数的偏导数:

(1) $z=xe^{-xy}$;　　(2) $z=(1+xy)^y$;

(3) $z=\sin(xy)\tan\dfrac{y}{x}$;　　(4) $z=\arctan\dfrac{x+y}{1-xy}$.

3. 设 $f(x,y)=x+(y-1)\arcsin\sqrt{\dfrac{x}{y}}$,求 $f_x(x,1)$,其中 $x\neq0,x\neq1$.

4. 设 $z=\ln(e^x+e^y)$,求证:

(1) $\dfrac{\partial z}{\partial x}+\dfrac{\partial z}{\partial y}=1$;　　(2) $\left(\dfrac{\partial^2 z}{\partial x^2}\right)\left(\dfrac{\partial^2 z}{\partial y^2}\right)-\left(\dfrac{\partial^2 z}{\partial x\partial y}\right)^2=0$.

5. 设 $z=x\ln(xy)$,求$\dfrac{\partial^3 z}{\partial x^2\partial y}$.

6. 设 $u=f(x^2+y^2+z^2)$,求$\dfrac{\partial^2 u}{\partial x^2}$.

§9-7　多元函数的极值

一、二元函数的极值

定义　设函数 $z=f(x,y)$ 在点 $P_0(x_0,y_0)$ 的某一邻域内有定义. 如果对于该邻域内所有异于点 P_0 的点 $P(x,y)$ 都有

$$f(x,y)<f(x_0,y_0)(\text{或 } f(x,y)>f(x_0,y_0)),$$

则称函数 $f(x,y)$ 在点 $P_0(x_0,y_0)$ 处有**极大值**(或**极小值**) $f(x_0,y_0)$. 极大值和极小值统称为**函数的极值**. 相应地,称点 P_0 为**极大值点**(或**极小值点**). 极大值点和极小值点统称为**极值点**.

按照定义可以直接求出一些简单函数的极值和极值点,或者判断有没有极值.

例 1　函数 $f(x,y)=x^2+y^2+1$ 在点 $(0,0)$ 处有极小值 1.

例 2　函数 $z=-\sqrt{x^2+y^2}$ 在点 $(0,0)$ 处有极大值 0.

例 3　函数 $z=xy$ 在点 $(0,0)$ 处没有极值,因为在点 $(0,0)$ 的任何邻域内函数值不可能都是正值或都是负值.

下面给出二元函数有极值的必要条件.

定理 1(极值存在的必要条件)　设函数 $z=f(x,y)$ 在点 $P_0(x_0,y_0)$ 处有极值,且在点 $P_0(x_0,y_0)$ 处的偏导数存在,则函数 $z=f(x,y)$ 在点 $P_0(x_0,y_0)$ 处的两个偏导数必为零,即

$$f_x(x_0,y_0)=0,f_y(x_0,y_0)=0.$$

类似于一元函数,凡是满足方程组

$$\begin{cases}f_x(x,y)=0,\\ f_y(x,y)=0\end{cases}$$

的点 (x_0,y_0) 称为函数 $z=f(x,y)$ 的**驻点**. 定理 1 说明,只要函数 $z=f(x,y)$ 的偏导数存在,那么它的极值点一定是驻点. 但是,函数的驻点不一定是极值点. 例如,函数 $z=xy$ 在点 $(0,0)$ 处的两个偏导数为 $f_x(0,0)=0$, $f_y(0,0)=0$,所以点 $(0,0)$ 是函数 $z=xy$ 的驻点,但由例 3 知点 $(0,0)$ 不是极值点.

定理 2(极值存在的充分条件)　设函数 $z=f(x,y)$ 在点 $P_0(x_0,y_0)$ 的某一邻域内具有连续的一阶、二阶偏导数,又 $f_x(x_0,y_0)=0$, $f_y(x_0,y_0)=0$. 记

$$f_{xx}(x_0,y_0)=A,f_{xy}(x_0,y_0)=B,f_{yy}(x_0,y_0)=C,\Delta=B^2-AC,$$

则:(1) 当 $\Delta<0$ 时,函数 $z=f(x,y)$ 在 $P_0(x_0,y_0)$ 处有极值,并且若 $A>0$,则 $f(x_0,y_0)$ 为极小值;若 $A<0$,则 $f(x_0,y_0)$ 为极大值.

(2) 当 $\Delta>0$ 时,函数 $z=f(x,y)$ 在 $P_0(x_0,y_0)$ 处没有极值.

(3) 当$\Delta=0$时,函数$z=f(x,y)$在$P_0(x_0,y_0)$处可能有极值,也可能没有极值.

利用定理1和定理2,可以把求函数$z=f(x,y)$极值的主要步骤归纳如下:

第一步 解方程组$\begin{cases}f_x(x,y)=0,\\ f_y(x,y)=0,\end{cases}$求出函数$z=f(x,y)$的所有驻点;

第二步 对于每一个驻点(x_0,y_0),求出二阶偏导数的值A,B,C;

第三步 确定$\Delta=B^2-AC$的符号,按定理2的结论判定$f(x_0,y_0)$是否是极值,是极大值还是极小值.

例4 求函数$f(x,y)=3xy-x^3-y^3$的极值.

解 求偏导数,得$f_x(x,y)=3y-3x^2$, $f_y(x,y)=3x-3y^2$.

解方程组
$$\begin{cases}3y-3x^2=0,\\ 3x-3y^2=0,\end{cases}$$
得驻点$P_1(0,0)$和$P_2(1,1)$.

求二阶偏导数,得$f_{xx}(x,y)=-6x$, $f_{xy}=3$, $f_{yy}=-6y$.

在点$P_1(0,0)$处,$A=f_{xx}(0,0)=0$, $B=f_{xy}(0,0)=3$, $C=f_{yy}(0,0)=0$, $\Delta=B^2-AC=3^2-0=9>0$. 因此函数在点$P_1(0,0)$处没有极值.

在点$P_2(1,1)$处,$A=f_{xx}(1,1)=-6$, $B=f_{xy}(1,1)=3$, $C=f_{yy}(1,1)=-6$, $\Delta=B^2-AC=3^2-(-6)\times(-6)=-27<0$. 因此函数在点$P_2(1,1)$处有极值,且由$A=-6<0$知,函数在$(1,1)$处有极大值,极大值为$f(1,1)=3\times1\times1-1-1=1$.

像一元函数一样,可以利用函数的极值来求函数的最大值和最小值. 一般地,如果函数$f(x,y)$在闭区域D上连续,则$f(x,y)$在D上必定能取得它的最大值和最小值.

例5 欲做一个容量一定的长方体箱子,问应选择怎样的尺寸,才能使做此箱子的材料最省?

解 设箱子的长、宽、高分别为x,y,z,容量为V,则$V=xyz$,箱子的表面积为$S=2(xy+yz+zx)$. 要使所用的材料最少,则应求S的最小值. 由于$z=\dfrac{V}{xy}$,所以
$$S=2\left(xy+\frac{V}{x}+\frac{V}{y}\right)(x>0,y>0),$$
它是x,y的二元函数. 令
$$\begin{cases}S_x(x,y)=2\left(y-\dfrac{V}{x^2}\right)=0,\\ S_y(x,y)=2\left(x-\dfrac{V}{y^2}\right)=0,\end{cases}$$
求得唯一的驻点$P(\sqrt[3]{V},\sqrt[3]{V})$. 根据问题的实际意义可知$S$一定存在最小值,所以可以断定$P$是使$S$取得最小值的点,即当
$$x=y=z=\sqrt[3]{V}$$
时,函数S取得最小值. 这表明:在容量一定的情况下,长方体中立方体的表面积最小.

例5属于多元函数的最大值、最小值问题. 在实际问题中,如果函数$f(x,y)$在区域D内

一定能取得最大值(或最小值)，而$f(x,y)$在 D 内只有唯一驻点，那么可以肯定该驻点处的函数值就是函数 $f(x,y)$在区域 D 上的最大值(或最小值).

二、条件极值　拉格朗日乘数法

前面所讨论的极值问题，自变量的变化是在函数的定义域范围内，除此之外没有其他附加条件的限制. 因此，这种极值有时又称为**无条件极值**. 但在许多实际问题中，函数的自变量还要满足某些附加条件，这种对自变量有附加条件的极值称为**条件极值**. 条件极值有以下两种求法.

1. 转化为无条件极值

对一些简单的条件极值问题，可以利用附加条件，消去函数中的某些自变量，将条件极值转化为无条件极值. 例如，例 5 中的问题实际上是求表面积函数 $S=2(xy+yz+xz)$在条件 $xyz=V$ 限制之下的极值，这是一个条件极值问题. 求解时，从条件中解出 $z=\dfrac{V}{xy}$代入 $S=2(xy+yz+xz)$中，就转化为求函数 $S=2\left(xy+\dfrac{V}{x}+\dfrac{V}{y}\right)$的极值问题，这时对于自变量 x,y 不再有附加条件的限制，因此是一个无条件极值问题.

2. 拉格朗日乘数法

对于一般的条件极值问题，要直接转化为无条件极值问题往往比较困难. 下面介绍一种直接求条件极值的方法——拉格朗日乘数法.

求函数 $z=f(x,y)$在条件 $\varphi(x,y)=0$ 限制下的可能极值点的方法——**拉格朗日乘数法**，其步骤如下：

(1) 构造拉格朗日函数

$$F(x,y)=f(x,y)+\lambda\varphi(x,y),$$

其中 λ 是某个常数；

(2) 将函数 $F(x,y)$分别对 x,y 求偏导数，并令它们都为 0，然后与方程 $\varphi(x,y)=0$ 联立，组成方程组

$$\begin{cases}F_x(x,y)=f_x(x,y)+\lambda\varphi_x(x,y)=0,\\F_y(x,y)=f_y(x,y)+\lambda\varphi_y(x,y)=0,\\\varphi(x,y)=0;\end{cases}$$

(3) 求出方程组

$$\begin{cases}x=x_0,\\y=y_0,\\\lambda=\lambda_0\end{cases}$$

的解(解可能多于一组)，则点(x_0,y_0)就是使函数 $z=f(x,y)$可能取得极值且满足条件

$\varphi(x_0,y_0)=0$ 的可能极值点.

至于如何确定所求得的点是否为极值点,在实际问题中往往需要根据问题本身的性质加以确定.

上述方法可以推广到自变量多于两个或附加条件多于一个的情形.

例 6 利用拉格朗日乘数法求解例 5.

解 设箱子的长、宽、高分别为 x,y,z,容量为 V(常数),表面积为 S,则所要解决的问题就是求函数

$$S=2(xy+yz+xz)$$

在条件 $xyz=V$ 限制之下的最小值.

构造拉格朗日函数

$$F(x,y,z)=2(xy+yz+xz)+\lambda(xyz-V).$$

求出函数 $F(x,y,z)$ 的三个偏导数,并令它们都为 0,然后与条件方程 $xyz=V$ 联立,组成方程组

$$\begin{cases}F_x(x,y,z)=2(y+z)+\lambda yz=0,\\F_y(x,y,z)=2(x+z)+\lambda xz=0,\\F_z(x,y,z)=2(x+y)+\lambda xy=0,\\xyz=V.\end{cases}$$

解此方程组,得 $x=y=z=\sqrt[3]{V},\lambda=-\dfrac{4}{\sqrt[3]{V}}$.

因为点$(\sqrt[3]{V},\sqrt[3]{V},\sqrt[3]{V})$是唯一驻点,而由问题本身可知表面积 S 一定存在最小值,所以 $x=y=z=\sqrt[3]{V}$就是所求的最小值点,即当箱子的长、宽、高都相等时,所用的材料最少.

随堂练习 9-7

1. 求函数 $f(x,y)=4(x-y)-x^2-y^2$ 的极值.
2. 求函数 $z=xy$ 在条件 $x+y=1$ 下的极值.
3. 把正数 a 分成三个正数之和,使它们的乘积为最大,求这三个正数.
*4. 求内接于半径为 a 的球且有最大体积的长方体.
5. 求表面积为 S,而体积为最大的长方体.
6. 欲造一容积 V 等于定数 K 的开顶长方体形水池,问怎样选择尺寸使它有最小的表面积?

习　题　9-7

1. 求下列函数的极值：

(1) $z=-x^2+xy-y^2+2x-y$；

(2) $f(x,y)=2x^3+xy^2+5x^2+y^2$.

2. 平面 $x+y+z=1$ 上哪一点到坐标原点的距离最近？最近距离为多少？

3. 在 xOy 面上求一点，使它到直线 $x=0$，$y=0$ 及 $x+2y-16=0$ 的距离的平方和最小.

4. 求抛物线 $y^2=4x$ 上的点，使它与直线 $x-y+4=0$ 的距离最小.

§9-8　二重积分

一、二重积分的概念

1. 问题的提出

(1) 曲顶柱体的体积.

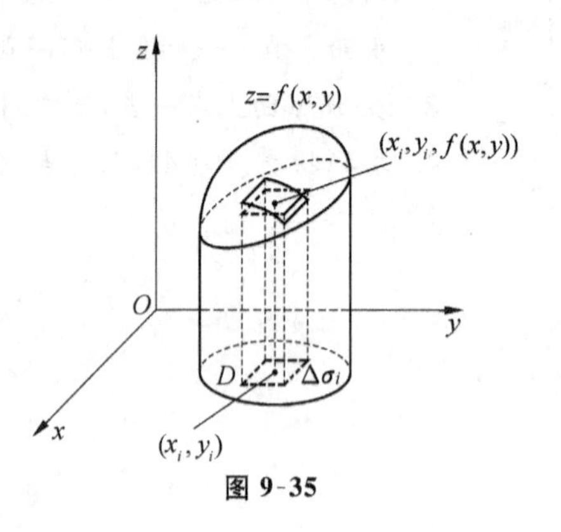

图 9-35

设有一个立体，它的底是 xOy 面上的有界闭区域 D，它的侧面是以 D 的边界曲线为准线而母线平行于 z 轴的柱面，它的顶是曲面 $z=f(x,y)$ $(f(x,y)\geqslant 0)$ 且在 D 上连续（图 9-35），这种立体叫做**曲顶柱体**.

求曲顶柱体的体积可以像求曲边梯形的面积那样采用“分割、取近似、求和、取极限”的方法来解决，步骤如下：

① 分割. 用有限条曲线将区域 D 分割为 n 个小区域 $\Delta\sigma_1,\Delta\sigma_2,\cdots,\Delta\sigma_n$，同时用上述记号表示各小区域的面积，相应地把曲顶柱体分为 n 个以 $\Delta\sigma_i$ 为底面、母线平行于 z 轴的小曲顶柱体，其体积记为 $\Delta V_i(i=1,2,\cdots,n)$.

② 取近似. 在每个小区域 $\Delta\sigma_i$ 上任取一点 $M(x_i,y_i)$，可得高为 $f(x_i,y_i)$、底为 $\Delta\sigma_i$ 的小平顶柱体，并用这个小平顶柱体的体积作为第 i 个小曲顶柱体体积的近似值，即

$$\Delta V_i\approx f(x_i,y_i)\Delta\sigma_i(i=1,2,\cdots,n).$$

③ 求和. 把 n 个小曲顶柱体的体积相加，便得曲顶柱体体积的近似值，即

$$V=\sum_{i=1}^{n}\Delta V_i\approx\sum_{i=1}^{n}f(x_i,y_i)\Delta\sigma_i.$$

④ 取极限. 为了得出 V 的精确值，令 n 个小区域的直径（区域的直径是指有界闭区域上任意两点间的距离最大者）中最大值 $\lambda\to 0$，和式 $\sum\limits_{i=1}^{n}f(x_i,y_i)\Delta\sigma_i$ 的极限就是曲顶柱体的体积 V，即

$$V=\lim_{\lambda\to 0}\sum_{i=1}^{n}f(x_i,y_i)\Delta\sigma_i.$$

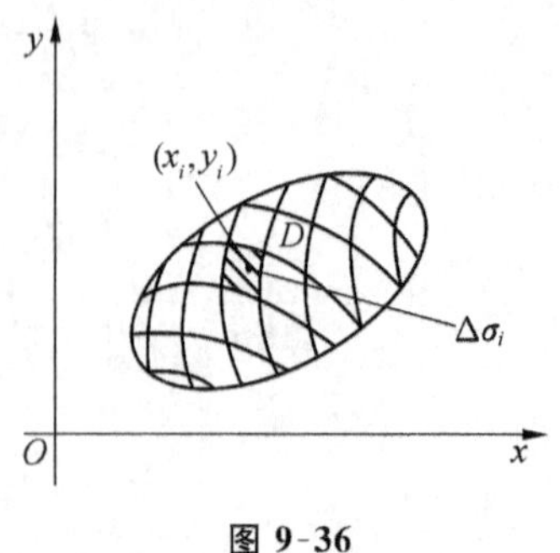

图 9-36

(2) 平面薄片的质量.

设一平面薄片占有 xOy 面上的有界闭区域 D（图 9-36）. 它在点 (x,y) 处的面密度 $\rho=\rho(x,y)$，这里 $\rho(x,y)>0$ 且在 D

上连续，求该薄片的质量 M. 与(1)类似，用“分割、取近似、求和、取极限”的方法得

$$M=\lim_{\lambda\to 0}\sum_{i=1}^{n}\rho(x_i,y_i)\Delta\sigma_i.$$

以上两个问题的实际意义虽然不同，但所求量都归结为求同一形式的和式的极限. 我们舍其实际意义，概括为二重积分的定义.

2. 二重积分的定义

定义　设 $f(x,y)$是定义在有界闭区域 D 上的二元函数. 将区域 D 任意分割成 n 个小区域 $\Delta\sigma_1,\Delta\sigma_2,\cdots,\Delta\sigma_n$(同时也用这些记号表示它们的面积)，在每个小区域 $\Delta\sigma_i$ 上任取一点 (x_i,y_i)，作乘积 $f(x_i,y_i)\Delta\sigma_i(i=1,2,\cdots,n)$，并把它们相加，得和式 $\sum\limits_{i=1}^{n}f(x_i,y_i)\Delta\sigma_i$. 记 $\lambda=\max\{d_i\}$(d_i 表示区域 $\Delta\sigma_i$ 的直径)，当 $\lambda\to 0$ 时，如果和式的极限

$$\lim_{\lambda\to 0}\sum_{i=1}^{n}f(x_i,y_i)\Delta\sigma_i$$

存在，则称函数 $f(x,y)$**在区域 D 上可积**. 并称此极限值为函数 $f(x,y)$**在区域 D 上的二重积分**，记作$\iint\limits_D f(x,y)\mathrm{d}\sigma$，即

$$\iint\limits_D f(x,y)\mathrm{d}\sigma=\lim_{\lambda\to 0}\sum_{i=1}^{n}f(x_i,y_i)\Delta\sigma_i. \tag{9-37}$$

其中 D 称为**积分区域**，$f(x,y)$称为**被积函数**，$\mathrm{d}\sigma$ 称为**面积元素**，$f(x,y)\mathrm{d}\sigma$ 称为**被积表达式**，x,y 称为**积分变量**，而 $\sum\limits_{i=1}^{n}f(x_i,y_i)\Delta\sigma_i$ 称为**积分和式**.

定理(二重积分存在定理)　若函数 $f(x,y)$在有界闭区域 D 上连续，则函数 $f(x,y)$在 D 上可积.

由二重积分的定义可知，曲顶柱体的体积 V 是曲面方程 $z=f(x,y)$ $(f(x,y)\geqslant 0)$在底面区域 D 上的二重积分：

$$V=\iint\limits_D f(x,y)\mathrm{d}\sigma.$$

平面薄片的质量 M 是密度函数 $\rho=\rho(x,y)$ 在平面薄片所占区域 D 上的二重积分：

$$M=\iint\limits_D \rho(x,y)\mathrm{d}\sigma.$$

3. 二重积分的几何意义

(1) 如果在区域 D 上 $f(x,y)\geqslant 0$，则$\iint\limits_D f(x,y)\mathrm{d}\sigma$ 表示曲顶柱体的体积；

(2) 如果在区域 D 上 $f(x,y)<0$，二重积分的值是负的，曲顶柱体在 xOy 面的下方，则 $-\iint\limits_D f(x,y)\mathrm{d}\sigma$ 表示曲顶柱体的体积；

(3) 如果 $f(x,y)$在 D 的某些部分区域上是正的，而在其他部分区域上是负的，则二重

积分$\iint\limits_D f(x,y)\mathrm{d}\sigma$的值就等于在$xOy$面上方的柱体体积值与在$xOy$面下方的柱体体积值的相反数的代数和.

4. 二重积分的性质

设二元函数$f(x,y)$,$g(x,y)$在有界闭区域D上可积,与定积分类似,二重积分有以下性质:

性质1 被积函数的常数因子可以从二重积分号里提出来,即

$$\iint\limits_D kf(x,y)\mathrm{d}\sigma = k\iint\limits_D f(x,y)\mathrm{d}\sigma(k\text{ 为常数}).$$

性质2 有限个函数的代数和的二重积分,等于各个函数的二重积分的代数和.例如,

$$\iint\limits_D [f(x,y)\pm g(x,y)]\mathrm{d}\sigma = \iint\limits_D f(x,y)\mathrm{d}\sigma \pm \iint\limits_D g(x,y)\mathrm{d}\sigma.$$

性质3 二重积分对积分区域具有可加性,即如果闭区域D被有限条曲线分为有限个互不重叠的部分闭区域,则函数$f(x,y)$在D上的二重积分等于它在各部分闭区域上的二重积分的和.例如,如果闭区域D分成两个闭区域D_1,D_2(图9-37),那么

$$\iint\limits_D f(x,y)\mathrm{d}\sigma = \iint\limits_{D_1} f(x,y)\mathrm{d}\sigma + \iint\limits_{D_2} f(x,y)\mathrm{d}\sigma.$$

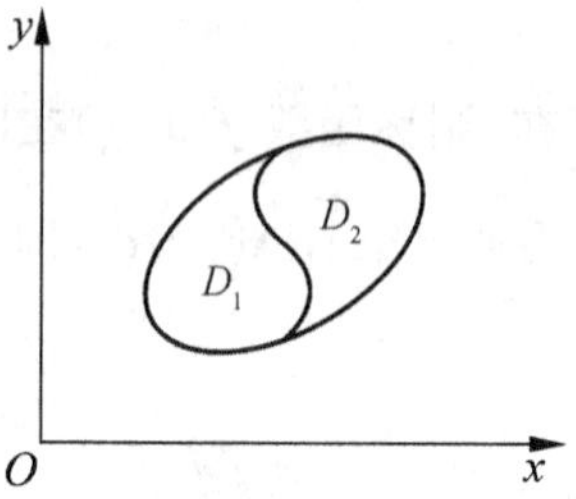

图 9-37

性质4 如果在D上$f(x,y)\equiv 1$,σ是D的面积,那么

$$\sigma = \iint\limits_D 1\mathrm{d}\sigma = \iint\limits_D \mathrm{d}\sigma.$$

这个性质的几何意义表示:高为1的平顶柱体的体积,在数值上就等于柱体的底面积.

二、直角坐标系中二重积分的计算

按照二重积分的定义计算二重积分通常比较困难.下面介绍在直角坐标系中把二重积分化为两次定积分的计算方法.

在直角坐标系中,用平行于x轴和y轴的两族直线分割D时,面积元素$\mathrm{d}\sigma=\mathrm{d}x\mathrm{d}y$,这时二重积分可表示为

$$\iint\limits_D f(x,y)\mathrm{d}\sigma = \iint\limits_D f(x,y)\mathrm{d}x\mathrm{d}y.$$

现在先假定$f(x,y)\geqslant 0$,我们从二重积分的几何意义来讨论它的计算问题,所得到的结论对于一般的二重积分也适用.

设积分区域D是X-型区域(图9-38),该区域由直线$x=a$,$y=b$和曲线$y=\varphi_1(x)$,$y=\varphi_2(x)$所围成(平行于y轴的直线穿过区域D的内部时至多与边界有两个交点),D可用不等式组

$$\begin{cases}\varphi_1(x)\leqslant y\leqslant\varphi_2(x),\\ a\leqslant x\leqslant b\end{cases}$$

表示，其中函数 $\varphi_1(x)$，$\varphi_2(x)$在区间$[a,b]$上连续.

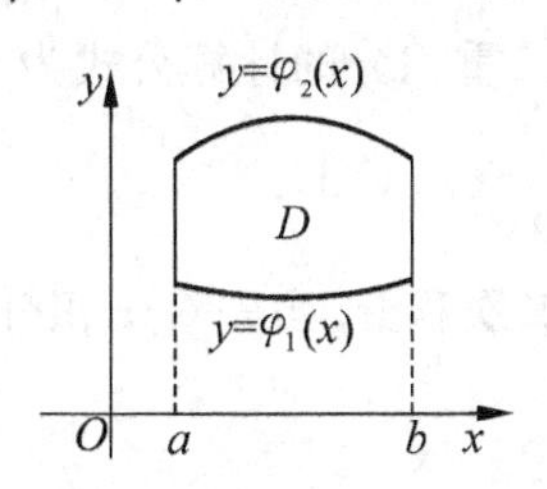

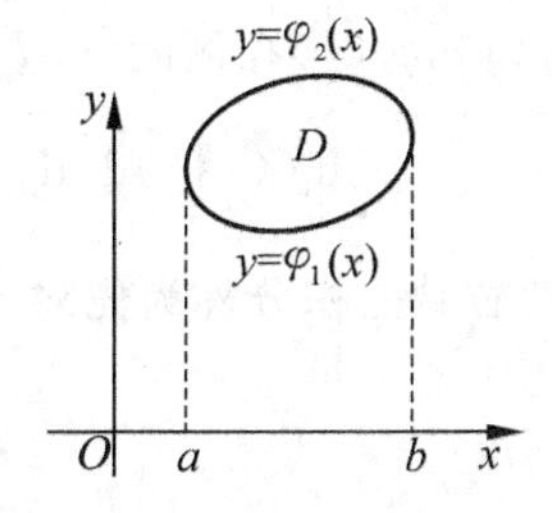

图 9-38

按照二重积分的几何意义，$\iint\limits_D f(x,y)\mathrm{d}\sigma$ 的值等于以 D 为底、曲面 $z=f(x,y)$为顶的曲顶柱体的体积(图 9-39).

在图 9-39 中，用垂直于 x 轴的任一平面 $x=x_0$ $(a\leqslant x_0\leqslant b)$去切割曲顶柱体，所得的截面是以 $z=f(x_0,y)$ $(\varphi_1(x_0)\leqslant y\leqslant\varphi_2(x_0))$为曲边的曲边梯形(图 9-39 中的阴影部分)，它的面积为

$$A(x_0)=\int_{\varphi_1(x_0)}^{\varphi_2(x_0)}f(x_0,y)\mathrm{d}y.$$

因为 x_0 是在 a 与 b 之间任取的一个值，所以可把 x_0 仍记为 x，于是过区间$[a,b]$上任一点 x 且平行于 yOz 面的平面截曲顶柱体所得截面的面积为

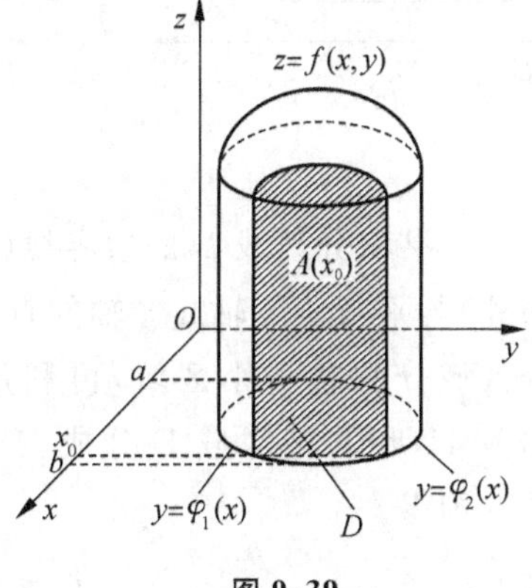

图 9-39

$$A(x)=\int_{\varphi_1(x)}^{\varphi_2(x)}f(x,y)\mathrm{d}y.$$

由于 x 的变化区间为$[a,b]$，且 $A(x)\mathrm{d}x$ 为曲顶柱体中一个薄片的体积，所以整个曲顶柱体的体积 V 可由这样的薄片体积 $A(x)\mathrm{d}x$ 从$x=a$到 $x=b$ 无限累加而得，故

$$V=\int_a^b A(x)\mathrm{d}x=\int_a^b\left[\int_{\varphi_1(x)}^{\varphi_2(x)}f(x,y)\mathrm{d}y\right]\mathrm{d}x.$$

这个体积就是所求的二重积分的值，简记为

$$\int_a^b\mathrm{d}x\int_{\varphi_1(x)}^{\varphi_2(x)}f(x,y)\mathrm{d}y.$$

从而有

$$\iint\limits_D f(x,y)\mathrm{d}x\mathrm{d}y=\int_a^b\mathrm{d}x\int_{\varphi_1(x)}^{\varphi_2(x)}f(x,y)\mathrm{d}y. \tag{9-38}$$

公式(9-38)右端的积分称为**先对 y 后对 x 的二次积分**. 就是说，先把 x 看成常数，把 $f(x,y)$只看成 y 的函数，并对 y 计算从 $\varphi_1(x)$ 到 $\varphi_2(x)$的定积分，然后把算得的结果(为 x 的函数)再对 x 计算在区间$[a,b]$上的定积分，这样可使计算变得容易.

类似地，如果积分区域 D 是 Y-型区域(图 9-40)，即由直线 $y=c$，$y=d$ 和曲线 $x=\psi_1(y)$，$x=\psi_2(y)$所围成的区域(平行于 x 轴的直线穿过区域 D 内部时至多与边界有两个交

点),D 可用不等式组

$$\begin{cases}\psi_1(y)\leqslant x\leqslant\psi_2(y),\\ c\leqslant y\leqslant d\end{cases}$$

表示,其中函数 $\psi_1(y)$,$\psi_2(y)$ 在区间 $[c,d]$ 上连续,则二重积分的计算公式为

$$\iint\limits_D f(x,y)\mathrm{d}x\mathrm{d}y=\int_c^d\mathrm{d}y\int_{\psi_1(y)}^{\psi_2(y)}f(x,y)\mathrm{d}x.\qquad(9\text{-}39)$$

公式(9-39)的右端的积分称为**先对 x 后对 y 的二次积分**.当先对 x 积分时,应把 y 暂时看成常数.

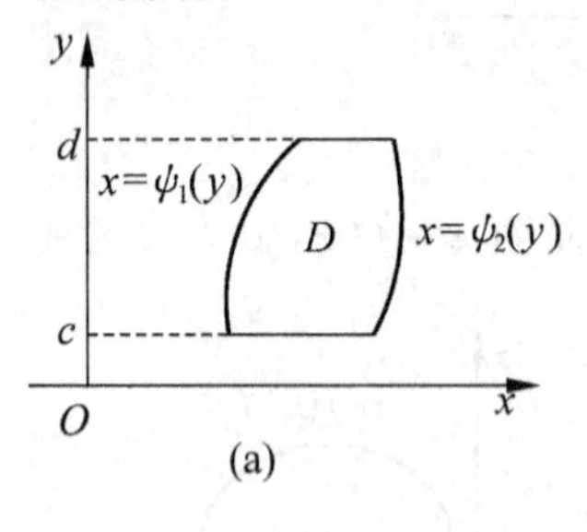

(a)

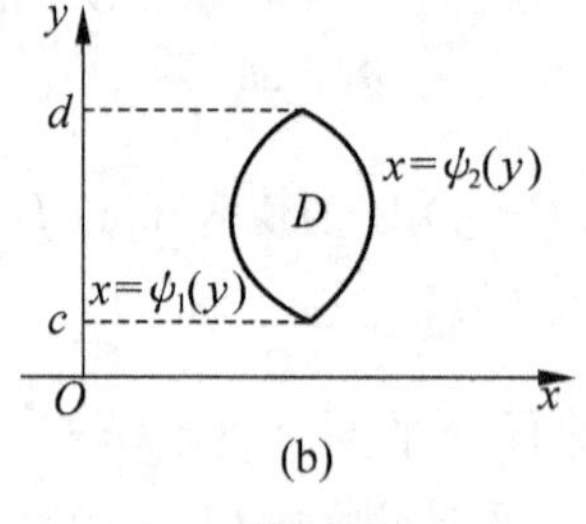

(b)

图 9-40

如果积分区域 D 的边界线(平行于 x 轴或 y 轴的直线段除外)与平行于 x 轴或 y 轴的直线的交点多于两个,则应将积分区域分为若干小区域,再利用性质 3 进行计算.例如,如图 9-41所示,把区域 D 分成三个闭区域 D_1,D_2,D_3,利用性质 3 即得

$$\iint\limits_D f(x,y)\mathrm{d}\sigma=\iint\limits_{D_1}f(x,y)\mathrm{d}\sigma+\iint\limits_{D_2}f(x,y)\mathrm{d}\sigma+\iint\limits_{D_3}f(x,y)\mathrm{d}\sigma.$$

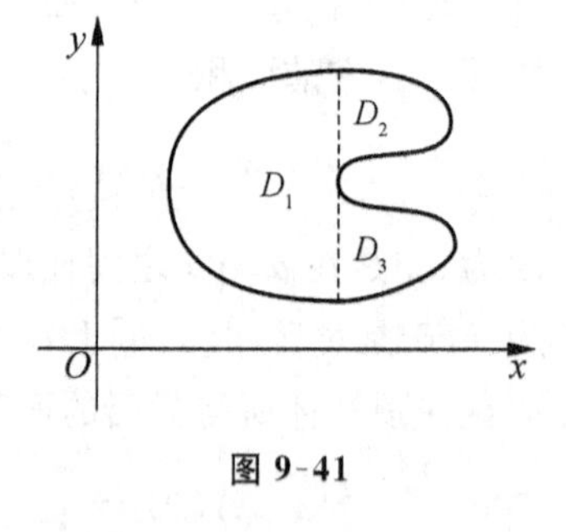

图 9-41

从而可将其归结为上述 X-型(或 Y-型)区域的情况.

二重积分化为二次积分的关键在于确定积分限.为此可先画出积分区域 D 的图形,根据被积函数和积分区域的特点,选择适当的积分次序.

计算二重积分的步骤归纳如下:

(1) 画出积分区域 D 的图形,考察区域 D 是否需要分块;

(2) 选择积分次序,将区域 D 用不等式组表示,以确定二次积分的上、下限;

(3) 利用公式(9-38)或(9-39)计算二次积分,得出积分结果.

例 1 计算二重积分 $I=\iint\limits_D xy\,\mathrm{d}x\mathrm{d}y$,其中 D 由直线 $y=x$ 与抛物线 $y=x^2$ 围成.

解 画出积分区域 D 的图形(图 9-42),由方程组

$$\begin{cases}y=x^2,\\ y=x\end{cases}$$

得两曲线的交点坐标为(0,0),(1,1),则 D 可表示为

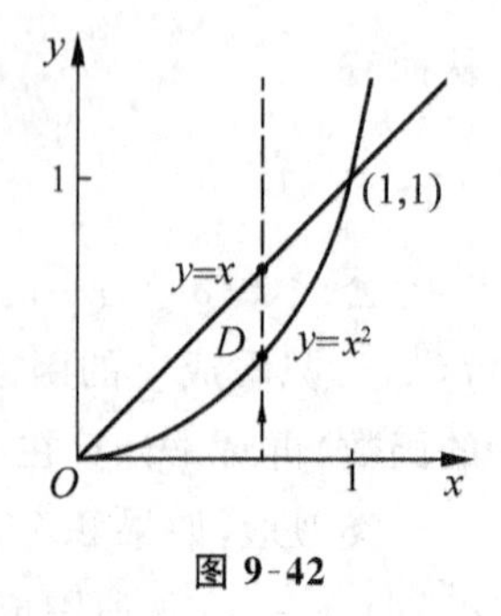

图 9-42

$$D:\begin{cases}x^2\leqslant y\leqslant x,\\0\leqslant x\leqslant 1\end{cases}(X\text{-型区域})\text{或}\begin{cases}y\leqslant x\leqslant\sqrt{y},\\0\leqslant y\leqslant 1\end{cases}\quad(Y\text{-型区域}).$$

若先对 y 积分,则有

$$\begin{aligned}I&=\int_0^1\mathrm{d}x\int_{x^2}^x xy\,\mathrm{d}y=\int_0^1 x\left[\frac{1}{2}y^2\right]_{x^2}^x\mathrm{d}x\\&=\frac{1}{2}\int_0^1(x^3-x^5)\mathrm{d}x=\frac{1}{2}\left[\frac{1}{4}x^4-\frac{1}{6}x^6\right]_0^1=\frac{1}{24}.\end{aligned}$$

若先对 x 积分,则有

$$\begin{aligned}I&=\int_0^1\mathrm{d}y\int_y^{\sqrt{y}} xy\,\mathrm{d}x=\int_0^1 y\left[\frac{1}{2}x^2\right]_y^{\sqrt{y}}\mathrm{d}y\\&=\frac{1}{2}\int_0^1(y^2-y^3)\mathrm{d}y=\frac{1}{2}\left[\frac{1}{3}y^3-\frac{1}{4}y^4\right]_0^1=\frac{1}{24}.\end{aligned}$$

本题最好选择先对 y 积分,因为积分限不带根号.

例 2　将二重积分

$$I=\iint_D f(x,y)\mathrm{d}x\mathrm{d}y$$

表示为二次积分,其中 D 是由双曲线 $y=\dfrac{1}{x}$,直线 $y=x$ 与 $x=2$ 围成的.

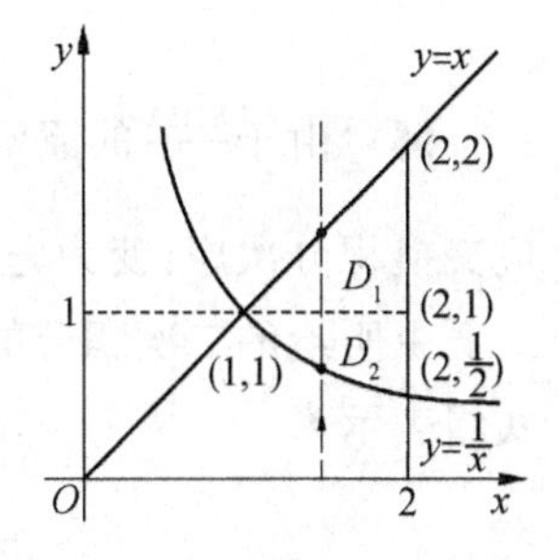

图 9-43

解　积分区域 D 如图 9-43 所示. 求出三条曲线 $y=\dfrac{1}{x}$,$y=x$,$x=2$ 两两相交的交点(1,1),(2,2),$\left(2,\dfrac{1}{2}\right)$,则 D 可表示为

$$\begin{cases}\dfrac{1}{x}\leqslant y\leqslant x,\\1\leqslant x\leqslant 2\end{cases}\quad(X\text{-型区域}).$$

若先对 y 积分,则有

$$I=\int_1^2\mathrm{d}x\int_{\frac{1}{x}}^x f(x,y)\mathrm{d}y.$$

若先对 x 积分,则需用直线 $y=1$ 将 D 分为两个小区域 D_1 和 D_2,且

$$D_1:\begin{cases}\dfrac{1}{y}\leqslant x\leqslant 2,\\\dfrac{1}{2}\leqslant y\leqslant 1;\end{cases}\qquad D_2:\begin{cases}y\leqslant x\leqslant 2,\\1\leqslant y\leqslant 2\end{cases}\quad(Y\text{-型区域}).$$

于是有

$$\begin{aligned}I&=\iint_{D_1}f(x,y)\mathrm{d}x\mathrm{d}y+\iint_{D_2}f(x,y)\mathrm{d}x\mathrm{d}y\\&=\int_{\frac{1}{2}}^1\mathrm{d}y\int_{\frac{1}{y}}^2 f(x,y)\mathrm{d}x+\int_1^2\mathrm{d}y\int_y^2 f(x,y)\mathrm{d}x.\end{aligned}$$

例 3　交换二次积分

$$I=\int_0^1\mathrm{d}y\int_0^{\sqrt{y}}f(x,y)\mathrm{d}x+\int_1^2\mathrm{d}y\int_0^{2-y}f(x,y)\mathrm{d}x$$

的积分次序.

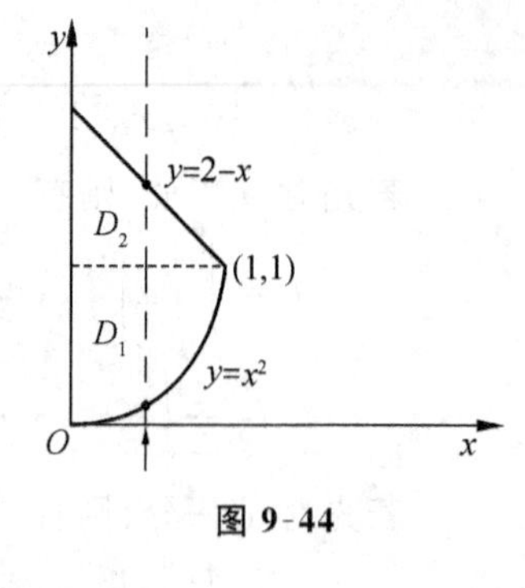

图 9-44

解 所给的二次积分的积分限用不等式组表示区域 D_1 和 D_2，则有

$$D_1:\begin{cases}0\leqslant x\leqslant\sqrt{y},\\0\leqslant y\leqslant 1;\end{cases}\qquad D_2:\begin{cases}0\leqslant x\leqslant 2-y,\\1\leqslant y\leqslant 2.\end{cases}$$

画出区域 D_1，D_2 的图形(图 9-44).

D_1 和 D_2 可合并成一个区域 D. 根据 D 的图形把 D 改写成 X-型区域，并用不等式组表示为

$$D:\begin{cases}x^2\leqslant y\leqslant 2-x,\\0\leqslant x\leqslant 1.\end{cases}$$

于是交换积分次序得到先对 y 后对 x 的积分为

$$I=\int_0^1\mathrm{d}x\int_{x^2}^{2-x}f(x,y)\mathrm{d}y.$$

例 4 计算二次积分

$$I=\int_0^1\mathrm{d}x\int_x^{\sqrt{x}}\frac{\sin y}{y}\mathrm{d}y.$$

解 由于$\frac{\sin y}{y}$的原函数不是初等函数，先对 y 积分无法计算，故应交换积分次序，变为先对x后对 y 积分.

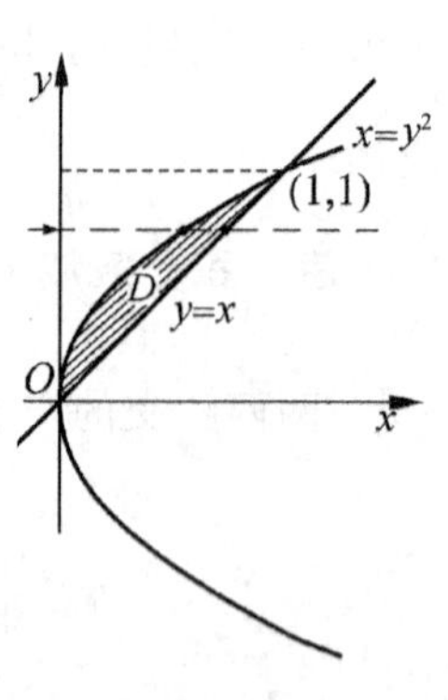

图 9-45

由所给的二次积分的积分限知，积分区域 D 为 X-型区域，用不等式组表示为

$$D:\begin{cases}x\leqslant y\leqslant\sqrt{x},\\0\leqslant x\leqslant 1.\end{cases}$$

这是由直线 $y=x$ 和抛物线 $y^2=x$ 围成的区域(图 9-45).

将积分区域 D 改写成 Y-型区域，并用不等式组表示为

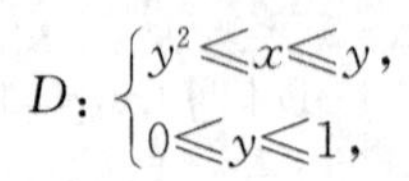

$$D:\begin{cases}y^2\leqslant x\leqslant y,\\0\leqslant y\leqslant 1,\end{cases}$$

于是有

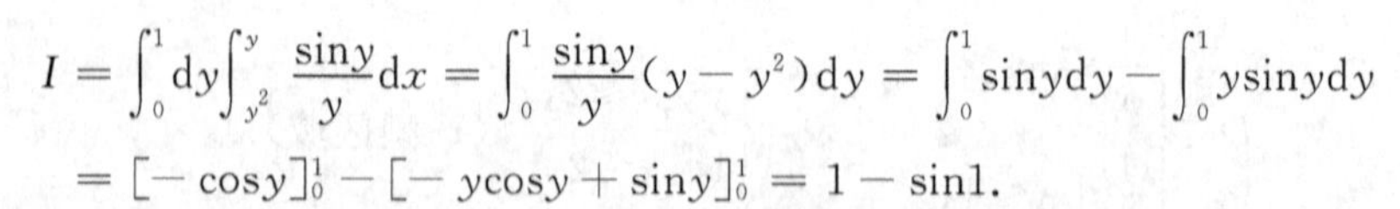

$$\begin{aligned}I&=\int_0^1\mathrm{d}y\int_{y^2}^{y}\frac{\sin y}{y}\mathrm{d}x=\int_0^1\frac{\sin y}{y}(y-y^2)\mathrm{d}y=\int_0^1\sin y\mathrm{d}y-\int_0^1 y\sin y\mathrm{d}y\\&=[-\cos y]_0^1-[-y\cos y+\sin y]_0^1=1-\sin 1.\end{aligned}$$

由例 2 的两种解法可见，解某些二重积分问题时，由于选择的积分次序不同，有的要对区域 D 分块，有的则不要分块. 因此，二重积分化为二次积分时，选择积分次序必须注意区域 D是 X-型还是 Y-型区域的特征.

由例 4 可以看到，将二重积分化为二次积分，在选择积分次序时，还必须注意被积函数的情况. 因此，在选择积分次序时要综合考虑被积函数与积分区域的特点.

三、二重积分应用举例

例 5　求两个半径相同的直交圆柱体公共部分的体积.

解　建立如图 9-46 所示的坐标系.

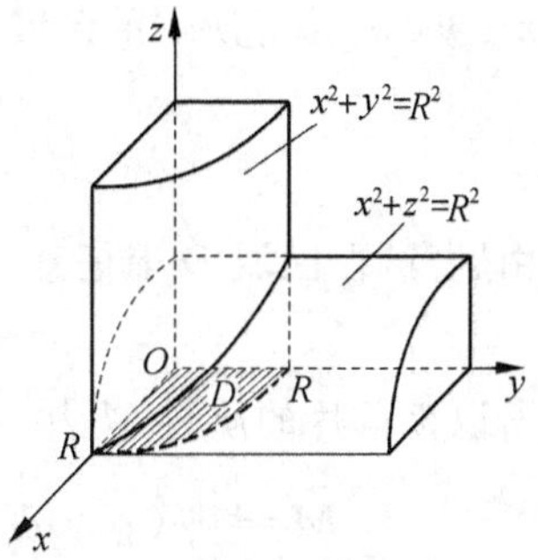

设两圆柱体底半径为 R,其圆柱面方程分别为

$$x^2+y^2=R^2,\ x^2+z^2=R^2.$$

利用对称性,只要求出两直交圆柱体公共部分在第Ⅰ卦限(即 $x\geqslant0,y\geqslant0,z\geqslant0$)部分的体积,然后乘以 8 即可.

图 9-46

圆柱面 $x^2+y^2=R^2$ 与 $x^2+z^2=R^2$ 的交线在 xOy 面上的投影线为

$$\begin{cases}x^2+y^2=R^2,\\ z=0.\end{cases}$$

所以,以 $z=\sqrt{R^2-x^2}$ 为曲顶,以

$$D:\begin{cases}0\leqslant y\leqslant\sqrt{R^2-x^2},\\ 0\leqslant x\leqslant R\end{cases}$$

为底的曲顶柱体的体积为

$$\iint_D\sqrt{R^2-x^2}\,\mathrm{d}x\mathrm{d}y.$$

故所求公共部分的体积为

$$\begin{aligned}V&=8\iint_D\sqrt{R^2-x^2}\,\mathrm{d}x\mathrm{d}y=8\int_0^R\mathrm{d}x\int_0^{\sqrt{R^2-x^2}}\sqrt{R^2-x^2}\,\mathrm{d}y\\&=8\int_0^R\sqrt{R^2-x^2}\sqrt{R^2-x^2}\,\mathrm{d}x=8\left[R^2x-\frac{1}{3}x^3\right]_0^R=\frac{16}{3}R^3.\end{aligned}$$

例 6　求由抛物线 $y=x^2-2$ 与直线 $y=x$ 所围成的平面图形的面积.

解　画出所围的平面图形(图 9-47).由方程组

$$\begin{cases}y=x^2-2,\\ y=x\end{cases}$$

得两曲线的交点为$(-1,-1),(2,2)$.

设所求的面积为 A,则

$$\begin{aligned}A&=\iint_D\mathrm{d}\sigma=\int_{-1}^2\mathrm{d}x\int_{x^2-2}^x\mathrm{d}y\\&=\int_{-1}^2(x-x^2+2)\mathrm{d}x\\&=\left[\frac{1}{2}x^2-\frac{1}{3}x^3+2x\right]_{-1}^2\\&=\frac{9}{2}.\end{aligned}$$

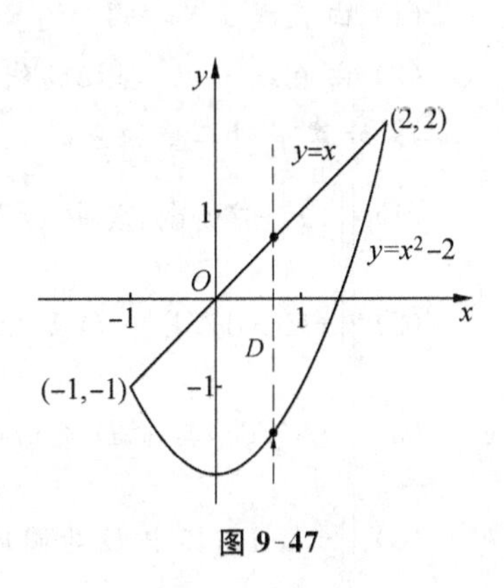

图 9-47

例 7 有一个等腰直角三角形薄片，腰长为 a，各点处的面密度等于该点到直角顶点距离的平方，求此薄片的质量.

解 建立如图 9-48 所示的坐标系，则斜边 AB 的方程为 $x+y=a$，薄片所占的区域 D 为

$$D:\begin{cases}0\leqslant y\leqslant a-x,\\0\leqslant x\leqslant a.\end{cases}$$

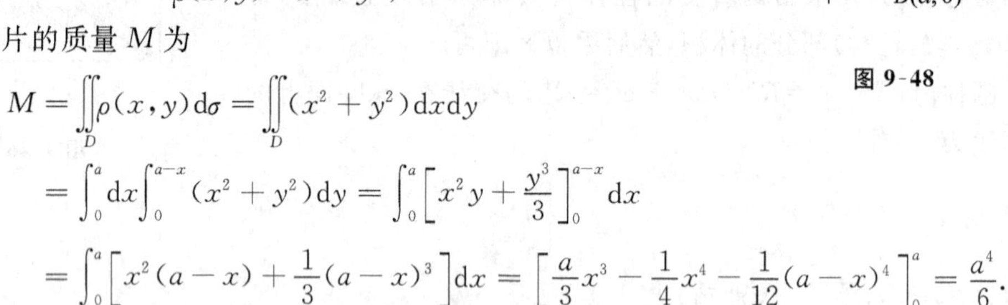

图 9-48

由题意，在区域 D 上任意一点 (x,y) 处的面密度为

$$\rho(x,y)=x^2+y^2,$$

所以该薄片的质量 M 为

$$\begin{aligned}M&=\iint\limits_D\rho(x,y)\mathrm{d}\sigma=\iint\limits_D(x^2+y^2)\mathrm{d}x\mathrm{d}y\\&=\int_0^a\mathrm{d}x\int_0^{a-x}(x^2+y^2)\mathrm{d}y=\int_0^a\left[x^2y+\frac{y^3}{3}\right]_0^{a-x}\mathrm{d}x\\&=\int_0^a\left[x^2(a-x)+\frac{1}{3}(a-x)^3\right]\mathrm{d}x=\left[\frac{a}{3}x^3-\frac{1}{4}x^4-\frac{1}{12}(a-x)^4\right]_0^a=\frac{a^4}{6}.\end{aligned}$$

二重积分可以用来计算平面图形的面积、空间图形的体积和平面薄片的质量. 在物理、力学、几何和工程技术中的许多量都可归结为二重积分的计算.

随堂练习 9-8

1. 按两种不同的积分次序，把二重积分

$$\iint\limits_D f(x,y)\mathrm{d}x\mathrm{d}y$$

化为二次积分，其中积分区域 D 是：

(1) 由直线 $x+y=1$，$x-y=1$，$x=0$ 围成的区域；

(2) 由直线 $y=x$ 与抛物线 $y^2=4x$ 围成的区域.

2. 计算下列二重积分：

(1) $\iint\limits_D(x+2y)\mathrm{d}\sigma$，其中 D 是矩形区域：$-1\leqslant x\leqslant 1,0\leqslant y\leqslant 2$；

(2) $\iint\limits_D x\sin y\mathrm{d}\sigma$，其中 D 是矩形区域：$1\leqslant x\leqslant 2,0\leqslant y\leqslant\frac{\pi}{2}$；

(3) $\iint\limits_D x\sqrt{y}\mathrm{d}\sigma$，其中 D 是由两条抛物线 $y=\sqrt{x}$，$y=x^2$ 所围成的区域；

(4) $\iint\limits_D y\mathrm{d}x\mathrm{d}y$，其中 D 为圆域 $x^2+y^2\leqslant a^2$ 在第一象限的部分.

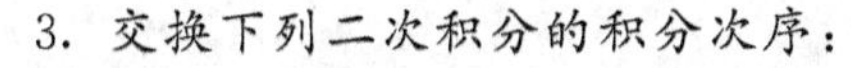

3. 交换下列二次积分的积分次序：

(1) $\int_1^{e}dx\int_0^{\ln x}f(x,y)dy$；

(2) $\int_0^1 dy\int_y^{\sqrt{y}}f(x,y)dx$；

(3) $\int_0^1 dx\int_{-\sqrt{x}}^{\sqrt{x}}f(x,y)dy+\int_1^4 dx\int_{x-2}^{\sqrt{x}}f(x,y)dy$.

4. 求由旋转抛物面 $z=1-x^2-y^2$ 与平面 $z=0$ 围成的立体的体积.

5. 求由平面 $x+y+z=2$ 及三个坐标面围成的立体的体积.

6. 设平面薄片所占的区域 D 是由直线 $x+y=2$，$y=x$ 和 x 轴所围成的，它的面密度 $\rho(x,y)=x^2+y^2$，求该薄片的质量.

习　题 9-8

1. 根据二重积分的几何意义，确定下列积分的值：

(1) $\iint\limits_D\sqrt{x^2+y^2}\,d\sigma$，其中 D 为 $x^2+y^2\leqslant a^2$；

(2) $\iint\limits_D\sqrt{a^2-x^2-y^2}\,d\sigma$，其中 D 为 $x^2+y^2\leqslant a^2$.

2. 计算下列二重积分：

(1) $\iint\limits_D xy^2\cos(x^2y)dxdy$，其中 D 为 $0\leqslant x\leqslant 2$，$0\leqslant y\leqslant\frac{\pi}{2}$；

(2) $\iint\limits_D x\sin\frac{y}{x}dxdy$，其中 D 由直线 $y=0$，$y=x$ 及 $x=1$ 围成；

(3) $\iint\limits_D y\,dxdy$，其中 D 由 $x=y^2$ 和 $x=y+2$ 围成；

(4) $\iint\limits_D e^{-y^2}dxdy$，其中 D 由 $y=x$，$y=1$ 及 $x=0$ 围成.

3. 计算二次积分 $\int_1^2 dx\int_{\sqrt{x}}^{x}\sin\frac{\pi x}{2y}dy+\int_2^4 dx\int_{\sqrt{x}}^{2}\sin\frac{\pi x}{2y}dy$.

4. 求由平面 $x=0$，$y=0$，$z=0$，$x+y=1$ 及曲面 $z=x^2+y^2$ 所围成的立体的体积.

5. 设平面薄片所占的闭区域 D 是由抛物线 $y=x^2$ 及直线 $y=x$ 所围成，该薄片在点 (x,y) 处的面密度 $\rho(x,y)=x^2y$，求该薄片的质量.

总结·拓展

一、知识小结

1. 本章主要内容：

空间直角坐标系，向量及其运算，空间曲面与曲线，多元函数的概念，二元函数的极限、连续性和偏导数，多元函数的极值，二重积分.

2. 建立空间直角坐标系，使空间的点与三元有序数组一一对应，这是用代数方法研究空间几何图形的基础.

3. 向量是既有大小又有方向的量，它不同于数量，因此向量的运算与数量的运算有本质区别. 向量的运算包括向量的加法、减法、数乘、数量积和向量积.

4. 空间曲面和曲线的内容是为学习多元函数微积分作准备的. 对于几种常用的二次曲面，当给出曲面方程后，应知道其主要特性及图形；对于空间曲线，应能求其在坐标面的投影.

5. 二元函数的定义、极限、连续、偏导数等是多元函数微分学中的重要内容. 学习时应注意它们与一元函数之间的异同.

6. 二元函数极值存在的必要条件和充分条件是讨论函数极值的理论基础. 为突出其应用性，介绍了拉格朗日乘数法.

7. 二重积分是定积分的推广，它用于解决一类非均匀分布的整体量的求和问题. 应掌握在直角坐标系中将二重积分化为二次积分的计算方法.

二、要点回顾

1. 向量与空间解析几何解题要点

(1) 在向量的运算中充分利用向量运算的性质和非零向量之间平行、垂直的条件；

(2) 在建立平面、直线方程时，要善于将一些几何条件转化为向量之间的关系；

(3) 善于利用已有的公式法则，如空间两点间的距离公式、点到平面的距离公式、两直线间夹角的余弦公式等来解决有关平面、直线的问题.

2. 例题解析

例 1 下列命题是否成立？为什么？

(1) 若 $\boldsymbol{a}\neq\boldsymbol{0}$ 且 $\boldsymbol{a}\cdot\boldsymbol{b}=\boldsymbol{a}\cdot\boldsymbol{c}$，则 $\boldsymbol{b}=\boldsymbol{c}$；

(2) 若 $\boldsymbol{a}\neq\boldsymbol{0}$ 且 $\boldsymbol{a}\times\boldsymbol{b}=\boldsymbol{a}\times\boldsymbol{c}$，则 $\boldsymbol{b}=\boldsymbol{c}$；

(3) 若 $\boldsymbol{a}\neq\boldsymbol{0}$ 且 $\boldsymbol{a}\cdot\boldsymbol{b}=\boldsymbol{a}\cdot\boldsymbol{c}$，$\boldsymbol{a}\times\boldsymbol{b}=\boldsymbol{a}\times\boldsymbol{c}$，则 $\boldsymbol{b}=\boldsymbol{c}$；

(4) $(\boldsymbol{a}\cdot\boldsymbol{b})\boldsymbol{c}=\boldsymbol{a}(\boldsymbol{b}\cdot\boldsymbol{c})$；

(5) $(\boldsymbol{a}\times\boldsymbol{b})\times\boldsymbol{c}=\boldsymbol{a}\times(\boldsymbol{b}\times\boldsymbol{c})$.

解　(1) 结论不成立.

$\boldsymbol{a}\cdot\boldsymbol{b}=\boldsymbol{a}\cdot\boldsymbol{c}\Leftrightarrow\boldsymbol{a}\cdot(\boldsymbol{b}-\boldsymbol{c})=0\Leftrightarrow\boldsymbol{a}\perp(\boldsymbol{b}-\boldsymbol{c})$.

(2) 结论不成立.

$\boldsymbol{a}\times\boldsymbol{b}=\boldsymbol{a}\times\boldsymbol{c}\Leftrightarrow\boldsymbol{a}\times(\boldsymbol{b}-\boldsymbol{c})=\boldsymbol{0}\Leftrightarrow\boldsymbol{a}/\!/(\boldsymbol{b}-\boldsymbol{c})$.

(3) 结论成立. 证明如下：

$\boldsymbol{a}\cdot(\boldsymbol{b}-\boldsymbol{c})=0\Leftrightarrow\boldsymbol{a}\perp(\boldsymbol{b}-\boldsymbol{c})$，$\boldsymbol{a}\times\boldsymbol{b}=\boldsymbol{a}\times\boldsymbol{c}\Leftrightarrow\boldsymbol{a}/\!/(\boldsymbol{b}-\boldsymbol{c})$，

向量 $\boldsymbol{b}-\boldsymbol{c}$ 既要垂直，又要平行于同一个向量 $\boldsymbol{a}$，只有 $\boldsymbol{b}-\boldsymbol{c}=\boldsymbol{0}$，即 $\boldsymbol{b}=\boldsymbol{c}$.

(4) 结论不成立.

因为 $\boldsymbol{a}\cdot\boldsymbol{b}$ 是一个数，所以 $(\boldsymbol{a}\cdot\boldsymbol{b})\boldsymbol{c}$ 是一个与 $\boldsymbol{c}$ 平行的向量. 同理，$\boldsymbol{a}(\boldsymbol{b}\cdot\boldsymbol{c})$ 是与 $\boldsymbol{a}$ 平行的向量.

(5) 结论不成立.

反例：取 $\boldsymbol{a}=\boldsymbol{i},\boldsymbol{b}=\boldsymbol{j},\boldsymbol{c}=\boldsymbol{i}+\boldsymbol{j}$，于是 $(\boldsymbol{a}\times\boldsymbol{b})\times\boldsymbol{c}=\boldsymbol{k}\times\boldsymbol{c}=-\boldsymbol{i}+\boldsymbol{j}$，而 $\boldsymbol{a}\times(\boldsymbol{b}\times\boldsymbol{c})=\boldsymbol{i}\times(-\boldsymbol{k})=\boldsymbol{j}$.

例 2　下列空间曲线在给定坐标面上的投影方程是什么？该投影方程表示何种曲线？

(1) $C_1:\begin{cases}x^2+y^2=a^2,\\ \dfrac{x}{a}+\dfrac{z}{h}=1\end{cases}$ $(a>0,h>0)$ 在 yOz 平面上的投影曲线方程；

(2) $C_2:\begin{cases}x^2+y^2+z^2=a^2,\\ x^2+y^2=ax\end{cases}$ $(a>0)$ 在 zOx 平面上的投影曲线方程.

解　(1) 在 C_1 的第一个方程中消去 x，得 $\dfrac{y^2}{a^2}+\dfrac{(z-h)^2}{h^2}=1$，这是母线平行于 x 轴的椭圆柱面方程，即 C_1 关于 yOz 平面的投影柱面，所以 C_1 在 yOz 平面上的投影曲线方程为

$$\begin{cases}\dfrac{y^2}{a^2}+\dfrac{(z-h)^2}{h^2}=1,\\ x=0.\end{cases}$$

(2) 在 C_2 的第二个方程中消去 y，得 $z^2=a^2-ax(0\leqslant x\leqslant a)$，这是母线平行于 y 轴的抛物柱面方程，即 C_2 关于 zOx 平面的投影柱面，所以 C_2 在 zOx 平面上的投影曲线方程为

$$\begin{cases}z^2=a(a-x),\\ y=0\end{cases}(0\leqslant x\leqslant a),$$

它是 zOx 平面上抛物线 $z^2=a(a-x)$ 在 $0\leqslant x\leqslant a$ 范围内的一段.

例 3　计算下列函数的极限：

(1) $\lim\limits_{\substack{x\to0\\y\to0}}\dfrac{x^3+y^3}{\sqrt{x+y+1}-1}$；　　(2) $\lim\limits_{\substack{x\to+\infty\\y\to1}}\left(1+\dfrac{1}{x}\right)^{\frac{x^2}{x+y}}$.

分析　一般地，多元函数的极限比一元函数的极限复杂得多，但往往可以借鉴一元函数

极限计算中的一些重要方法(如分母有理化、基本极限等),同时注意可应用二元函数极限的四则运算法则及二元初等函数的连续性等,有时还可通过换元转换成一元函数的极限.

解 (1) 原式$=\lim\limits_{\substack{x\to 0\\ y\to 0}}\dfrac{(x^3+y^3)(\sqrt{x+y+1}+1)}{x+y}=\lim\limits_{\substack{x\to 0\\ y\to 0}}(x^2-xy+y^2)(\sqrt{x+y+1}+1)=0.$

(2) 原式$=\lim\limits_{\substack{x\to +\infty\\ y\to 1}}\left[\left(1+\dfrac{1}{x}\right)^x\right]^{\frac{x}{x+y}}=\lim\limits_{\substack{x\to +\infty\\ y\to 1}}\left[\left(1+\dfrac{1}{x}\right)^x\right]^{\frac{1}{1+\frac{y}{x}}}=\mathrm{e}^1=\mathrm{e}.$

例 4 讨论 $f(x,y)=x^3-4x^2+2xy-y^2$ 在矩形区域 $D=\{(x,y)\,|\,|x|<6,|y|<1\}$ 内的极值.

分析 这是无条件极值而不是条件极值,只是函数 f 的定义域不是自然定义域,而是限定了一个矩形区域.条件极值的约束条件是 x,y 的一个方程 $\varphi(x,y)=0$.

解 由$\begin{cases}f_x(x,y)=3x^2-8x+2y=0,\\ f_y(x,y)=2x-2y=0,\end{cases}$解得在 D 中有唯一驻点$(0,0)$.

$A=f_{xx}(0,0)=-8<0,B=f_{xy}(0,0)=2,C=f_{yy}(0,0)=-2,\Delta=B^2-AC=-12<0,$ 所以$(0,0)$为极大值点,极大值 $f(0,0)=0$.

在讨论一元函数的极值与最值的关系时,我们可以有这样的结论:如果在某区间 I 内的连续函数 $f(x)$,在 I 上有唯一的极值点 x_0,则 $f(x_0)$必定就是函数 $f(x)$在 I 上的最值,即若 $f(x_0)$是区间 I 上的极大(小)值,且是唯一的极大(小)值,则 $f(x_0)$也是区间 I 上的最大(小)值.但这一命题对二元函数是不成立的,即在某区域 D 上的连续函数$f(x,y)$,即使在 D 上仅有唯一的极值点(x_0,y_0),$f(x_0,y_0)$也未必是 $f(x,y)$在 D 上的最值.如例 4,$f(0,0)$为函数 $f(x,y)$在矩形区域 D 中的唯一极值点,且$f(0,0)$是极大值,但它不是 D 上的最大值.事实上,点$(5,0)\in D,f(5,0)=25>0$.这说明二元函数的最值问题的求解,要比一元函数的最值问题的求解复杂.

例 5 $f(x,y)=\begin{cases}\dfrac{xy^2}{\sqrt{x^2+y^2}}, & (x,y)\neq(0,0),\\ 0, & (x,y)=(0,0),\end{cases}$ 求 $f_x(x,y),f_y(x,y)$及点$(0,0)$处的各个二阶偏导数.

分析 本题所给的函数不是初等函数,在点$(0,0)$处函数表达式与其余点上的不同,因此在点$(0,0)$处的各阶偏导数,必须以偏导数定义来求得.

解 $f_x(x,y)=\begin{cases}\lim\limits_{\Delta x\to 0}\dfrac{f(0+\Delta x,0)-f(0,0)}{\Delta x}=\lim\limits_{\Delta x\to 0}\dfrac{0-0}{\Delta x}=0, & (x,y)=(0,0),\\ \dfrac{y^4}{\sqrt{(x^2+y^2)^3}}, & (x,y)\neq(0,0);\end{cases}$

$f_y(x,y)=\begin{cases}\lim\limits_{\Delta y\to 0}\dfrac{f(0,0+\Delta y)-f(0,0)}{\Delta y}=\lim\limits_{\Delta y\to 0}\dfrac{0-0}{\Delta y}=0, & (x,y)=(0,0),\\ \dfrac{xy(2x^2+y^2)}{\sqrt{(x^2+y^2)^3}}, & (x,y)\neq(0,0).\end{cases}$

$f_{xx}(0,0)=\lim\limits_{\Delta x\to 0}\dfrac{f_x(0+\Delta x,0)-f_x(0,0)}{\Delta x}=\lim\limits_{\Delta x\to 0}\dfrac{0-0}{\Delta x}=0;$

$$f_{yy}(0,0)=\lim_{\Delta y\to 0}\frac{f_y(0,0+\Delta y)-f_y(0,0)}{\Delta y}=\lim_{\Delta y\to 0}\frac{0-0}{\Delta y}=0;$$

$$f_{xy}(0,0)=\lim_{\Delta y\to 0}\frac{f_x(0,0+\Delta y)-f_x(0,0)}{\Delta y}=\lim_{\Delta y\to 0}\frac{\frac{(\Delta y)^4}{|\Delta y|^3}-0}{\Delta y}=\lim_{\Delta y\to 0}\frac{\Delta y}{|\Delta y|}\text{，不存在；}$$

$$f_{yx}(0,0)=\lim_{\Delta x\to 0}\frac{f_y(0+\Delta x,0)-f_y(0,0)}{\Delta x}=\lim_{\Delta x\to 0}\frac{0-0}{\Delta x}=0.$$

3. 二重积分的计算

把二重积分的计算转化成求两次定积分的问题，这中间的关键问题是正确定出累次积分中内、外积分的上、下积分限. 可以以下述流程来考虑这个问题：

作出积分区域的草图⇒判断把积分区域看成 X-型区域方便还是看成 Y-型区域方便⇒把积分区域准确地表示成不等式关系⇒正确使用二重积分计算法则，选好积分次序，将二重积分转化成累次积分.

在计算积分时，还要注意被积函数和积分区域自身的特点，如有无几何对称性、积分区域分块等，以简化积分计算.

例 6　用二重积分求曲线 $y=\sin x$，$y=\cos x$ 及 y 轴在第Ⅰ象限所围成的区域 D 的面积 S.

分析　作出区域 D 的草图(图 9-49). 显然应该把区域 D 看成 X-型双曲边梯形，故应该选先对 y 后对 x 的积分次序.

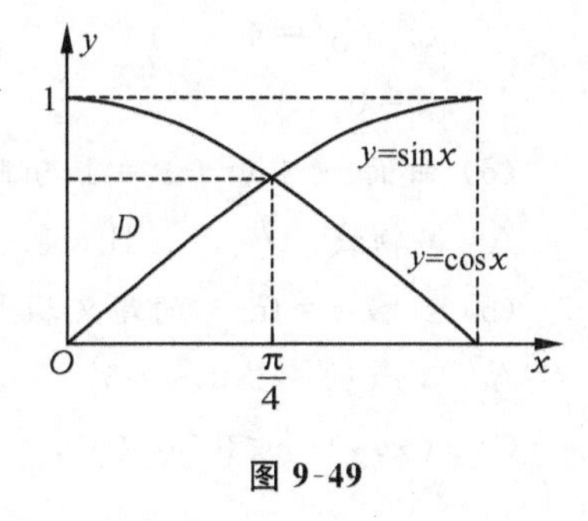

图 9-49

解　$D=\left\{(x,y)\,\middle|\,\sin x\leqslant y\leqslant\cos x,0\leqslant x\leqslant\frac{\pi}{4}\right\}$，

$$S=\iint_D\mathrm{d}x\mathrm{d}y=\int_0^{\frac{\pi}{4}}\mathrm{d}x\int_{\sin x}^{\cos x}\mathrm{d}y=\int_0^{\frac{\pi}{4}}(\cos x-\sin x)\mathrm{d}x$$

$$=(\sin x+\cos x)\Big|_0^{\frac{\pi}{4}}=\sqrt{2}-1.$$

将二重积分化为累次积分进行计算时，选择适当的积分次序十分重要. 这种选择的依据是积分区域的形状及被积函数的形式. 读者可以把本题的区域 D 看作 Y-型区域来计算，与上述计算进行比较.

复习题九

1. 填空题：

(1) 已知向量 $\boldsymbol{a}=\{4,0,3\}$，则 $\boldsymbol{e}_a=$____________；

(2) 过点 $M(2,1,2)$ 且垂直于 $\overrightarrow{OM}$ 的平面方程是____________；

(3) 过点 $N(0,1,0)$ 且平行于 zOx 面的平面方程是____________；

(4) 方程 $x^2+y^2=0$ 在空间表示____________；

(5) 由 yOz 面上的曲线 $\frac{y^2}{2}+\frac{z^2}{3}=1$ 绕 z 轴旋转一周所形成的旋转曲面的方程为__________；

(6) 设二元函数 $z=yx^2+e^{xy}$，则 $\left.\frac{\partial z}{\partial y}\right|_{\substack{x=1\\y=2}}=$__________.

2. 选择题：

(1) 已知点 $A(3,1,\lambda)$，$B(-2,\lambda,4)$，若 $\overrightarrow{OA}\perp\overrightarrow{OB}$，则 λ 为 (　　)

A. 0　　B. 6　　C. -6　　D. $\frac{6}{5}$

(2) 两向量 $\boldsymbol{a}$，$\boldsymbol{b}$ 平行的充要条件是 (　　)

A. $\boldsymbol{a}\times\boldsymbol{b}=\boldsymbol{0}$　　B. $\boldsymbol{a}\cdot\boldsymbol{b}=0$　　C. $\cos(\widehat{\boldsymbol{a},\boldsymbol{b}})=0$　　D. $\boldsymbol{a}+\boldsymbol{b}=\boldsymbol{0}$

(3) 曲线 $\begin{cases}y=1-x^2,\\z=0\end{cases}$ 绕 y 轴旋转所成的曲面是 (　　)

A. 旋转抛物面　　B. 圆柱面　　C. 圆锥面　　D. 球面

(4) 准线为 xOy 面上以原点为圆心、2 为半径的圆，母线平行于 z 轴的圆柱面方程是 (　　)

A. $x^2+y^2=2$　　B. $x^2+y^2=4$

C. $\begin{cases}x^2+y^2=4,\\z=0\end{cases}$　　D. $x^2+y^2+z^2=4$

(5) 曲面 $x^2+y^2+z^2=1$ 与曲面 $y^2=2x$ 的交线在 zOx 面上的投影曲线是 (　　)

A. 抛物线　　B. 圆　　C. 直线　　D. 椭圆

(6) 函数 $z=\ln xy$ 的定义域是 (　　)

A. $\{(x,y)\mid x>0,y>0\}$　　B. $\{(x,y)\mid x>0,y>0$ 或 $x<0,y<0\}$

C. $\{(x,y)\mid x<0,y<0)\}$　　D. $\{(x,y)\mid xy\geqslant 0\}$

(7) $\lim\limits_{\substack{x\to 0\\y\to 0}}\frac{x}{x+y}$ 等于 (　　)

A. 0　　B. 1　　C. 不存在　　D. ∞

(8) 设 D 是矩形区域 $a\leqslant x\leqslant b$，$c\leqslant y\leqslant d$，则 $\iint\limits_D \mathrm{d}\sigma$ 等于 (　　)

A. $a+b+c+d$　　B. $abcd$

C. $(a-b)(d-c)$　　D. $(b-a)(d-c)$

3. 已知向量 $\boldsymbol{c}$ 垂直于 $\boldsymbol{a}=\{2,-3,1\}$ 和 $\boldsymbol{b}=\{1,-2,3\}$，且满足 $\boldsymbol{c}\cdot(\boldsymbol{i}+2\boldsymbol{j}-7\boldsymbol{k})=10$，求 $\boldsymbol{c}$.

4. 设有一质点开始时位于点 $P(1,2,-1)$ 处，今有一方向角分别为 $60^\circ,60^\circ,45^\circ$，而大小为 100N 的力 $\boldsymbol{f}$ 作用于此质点，求当此质点自点 P 做直线运动至点 $M(2,5,-1+3\sqrt{2})$ 时，力 $\boldsymbol{f}$ 所做的功(长度单位：cm).

5. 求同时垂直于 $\boldsymbol{a}=\{3,6,8\}$ 和 x 轴的单位向量.

6. 求下列平面方程：

(1) 通过点 $P(1,2,1)$，且同时垂直于平面 $x+y-2z+1=0$ 和 $2x-y+z=0$；

(2) 平行于平面 $x+2y-2z-1=0$，且与半径为3、中心在原点的球面相切.

7. 设 $z=\ln(x-2y)$，求 $\frac{\partial^2 z}{\partial x^2}$，$\frac{\partial^2 z}{\partial x \partial y}$.

8. 计算二重积分 $\iint\limits_D \frac{x^2}{y^2}\mathrm{d}x\mathrm{d}y$，其中 D 由 $y=2$，$y=x$ 及 $xy=1$ 围成.

9. 求由四个平面 $x=0$，$y=0$，$x=1$，$y=1$ 所围成的柱体被平面 $z=0$ 及 $2x+3y+z=6$ 截得的立体的体积.

10. 有一帐篷，下部为圆柱形，上部盖是与下部等底的圆锥形，设其容积为定值 V_0，试证：当 $R=\sqrt{5}H$，$h=2H$（R，H 各为圆柱形的底半径和高，h 为圆锥的高）时所用篷布最少.

第10章

级　数

在初等数学中我们解决了项数有限的数(或函数)的求和问题,在积分学中我们讨论了连续量的求和问题.本章我们将讨论无限个离散量的求和问题,称为无穷级数.无穷级数分为常数项级数和函数项级数.

·学习目标·

1. 了解正项级数收敛、发散等概念.
2. 掌握正项级数审敛法.
3. 掌握交错级数的判定.
4. 理解幂级数收敛半径、收敛区间、收敛域等概念,会将函数展开成幂级数.

·重点、难点·

重点:级数敛散性的判定.
难点:函数展开成幂级数.

§10-1　数项级数

常数项级数是函数项级数的特殊情况,也是研究函数项级数的基础.

一、数项级数的概念

例1　战国时期哲学家庄周所著的《庄子·天下篇》引用过一句话:"一尺之棰,日取其半,万世不竭."也就是说,一根长为一尺的木棒,每天截去一半,这样的过程可以无限地进行下去.

把每天截下的那部分长度“加”起来：

$$\frac{1}{2}+\frac{1}{2^2}+\frac{1}{2^3}+\cdots+\frac{1}{2^n}+\cdots,$$

这就是一个“无限个数相加”的例子.

定义 1　给定一个数列$\{u_n\}$，把它的各项依次用“+”连接起来的表达式

$$u_1+u_2+\cdots+u_n+\cdots$$

称为**常数项无穷级数**，简称**(数项)级数**，记作$\sum\limits_{n=1}^{\infty}u_n$，即

$$\sum_{n=1}^{\infty}u_n=u_1+u_2+\cdots+u_n+\cdots, \tag{1}$$

其中第 n 项 u_n 称为数项级数(1)的**通项**或**一般项**.

例 1 的级数可以记作 $\sum\limits_{n=1}^{\infty}\frac{1}{2^n}$，我们再来看下面一个例子.

例 2　(1) $-1+1+(-1)+1+\cdots$；

(2) $(-1+1)+(-1+1)+\cdots$；

(3) $-1+[1+(-1)]+[1+(-1)]+\cdots$.

在例 2 中，(2)的结果无疑是 0，而(3)的结果则是 -1，也就是说括号用在不同的地方，求出来的结果就不一样了. 因此，在定义中，我们只说把数列各项用“+”依次连接，这里的“+”并不能理解为相加，因而加法的一些运算法则(如结合律、交换律)就不一定成立.

我们提出这样的问题：数项级数是否存在“和”，如果存在，“和”是什么？为此，我们给出数项级数收敛和发散的概念.

定义 2　取级数(1)的前 n 项相加，记为 s_n，即

$$s_n=u_1+u_2+\cdots+u_n,$$

称 s_n 为级数(1)的前 n 项**部分和**，称新数列$\{s_n\}$为级数(1)的**部分和数列**.

定义 3　如果级数(1)的部分和数列$\{s_n\}$的极限存在，记为 s，即

$$\lim_{n\to\infty}s_n=s,$$

那么称级数(1)**收敛**，称 s 为级数(1)的**和**，记作

$$s=\sum_{n=1}^{\infty}u_n=u_1+u_2+\cdots+u_n+\cdots;$$

如果级数(1)的部分和数列$\{s_n\}$的极限不存在，那么称级数(1)**发散**.

说明　(1) 发散级数不存在和；(2) 当级数 $\sum\limits_{n=1}^{\infty}u_n$ 收敛时，其前 n 项部分和 s_n 是级数 $\sum\limits_{n=1}^{\infty}u_n$ 的和 s 的近似值，它们之间的差值

$$r_n=s-s_n=u_{n+1}+u_{n+2}+\cdots=\sum_{i=n+1}^{\infty}u_i$$

称为级数 $\sum\limits_{n=1}^{\infty}u_n$ 的**余项**. 容易验证级数收敛的充分必要条件是$\lim\limits_{n\to\infty}r_n=0$.

在例 1 中，因为 $s_n=\dfrac{\frac{1}{2}\left(1-\frac{1}{2^n}\right)}{1-\frac{1}{2}}=1-\dfrac{1}{2^n}$，$\lim\limits_{n\to\infty}s_n=s=1$，所以

$$\frac{1}{2}+\frac{1}{2^2}+\frac{1}{2^3}+\cdots+\frac{1}{2^n}+\cdots=1.$$

在例 2(1)中，$s_n=\begin{cases}0, & n\text{ 为偶数},\\ -1, & n\text{ 为奇数},\end{cases}$ 其极限不存在，因此级数

$$\sum_{n=1}^{\infty}(-1)^n=-1+1+(-1)+1+\cdots$$

发散.

例 3 讨论几何级数（等比级数）

$$\sum_{n=1}^{\infty}aq^{n-1}=a+aq+aq^2+\cdots+aq^{n-1}+\cdots$$

的敛散性，其中 $a\neq 0$，q 称为级数的公比.

解 若 $q\neq 1$，则部分和 $s_n=\dfrac{a(1-q^n)}{1-q}$.

当 $|q|<1$ 时，$\lim\limits_{n\to\infty}s_n=\dfrac{a}{1-q}$，此时级数 $\sum\limits_{n=1}^{\infty}aq^{n-1}$ 收敛，其和为 $\dfrac{a}{1-q}$.

当 $|q|>1$ 时，$\lim\limits_{n\to\infty}s_n=\infty$，此时级数 $\sum\limits_{n=1}^{\infty}aq^{n-1}$ 发散.

若 $|q|=1$，则当 $q=1$ 时，$s_n=na\to\infty\ (n\to\infty)$，此时级数 $\sum\limits_{n=1}^{\infty}aq^{n-1}$ 发散；

当 $q=-1$ 时，$s_n=\begin{cases}a, & n\text{ 为奇数},\\ 0, & n\text{ 为偶数},\end{cases}$ 所以 s_n 的极限不存在，此时级数 $\sum\limits_{n=1}^{\infty}aq^{n-1}$ 也发散.

综上所述，若 $|q|<1$，则级数 $\sum\limits_{n=1}^{\infty}aq^{n-1}\ (a\neq 0)$ 收敛，其和为 $\dfrac{a}{1-q}$；若 $|q|\geqslant 1$，则级数 $\sum\limits_{n=1}^{\infty}aq^{n-1}$ 发散.

例 4 证明级数 $1+2+3+\cdots+n+\cdots$ 是发散的.

证 部分和为

$$s_n=1+2+3+\cdots+n=\frac{n(n+1)}{2},$$

因为 $\lim\limits_{n\to\infty}s_n=\infty$，所以级数是发散的.

例 5 判定无穷级数 $\dfrac{1}{1\cdot 2}+\dfrac{1}{2\cdot 3}+\dfrac{1}{3\cdot 4}+\cdots+\dfrac{1}{n(n+1)}+\cdots$ 的敛散性.

解 由于 $u_n=\dfrac{1}{n(n+1)}=\dfrac{1}{n}-\dfrac{1}{n+1}$，所以

$$\begin{aligned}s_n&=\frac{1}{1\cdot 2}+\frac{1}{2\cdot 3}+\frac{1}{3\cdot 4}+\cdots+\frac{1}{n(n+1)}\\&=\left(1-\frac{1}{2}\right)+\left(\frac{1}{2}-\frac{1}{3}\right)+\cdots+\left(\frac{1}{n}-\frac{1}{n+1}\right)=1-\frac{1}{n+1},\end{aligned}$$

从而
$$\lim_{n\to\infty}s_n=\lim_{n\to\infty}\left(1-\frac{1}{n+1}\right)=1,$$
所以此级数收敛，并且它的和是 1.

利用定义来判定级数的敛散性，关键在于判定部分和数列$\{s_n\}$的极限是否存在. 如果能够根据$\{s_n\}$的表达式判断出极限是否存在，就能对级数的敛散性做出判定，而且如果该级数是收敛的，那么极限值就是其和. 但是能够求出$\{s_n\}$的极限值的级数并不多，更多时候只要判断出$\{s_n\}$的极限是否存在就可以了.

定理 1（单调有界定理） 单调且在单调方向上有界的数列必有极限.

例 6 讨论级数 $\sum\limits_{n=1}^{\infty}\frac{1}{n^2}$ 的敛散性.

解 部分和为
$$s_n=\frac{1}{1^2}+\frac{1}{2^2}+\frac{1}{3^2}+\cdots+\frac{1}{n^2}<\frac{1}{1\cdot 1}+\frac{1}{1\cdot 2}+\frac{1}{2\cdot 3}+\cdots+\frac{1}{(n-1)n}=2-\frac{1}{n}<2,$$
且
$$s_1<s_2<\cdots<s_n,$$
所以部分和数列$\{s_n\}$单调递增且有上界. 根据单调有界定理知，部分和数列$\{s_n\}$存在极限. 因此，原级数收敛.

在例 6 中，根据单调有界定理，我们证明了该级数是收敛的，但并没有求出该级数的和. 一般说来，收敛级数求和难度更大. 级数 $\sum\limits_{n=1}^{\infty}\frac{1}{n^2}=\frac{\pi^2}{6}$ 的证明过程很复杂.

二、数项级数的基本性质

性质 1 若级数 $\sum\limits_{n=1}^{\infty}u_n$ 收敛于和 s，k 为任意常数，则级数 $\sum\limits_{n=1}^{\infty}ku_n$ 也收敛，且其和为 ks.

这是因为，设 $\sum\limits_{n=1}^{\infty}u_n$ 与 $\sum\limits_{n=1}^{\infty}ku_n$ 的部分和分别为 s_n 与 σ_n，则
$$\lim_{n\to\infty}\sigma_n=\lim_{n\to\infty}(ku_1+ku_2+\cdots+ku_n)=k\lim_{n\to\infty}(u_1+u_2+\cdots+u_n)=k\lim_{n\to\infty}s_n=ks.$$
这表明级数 $\sum\limits_{n=1}^{\infty}ku_n$ 收敛，且和为 ks.

性质 2 若级数 $\sum\limits_{n=1}^{\infty}u_n$，$\sum\limits_{n=1}^{\infty}v_n$ 分别收敛于和 s，σ，则级数 $\sum\limits_{n=1}^{\infty}(u_n\pm v_n)$ 也收敛，且其和为 $s\pm\sigma$.

这是因为，若 $\sum\limits_{n=1}^{\infty}u_n$，$\sum\limits_{n=1}^{\infty}v_n$，$\sum\limits_{n=1}^{\infty}(u_n\pm v_n)$ 的部分和分别为 s_n，σ_n，τ_n，则
$$\begin{aligned}\lim_{n\to\infty}\tau_n&=\lim_{n\to\infty}[(u_1\pm v_1)+(u_2\pm v_2)+\cdots+(u_n\pm v_n)]\\&=\lim_{n\to\infty}[(u_1+u_2+\cdots+u_n)\pm(v_1+v_2+\cdots+v_n)]\\&=\lim_{n\to\infty}(s_n\pm\sigma_n)=s\pm\sigma.\end{aligned}$$

性质 3 在级数中去掉、加上或改变有限项，不会改变级数的敛散性.

比如，级数$\frac{1}{1\cdot 2}+\frac{1}{2\cdot 3}+\frac{1}{3\cdot 4}+\cdots+\frac{1}{n(n+1)}+\cdots$是收敛的，则级数

$$10000+\frac{1}{1\cdot 2}+\frac{1}{2\cdot 3}+\frac{1}{3\cdot 4}+\cdots+\frac{1}{n(n+1)}+\cdots$$

和级数

$$\frac{1}{3\cdot 4}+\frac{1}{4\cdot 5}+\cdots+\frac{1}{n(n+1)}+\cdots$$

也都是收敛的.

性质 4　若级数 $\sum\limits_{n=1}^{\infty}u_n$ 收敛，则对这个级数的项任意加括号后所成的级数仍收敛，且其和不变.

注意　若加括号后所成的级数收敛，则不能断定去括号后原来的级数也收敛.

比如，例 2 中的级数(1)和(2).

推论　若加括号后所成的级数发散，则原来的级数也发散.

例 7　判定级数 $\sum\limits_{n=1}^{\infty}\frac{3+(-1)^n}{2^n}$ 的敛散性.

解　因为级数 $\sum\limits_{n=1}^{\infty}\frac{3}{2^n}=3\sum\limits_{n=1}^{\infty}\frac{1}{2^n}$ 收敛，级数 $\sum\limits_{n=1}^{\infty}\frac{(-1)^n}{2^n}=\sum\limits_{n=1}^{\infty}\left(-\frac{1}{2}\right)^n$ 也收敛，由性质 2 知原级数收敛.

三、级数收敛的必要条件

定理 2（级数收敛的必要条件）　如果 $\sum\limits_{n=1}^{\infty}u_n$ 收敛，那么它的一般项 u_n 趋于零，即若 $\sum\limits_{n=1}^{\infty}u_n$ 收敛，则 $\lim\limits_{n\to\infty}u_n=0$.

证　设级数 $\sum\limits_{n=1}^{\infty}u_n$ 的部分和为 s_n，且 $\lim\limits_{n\to\infty}s_n=s$，则

$$\lim_{n\to\infty}u_n=\lim_{n\to\infty}(s_n-s_{n-1})=\lim_{n\to\infty}s_n-\lim_{n\to\infty}s_{n-1}=s-s=0.$$

注意　(1) 如果级数的一般项的极限不为零，那么由定理 2 可知该级数必定发散；

(2) 级数的一般项趋于零并不是级数收敛的充分条件.

例 8　证明调和级数 $\sum\limits_{n=1}^{\infty}\frac{1}{n}=1+\frac{1}{2}+\frac{1}{3}+\cdots+\frac{1}{n}+\cdots$ 是发散的.

证　假设级数 $\sum\limits_{n=1}^{\infty}\frac{1}{n}$ 收敛且其和为 s，s_n是它的部分和，显然有$\lim\limits_{n\to\infty}s_n=s$ 及$\lim\limits_{n\to\infty}s_{2n}=s$，于是

$$\lim_{n\to\infty}(s_{2n}-s_n)=0.$$

但另一方面，

$$s_{2n}-s_n=\frac{1}{n+1}+\frac{1}{n+2}+\cdots+\frac{1}{2n}>\frac{1}{2n}+\frac{1}{2n}+\cdots+\frac{1}{2n}=\frac{1}{2},$$

故 $\lim\limits_{n\to\infty}(s_{2n}-s_n)>\frac{1}{2}$. 这与 $\lim\limits_{n\to\infty}(s_{2n}-s_n)=0$ 矛盾，所以级数 $\sum\limits_{n=1}^{\infty}\frac{1}{n}$ 必定发散.

在上述例子中，级数 $\sum\limits_{n=1}^{\infty}\frac{1}{n}$ 的一般项的极限 $\lim\limits_{n\to\infty}\frac{1}{n}=0$，但 $\sum\limits_{n=1}^{\infty}\frac{1}{n}$ 发散.

例 9　判定下列级数的敛散性：

(1) $\sum\limits_{n=1}^{\infty}\frac{n}{3n+1}$；　　(2) $\sum\limits_{n=1}^{\infty}\left(\frac{n+1}{n}\right)^n$.

解　(1) 因为 $\lim\limits_{n\to\infty}\frac{n}{3n+1}=\frac{1}{3}$，所以由级数收敛的必要条件知原级数发散.

(2) 因为 $\lim\limits_{n\to\infty}\left(\frac{n+1}{n}\right)^n=\mathrm{e}$，所以由级数收敛的必要条件知原级数发散.

随堂练习 10-1

判定下列级数的敛散性：

(1) $\sum\limits_{n=1}^{\infty}\left[\frac{4}{5^n}+\frac{(-1)^n}{3^n}\right]$；　　(2) $\sum\limits_{n=1}^{\infty}\ln\frac{n+1}{n}$；

(3) $\sum\limits_{n=1}^{\infty}\cos\frac{1}{n+1}$；　　(4) $\sum\limits_{n=1}^{\infty}\mathrm{e}^{\frac{1}{n}}$；

(5) $\sum\limits_{n=1}^{\infty}\frac{n+1}{n^3+1}$；　　(6) $\sum\limits_{n=1}^{\infty}(\sqrt{n+2}-2\sqrt{n+1}+\sqrt{n})$；

(7) $\sum\limits_{n=1}^{\infty}\sin\frac{n\pi}{6}$.

习 题 10-1

判定下列级数的敛散性，若收敛，求其和：

(1) $\frac{1}{2}+\frac{3}{4}+\frac{5}{6}+\cdots+\frac{2n-1}{2n}+\cdots$；　　(2) $\frac{1}{2}-\frac{1}{4}+\frac{1}{8}+\cdots+\frac{(-1)^{n+1}}{2^n}+\cdots$；

(3) $\frac{1}{1\times6}+\frac{1}{6\times11}+\frac{1}{11\times16}+\cdots+\frac{1}{(5n-4)(5n+1)}+\cdots$；

(4) $\left(\frac{1}{2}+\frac{1}{3}\right)+\left(\frac{1}{2^2}+\frac{1}{3^2}\right)+\cdots+\left(\frac{1}{2^n}+\frac{1}{3^n}\right)+\cdots$；

(5) $\sum\limits_{n=1}^{\infty}\frac{2n-1}{2^n}$；　　(6) $\sum\limits_{n=1}^{\infty}2^n\sin\frac{\pi}{2^n}$.

§10-2 数项级数审敛法

在上一节的最后,我们介绍了一个级数收敛的必要条件,但对于级数收敛的充分性判定,目前还只能通过研究级数的部分和数列$\{s_n\}$来实现,很不方便.在本节,我们将介绍一些判定级数敛散性的比较方便的方法.

一、正项级数及其审敛法

如果级数$\sum\limits_{n=1}^{\infty}u_n$中的每一项均非负,即$u_n\geqslant 0(n=1,2,3,\cdots)$,那么称该级数为**正项级数**.

由级数的性质知,如果一个级数从某一项起全是非负的,我们也把它看作正项级数.如果级数的各项都是负的,则各项乘以-1后就得到一个正项级数了.

因为正项级数的前n项部分和数列$\{s_n\}$是单调递增的,所以结合单调有界定理,我们得到下面的结论:

正项级数$\sum\limits_{n=1}^{\infty}u_n$收敛的充分必要条件是其前$n$项部分和数列$\{s_n\}$有上界.

于是,我们可以将部分已知敛散性的级数作为参照,得到正项级数的审敛法.

1. 比较审敛法

定理1(比较审敛法) 设$\sum\limits_{n=1}^{\infty}u_n$,$\sum\limits_{n=1}^{\infty}v_n$均为正项级数,如果存在某一正数$N$,对于所有$n>N$,都有$u_n\leqslant kv_n(k>0,k$为常数),那么

(1) 若$\sum\limits_{n=1}^{\infty}v_n$收敛,则$\sum\limits_{n=1}^{\infty}u_n$收敛;

(2) 若$\sum\limits_{n=1}^{\infty}u_n$发散,则$\sum\limits_{n=1}^{\infty}v_n$发散.

证 因为改变级数的有限项并不改变级数的敛散性,所以不妨假设$u_n\leqslant kv_n$对一切正整数n都成立.

现分别以s_n',s_n''表示级数$\sum\limits_{n=1}^{\infty}u_n$,$\sum\limits_{n=1}^{\infty}v_n$的前$n$项部分和.由$u_n\leqslant kv_n$,得$s_n'\leqslant ks_n''$.

$\sum\limits_{n=1}^{\infty}v_n$收敛$\Rightarrow s_n''$有上界$\Rightarrow s_n'$有上界$\Rightarrow\sum\limits_{n=1}^{\infty}u_n$收敛,故(1)成立.

(2)为(1)的逆否命题,自然成立.

例 1　讨论 p-级数 $\sum\limits_{n=1}^{\infty}\frac{1}{n^p}\ (p>0)$ 的敛散性.

解　(1) 当 $p=1$ 时，$\sum\limits_{n=1}^{\infty}\frac{1}{n^p}=\sum\limits_{n=1}^{\infty}\frac{1}{n}$ 为调和级数，发散；

(2) 当 $0<p<1$ 时，$\frac{1}{n^p}>\frac{1}{n}$，由比较审敛法知，$\sum\limits_{n=1}^{\infty}\frac{1}{n^p}$ 发散；

(3) 当 $p>1$ 时，

$$\sum_{n=1}^{\infty}\frac{1}{n^p}=1+\left(\frac{1}{2^p}+\frac{1}{3^p}\right)+\left(\frac{1}{4^p}+\frac{1}{5^p}+\frac{1}{6^p}+\frac{1}{7^p}\right)+\cdots$$

$$\leqslant 1+\left(\frac{1}{2^p}+\frac{1}{2^p}\right)+\left(\frac{1}{4^p}+\frac{1}{4^p}+\frac{1}{4^p}+\frac{1}{4^p}\right)+\cdots=\sum_{n=0}^{\infty}\left(\frac{1}{2^{p-1}}\right)^n,$$

因为 $\sum\limits_{n=0}^{\infty}\left(\frac{1}{2^{p-1}}\right)^n\ (p>1)$ 收敛，所以 $\sum\limits_{n=1}^{\infty}\frac{1}{n^p}$ 收敛.

综上，p-级数 $\sum\limits_{n=1}^{\infty}\frac{1}{n^p}$ 当 $p>1$ 时收敛，当 $0<p\leqslant 1$ 时发散.

比较审敛法要求我们找到敛散性已知的级数作为参照级数，常用的参照级数有：几何级数 $\sum\limits_{n=1}^{\infty}aq^{n-1}$，$p$-级数 $\sum\limits_{n=1}^{\infty}\frac{1}{n^p}\ (p>0)$.

例 2　证明级数 $\sum\limits_{n=1}^{\infty}\frac{1}{2^n+3}$ 收敛.

证　因为 $0<\frac{1}{2^n+3}<\frac{1}{2^n}$，且由几何级数的敛散性知 $\sum\limits_{n=1}^{\infty}\frac{1}{2^n}$ 收敛，所以由比较审敛法知 $\sum\limits_{n=1}^{\infty}\frac{1}{2^n+3}$ 收敛.

例 3　讨论级数 $\sum\limits_{n=1}^{\infty}\frac{1}{n^2+n+1}$ 的敛散性.

解　因为 $\frac{1}{n^2+n+1}<\frac{1}{n^2}$，且由 p-级数的敛散性知 $\sum\limits_{n=1}^{\infty}\frac{1}{n^2}$ 收敛，所以由比较审敛法知 $\sum\limits_{n=1}^{\infty}\frac{1}{n^2+n+1}$ 收敛.

推论(比较审敛法的极限形式)　设 $\sum\limits_{n=1}^{\infty}u_n$，$\sum\limits_{n=1}^{\infty}v_n$ 均为正项级数，若

$$\lim_{n\to\infty}\frac{u_n}{v_n}=l\ (v_n\neq 0),$$

则

(1) 当 $0<l<+\infty$ 时，$\sum\limits_{n=1}^{\infty}u_n$，$\sum\limits_{n=1}^{\infty}v_n$ 同时收敛或同时发散；

(2) 当 $l=0$ 时，若 $\sum\limits_{n=1}^{\infty}v_n$ 收敛，则 $\sum\limits_{n=1}^{\infty}u_n$ 收敛；

(3) 当 $l=+\infty$ 时，若 $\sum\limits_{n=1}^{\infty}v_n$ 发散，则 $\sum\limits_{n=1}^{\infty}u_n$ 发散.

例 4 判定下列级数的敛散性：

(1) $\sum\limits_{n=1}^{\infty} \frac{1}{2^n - n}$；(2) $\sum\limits_{n=1}^{\infty} \sin\frac{1}{n}$；(3) $\sum\limits_{n=1}^{\infty} \frac{\sqrt{n}}{(2n+1)(n+5)}$.

解 (1) $\lim\limits_{n\to\infty} \frac{\frac{1}{2^n - n}}{\frac{1}{2^n}} = \lim\limits_{n\to\infty} \frac{2^n}{2^n - n} = \lim\limits_{n\to\infty} \frac{1}{1 - \frac{n}{2^n}} = 1$,

因为$\sum\limits_{n=1}^{\infty} \frac{1}{2^n}$收敛,由比较审敛法的推论知$\sum\limits_{n=1}^{\infty} \frac{1}{2^n - n}$也收敛.

(2) $\lim\limits_{n\to\infty} \frac{\sin\frac{1}{n}}{\frac{1}{n}} = 1$,因为$\sum\limits_{n=1}^{\infty} \frac{1}{n}$发散,由比较审敛法的推论知$\sum\limits_{n=1}^{\infty} \sin\frac{1}{n}$发散.

(3) $\lim\limits_{n\to\infty} \frac{\frac{\sqrt{n}}{(2n+1)(n+5)}}{\frac{1}{n^{\frac{3}{2}}}} = \lim\limits_{n\to\infty} \frac{n^2}{(2n+1)(n+5)} = \frac{1}{2}$,

因为$\sum\limits_{n=1}^{\infty} \frac{1}{n^{\frac{3}{2}}}$收敛,由比较审敛法的推论知$\sum\limits_{n=1}^{\infty} \frac{\sqrt{n}}{(2n+1)(n+5)}$收敛.

2. 比值审敛法

定理 2(比值审敛法) 设$\sum\limits_{n=1}^{\infty} u_n$为正项级数，若

$$\lim_{n\to\infty} \frac{u_{n+1}}{u_n} = l,$$

则

(1) 当$l < 1$时,级数$\sum\limits_{n=1}^{\infty} u_n$收敛；

(2) 当$l > 1\left(或\lim\limits_{n\to\infty} \frac{u_{n+1}}{u_n} = +\infty\right)$时,级数$\sum\limits_{n=1}^{\infty} u_n$发散；

(3) 当$l = 1$时,级数$\sum\limits_{n=1}^{\infty} u_n$可能收敛也可能发散.

比值审敛法是以级数相邻通项之比的极限值作为判断依据的,因此适用于通项中含有$n!, n^n, a^n(a > 0), n^k(k > 0)$因子的级数.

例 5 判定下列级数的敛散性：

(1) $\sum\limits_{n=1}^{\infty} \frac{n^k}{2^n}(k > 0, k 为常数)$；(2) $\sum\limits_{n=1}^{\infty} \frac{n^n}{n!}$；(3) $\sum\limits_{n=1}^{\infty} nx^{n-1}(x > 0)$.

解 (1) $\lim\limits_{n\to\infty} \frac{(n+1)^k}{2^{n+1}} \cdot \frac{2^n}{n^k} = \frac{1}{2}\lim\limits_{n\to\infty} \frac{(n+1)^k}{n^k} = \frac{1}{2}\lim\limits_{n\to\infty}\left(1 + \frac{1}{n}\right)^k = \frac{1}{2} < 1$,由比值审敛法知$\sum\limits_{n=1}^{\infty} \frac{n^k}{2^n}$收敛.

(2) $\lim\limits_{n\to\infty}\dfrac{(n+1)^{n+1}}{(n+1)!}\cdot\dfrac{n!}{n^n}=\lim\limits_{n\to\infty}\dfrac{(n+1)^{n+1}}{n+1}\cdot\dfrac{1}{n^n}=\lim\limits_{n\to\infty}\left(1+\dfrac{1}{n}\right)^n=\mathrm{e}>1$,由比值审敛法知$\sum\limits_{n=1}^{\infty}\dfrac{n^n}{n!}$发散.

(3) $\lim\limits_{n\to\infty}\dfrac{(n+1)x^n}{nx^{n-1}}=x$,所以,当$0<x<1$时,$\sum\limits_{n=1}^{\infty}nx^{n-1}$收敛;当$x>1$时,$\sum\limits_{n=1}^{\infty}nx^{n-1}$发散;当$x=1$时,$\sum\limits_{n=1}^{\infty}nx^{n-1}=\sum\limits_{n=1}^{\infty}n$发散.

3. 根值审敛法

定理3(根值审敛法)　设$\sum\limits_{n=1}^{\infty}u_n$为正项级数,若

$$\lim_{n\to\infty}\sqrt[n]{u_n}=l,$$

则

(1) 当$l<1$时,级数$\sum\limits_{n=1}^{\infty}u_n$收敛;

(2) 当$l>1$(或$\lim\limits_{n\to\infty}\sqrt[n]{u_n}=+\infty$)时,级数$\sum\limits_{n=1}^{\infty}u_n$发散;

(3) 当$l=1$时,级数$\sum\limits_{n=1}^{\infty}u_n$可能收敛也可能发散.

例6　证明级数$1+\dfrac{1}{2^2}+\dfrac{1}{3^3}+\cdots+\dfrac{1}{n^n}+\cdots$是收敛的.

证　$\lim\limits_{n\to\infty}\sqrt[n]{\dfrac{1}{n^n}}=\lim\limits_{n\to\infty}\dfrac{1}{n}=0$,由根值审敛法知$1+\dfrac{1}{2^2}+\dfrac{1}{3^3}+\cdots+\dfrac{1}{n^n}+\cdots$收敛.

上面介绍了判定正项级数敛散性的几种常用方法. 实际运用时,先检查一般项是否收敛于零,若一般项收敛于零,再根据一般项的特点,选择适当的审敛法判定其敛散性.

二、交错级数及其审敛法

定义1　如果级数的通项正负交错,即其一般形式为$\sum\limits_{n=1}^{\infty}(-1)^{n-1}u_n$或$\sum\limits_{n=1}^{\infty}(-1)^nu_n$,其中$u_n>0$,那么称级数为**交错级数**.

例如,$\sum\limits_{n=1}^{\infty}(-1)^{n-1}\dfrac{1}{n}$是交错级数,但$\sum\limits_{n=1}^{\infty}(-1)^{n-1}\dfrac{1-\cos n\pi}{n}$不是交错级数.

下面给出交错级数的一个审敛法.

定理4(莱布尼茨审敛法)　若交错级数$\sum\limits_{n=1}^{\infty}(-1)^{n-1}u_n(u_n>0)$满足条件:

(1) $\{u_n\}$单调减少,即$u_n\geqslant u_{n+1}(n=1,2,3,\cdots)$,

(2) $\lim\limits_{n\to\infty}u_n=0$,

则交错级数收敛,且其和 $s\leqslant u_1$.

简要证明:设级数前 n 项部分和为 s_n,则

$$s_{2n}=(u_1-u_2)+(u_3-u_4)+\cdots+(u_{2n-1}-u_{2n}),$$

根据条件(1),数列 $\{s_{2n}\}$ 单调增加. 又

$$s_{2n}=u_1-(u_2-u_3)-(u_4-u_5)-\cdots-(u_{2n-2}-u_{2n-1})-u_{2n}<u_1,$$

即 $\{s_{2n}\}$ 有上界,由单调有界定理知 $\{s_{2n}\}$ 收敛,且 $\lim\limits_{n\to\infty}s_{2n}\leqslant u_1$.

设 $\lim\limits_{n\to\infty}s_{2n}=s$,根据条件(2),有 $\lim\limits_{n\to\infty}s_{2n+1}=\lim\limits_{n\to\infty}(s_{2n}+u_{2n+1})=s$,所以 $\lim\limits_{n\to\infty}s_n=s$,从而级数是收敛的,且 $s\leqslant u_1$.

例 7 判定下列级数的敛散性:

(1) $\sum\limits_{n=1}^{\infty}(-1)^{n-1}\dfrac{1}{n}$;　　(2) $\sum\limits_{n=1}^{\infty}\left(\dfrac{\pi}{2}-\arctan n\right)\cos n\pi$.

解 (1) 这是一个交错级数,此级数满足:

$$u_n=\frac{1}{n}>\frac{1}{n+1}=u_{n+1}\ (n=1,2,\cdots),\text{且}\lim_{n\to\infty}u_n=\lim_{n\to\infty}\frac{1}{n}=0.$$

因此,由莱布尼茨审敛法知级数 $\sum\limits_{n=1}^{\infty}(-1)^{n-1}\dfrac{1}{n}$ 收敛.

(2) $\sum\limits_{n=1}^{\infty}\left(\dfrac{\pi}{2}-\arctan n\right)\cos n\pi=\sum\limits_{n=1}^{\infty}(-1)^n\left(\dfrac{\pi}{2}-\arctan n\right)$,这是一个交错级数. 因为

$$u_n'=\left(\frac{\pi}{2}-\arctan n\right)'=-\frac{1}{1+n^2}<0,$$

所以 $\{u_n\}$ 单调减少,且 $\lim\limits_{n\to\infty}u_n=\lim\limits_{n\to\infty}\left(\dfrac{\pi}{2}-\arctan n\right)=0$. 因此,由莱布尼茨审敛法知,级数 $\sum\limits_{n=1}^{\infty}\left(\dfrac{\pi}{2}-\arctan n\right)\cos n\pi$ 收敛.

三、绝对收敛与条件收敛

最后,我们讨论一般的级数

$$\sum_{n=1}^{\infty}u_n=u_1+u_2+\cdots+u_n+\cdots,$$

它的各项为任意实数,也称之为任意项级数.

定义 2 若级数 $\sum\limits_{n=1}^{\infty}|u_n|$ 收敛,则称级数 $\sum\limits_{n=1}^{\infty}u_n$ **绝对收敛**;若级数 $\sum\limits_{n=1}^{\infty}u_n$ 收敛,而级数 $\sum\limits_{n=1}^{\infty}|u_n|$ 发散,则称级数 $\sum\limits_{n=1}^{\infty}u_n$ **条件收敛**.

例如,级数 $\sum\limits_{n=1}^{\infty}(-1)^{n-1}\dfrac{1}{n^2}$ 是绝对收敛的,而级数 $\sum\limits_{n=1}^{\infty}(-1)^n\dfrac{1}{n}$ 是条件收敛的.

定理 5 若级数 $\sum\limits_{n=1}^{\infty}u_n$ 绝对收敛,则级数 $\sum\limits_{n=1}^{\infty}u_n$ 必定收敛.

例8　判定级数$\sum_{n=1}^{\infty}\frac{\sin na}{n^2}$($a$为非零常数)的敛散性.

解　因为$\left|\frac{\sin na}{n^2}\right|\leqslant\frac{1}{n^2}$,而级数$\sum_{n=1}^{\infty}\frac{1}{n^2}$是收敛的,所以级数$\sum_{n=1}^{\infty}\left|\frac{\sin na}{n^2}\right|$也收敛,从而级数$\sum_{n=1}^{\infty}\frac{\sin na}{n^2}$绝对收敛.

随堂练习 10-2

1. 判定下列级数的敛散性:

(1) $\sum_{n=1}^{\infty}\frac{1}{n(n+2)}$;　　(2) $\sum_{n=1}^{\infty}\sin\frac{1}{n^2+1}$;

(3) $\sum_{n=1}^{\infty}\frac{2^n}{n(n+1)}$;　　(4) $\sum_{n=1}^{\infty}\frac{n\sqrt{n^2-1}}{n^3\sqrt{n+1}}$;

(5) $\sum_{n=1}^{\infty}\frac{1}{n(n+1)(n+2)}$;　　(6) $\sum_{n=1}^{\infty}\frac{n!}{3^n}$;

(7) $\sum_{n=1}^{\infty}\frac{n!}{n^3}$;　　(8) $\sum_{n=1}^{\infty}\ln\left(1+\frac{1}{n^2}\right)$.

2. 判定下列级数的敛散性及绝对收敛性:

(1) $\sum_{n=1}^{\infty}(-1)^{n-1}\frac{1}{\sqrt{n}}$;　　(2) $\sum_{n=1}^{\infty}(-1)^{n-1}\frac{n}{2n-1}$;

(3) $\sum_{n=2}^{\infty}(-1)^n\frac{\cos n}{n^2-1}$.

习　题 10-2

1. 用比较审敛法判定下列级数的敛散性:

(1) $\sum_{n=1}^{\infty}\frac{1}{2n+1}$;　　(2) $\sum_{n=1}^{\infty}\frac{n-2}{n^2(n+1)}$;

(3) $\sum_{n=1}^{\infty}\sin\frac{\pi}{2^n-1}$;　　(4) $\sum_{n=2}^{\infty}\frac{1}{n}\ln\frac{n+1}{n-1}$.

2. 用比值审敛法判定下列级数的敛散性:

(1) $\sum_{n=1}^{\infty}\frac{n!}{2^n(n+1)}$;　　(2) $\sum_{n=1}^{\infty}\frac{n^3}{a^n}(a>1)$;

(3) $\sum_{n=1}^{\infty}\frac{n^n}{(n!)^2}$;　　(4) $\sum_{n=1}^{\infty}n^2\sin\frac{5}{3^n}$.

3. 用根值审敛法判定下列级数的敛散性：

(1) $\sum_{n=1}^{\infty}\left(\frac{n}{2n+1}\right)^{n}$；　　(2) $\sum_{n=1}^{\infty}\frac{1}{3^{n}}\left(\frac{n+1}{n}\right)^{n^{2}}$；

(3) $\sum_{n=1}^{\infty}\left(\frac{n}{3n-1}\right)^{2n-1}$；　　(4) $\sum_{n=1}^{\infty}\left(\frac{na}{n+1}\right)^{n}(a>0)$.

4. 判定下列交错级数的敛散性,若收敛,指出是绝对收敛还是条件收敛：

(1) $\sum_{n=2}^{\infty}(-1)^{n}\frac{1}{\ln n}$；　　(2) $\sum_{n=1}^{\infty}\arctan\frac{n}{n^{2}+1}\cos n\pi$；

(3) $\sum_{n=1}^{\infty}(-1)^{n}\frac{n}{3^{n}}$；　　(4) $\sum_{n=1}^{\infty}(-1)^{n}\frac{1}{\sqrt[n]{n}}$.

§10-3　幂级数

从本节开始将介绍函数项级数.如果级数的通项是函数,则称级数为函数项级数.我们将重点介绍一种特殊的重要类型的函数项级数——幂级数.

一、函数项级数的概念

定义 1　给定一个定义在区间 I 上的函数列 $\{u_n(x)\}$,由这个函数列构成的表达式

$$u_1(x)+u_2(x)+u_3(x)+\cdots+u_n(x)+\cdots$$

称为定义在区间 I 上的**函数项无穷级数**,简称(函数项)级数,记作 $\sum\limits_{n=1}^{\infty} u_n(x)$,即

$$\sum_{n=1}^{\infty} u_n(x) = u_1(x) + u_2(x) + \cdots + u_n(x) + \cdots, \tag{1}$$

其中第 n 项 $u_n(x)$ 称为函数项级数(1)的**通项**.

对于每一个确定的值 $x_0 \in I$,函数项级数(1)就成为一个常数项级数

$$\sum_{n=1}^{\infty} u_n(x_0) = u_1(x_0) + u_2(x_0) + \cdots + u_n(x_0) + \cdots. \tag{2}$$

它可能收敛,也可能发散.

定义 2　对于区间 I 内的一定点 x_0,若常数项级数 $\sum\limits_{n=1}^{\infty} u_n(x_0)$ 收敛,则称点 x_0 是函数项级数 $\sum\limits_{n=1}^{\infty} u_n(x)$ 的**收敛点**;若常数项级数 $\sum\limits_{n=1}^{\infty} u_n(x_0)$ 发散,则称点 x_0 是函数项级数 $\sum\limits_{n=1}^{\infty} u_n(x)$ 的**发散点**.函数项级数 $\sum\limits_{n=1}^{\infty} u_n(x)$ 的所有收敛点构成的集合称为它的**收敛域**,所有发散点构成的集合称为它的**发散域**.

对应于收敛域内的任意一个数 x,函数项级数成为一个收敛的常数项级数,因而有一确定的和 s.这样,在收敛域上,函数项级数的和是 x 的函数 $s(x)$,通常将 $s(x)$ 称为函数项级数 $\sum\limits_{n=1}^{\infty} u_n(x)$ 的**和函数**,并写成

$$s(x) = \sum_{n=1}^{\infty} u_n(x) = u_1(x) + u_2(x) + \cdots + u_n(x) + \cdots,$$

和函数的定义域就是函数项级数的收敛域.

把函数项级数 $\sum\limits_{n=1}^{\infty} u_n(x)$ 的前 n 项部分和记作 $s_n(x)$,即

$$s_n(x)=u_1(x)+u_2(x)+u_3(x)+\cdots+u_n(x).$$

在收敛域上,有 $\lim\limits_{n\to\infty}s_n(x)=s(x)$ 或 $s_n(x)\to s(x)(n\to\infty)$. 此时,函数项级数 $\sum\limits_{n=1}^{\infty}u_n(x)$ 的和函数 $s(x)$ 与部分和 $s_n(x)$ 的差 $s(x)-s_n(x)$ 称为函数项级数 $\sum\limits_{n=1}^{\infty}u_n(x)$ 的**余项**,记作 $r_n(x)$,即

$$r_n(x)=s(x)-s_n(x).$$

注意 在收敛域上,余项 $r_n(x)$ 才有意义,并且有 $\lim\limits_{n\to\infty}r_n(x)=0$.

二、幂级数及其收敛性

1. 幂级数的概念

函数项级数中简单而常见的一类级数就是各项都是 $(x-x_0)$ 的幂函数的函数项级数,这种形式的级数称为 $(x-x_0)$ 的**幂级数**.

定义 3 形如

$$\sum_{n=0}^{\infty}a_n(x-x_0)^n=a_0+a_1(x-x_0)+a_2(x-x_0)^2+\cdots+a_n(x-x_0)^n+\cdots \tag{3}$$

的函数项级数称为 $(x-x_0)$ 的**幂级数**,其中常数 $a_0,a_1,a_2,\cdots,a_n,\cdots$ 叫做**幂级数的系数**.

特别地,当 $x_0=0$ 时,它的形式为

$$\sum_{n=0}^{\infty}a_nx^n=a_0+a_1x+a_2x^2+\cdots+a_nx^n+\cdots, \tag{4}$$

称为 x 的幂级数.

由于 $(x-x_0)$ 的幂级数可以通过变换 $t=x-x_0$ 转变为 x 的幂级数,所以下面只讨论形如(4)的 x 的幂级数. 例如:

$$\sum_{n=0}^{\infty}x^n=1+x+x^2+\cdots+x^n+\cdots,$$

$$\sum_{n=0}^{\infty}\frac{1}{n!}x^n=1+x+\frac{1}{2!}x^2+\cdots+\frac{1}{n!}x^n+\cdots$$

都是幂级数.

2. 幂级数的收敛性

现在我们来讨论对于一个给定的幂级数,它的收敛域与发散域是怎样的,这就是幂级数的收敛性问题.

先看一个具体的例子,考察幂级数

$$\sum_{n=0}^{\infty}x^n=1+x+x^2+\cdots+x^n+\cdots$$

的收敛性. 它可以看成是公比为 x 的几何级数. 当 $|x|<1$ 时,它是收敛的;当 $|x|\geqslant 1$ 时,它是发散的. 因此,它的收敛域为开区间 $(-1,1)$,并且有

$$\frac{1}{1-x}=1+x+x^2+x^3+\cdots+x^n+\cdots(-1<x<1).$$

对于一般幂级数的收敛域，我们有如下定理：

定理 1（阿贝尔定理）　若级数 $\sum\limits_{n=0}^{\infty} a_n x^n$ 当 $x=x_0\ (x_0\neq 0)$ 时收敛，则满足不等式 $|x|<|x_0|$ 的一切 x 使此幂级数绝对收敛. 反之，若级数 $\sum\limits_{n=0}^{\infty} a_n x^n$ 当 $x=x_0$ 时发散，则满足不等式 $|x|>|x_0|$ 的一切 x 使此幂级数发散.

证　先设 x_0 是幂级数 $\sum\limits_{n=0}^{\infty} a_n x^n$ 的收敛点，即级数 $\sum\limits_{n=0}^{\infty} a_n x_0^n$ 收敛. 根据级数收敛的必要条件，有 $\lim\limits_{n\to\infty} a_n x_0^n=0$，于是存在一个正数 M，使 $|a_n x_0^n|\leqslant M(n=0,1,2,\cdots)$，这样级数 $\sum\limits_{n=0}^{\infty} a_n x^n$ 的通项的绝对值

$$|a_n x^n|=\left|a_n x_0^n\cdot\frac{x^n}{x_0^n}\right|=|a_n x_0^n|\cdot\left|\frac{x}{x_0}\right|^n\leqslant M\cdot\left|\frac{x}{x_0}\right|^n.$$

因为当 $|x|<|x_0|$ 时，等比级数 $\sum\limits_{n=0}^{\infty}\left|\frac{x}{x_0}\right|^n$ 收敛，所以级数 $\sum\limits_{n=0}^{\infty}|a_n x^n|$ 收敛，也就是级数 $\sum\limits_{n=0}^{\infty} a_n x^n$ 绝对收敛.

定理的第二部分可用反证法证明. 假设幂级数当 $x=x_0$ 时发散，但有一点 x_1 满足 $|x_1|>|x_0|$ 使级数收敛，则根据本定理的第一部分，当 $x=x_0$ 时级数应收敛，这与假设矛盾. 定理得证.

定理 1 表明，如果幂级数在 $x=x_0\ (x_0\neq 0)$ 处收敛，则对于开区间 $(-|x_0|,|x_0|)$ 内的任意 x，幂级数都绝对收敛；如果幂级数在 $x=x_0\ (x_0\neq 0)$ 处发散，则对于区间 $(-\infty,-|x_0|)\cup(|x_0|,+\infty)$ 内的所有 x，幂级数都发散. 于是，我们可以得到下面的重要推论：

推论　对于任意幂级数 $\sum\limits_{n=0}^{\infty} a_n x^n$，其收敛情况总是下列三种情况之一：

(1) 仅在点 $x=0$ 处收敛.

(2) 在 $(-\infty,+\infty)$ 内绝对收敛.

(3) 存在正数 R，使得当 $|x|<R$ 时，幂级数绝对收敛；当 $|x|>R$ 时，幂级数发散；当 $x=R$ 与 $x=-R$ 时，幂级数可能收敛也可能发散.

正数 R 通常称为幂级数 $\sum\limits_{n=0}^{\infty} a_n x^n$ 的**收敛半径**，开区间 $(-R,R)$ 称为幂级数 $\sum\limits_{n=0}^{\infty} a_n x^n$ 的**收敛区间**. 再由幂级数在 $x=\pm R$ 处的收敛性就可以确定它的收敛域. 幂级数 $\sum\limits_{n=0}^{\infty} a_n x^n$ 的收敛域是 $(-R,R)$ 或 $[-R,R)$，$(-R,R]$，$[-R,R]$ 之一.

若幂级数 $\sum\limits_{n=0}^{\infty} a_n x^n$ 只在 $x=0$ 处收敛，则规定收敛半径 $R=0$；若幂级数 $\sum\limits_{n=0}^{\infty} a_n x^n$ 对一切 x 都收敛，则规定收敛半径 $R=+\infty$，这时收敛域为 $(-\infty,+\infty)$.

关于幂级数收敛半径的求法有下面的定理：

定理 2 若幂级数 $\sum_{n=0}^{\infty} a_n x^n$ 的相邻两项的系数满足 $\lim_{n\to\infty}\left|\frac{a_{n+1}}{a_n}\right|=\rho$，则此幂级数的收敛半径

$$R=\begin{cases}+\infty, & \rho=0,\\ \frac{1}{\rho}, & \rho\neq 0,\\ 0, & \rho=+\infty.\end{cases}$$

证 考察幂级数的各项取绝对值所构成的级数

$$\sum_{n=0}^{\infty}|a_n x^n|=|a_0|+|a_1x|+|a_2x^2|+\cdots+|a_nx^n|+\cdots.$$

因为 $\lim_{n\to\infty}\left|\frac{a_{n+1}x^{n+1}}{a_nx^n}\right|=\lim_{n\to\infty}\left|\frac{a_{n+1}}{a_n}\right|\cdot|x|=\rho|x|$，所以：

若 $0<\rho<+\infty$，则当 $\rho|x|<1$，即 $|x|<\frac{1}{\rho}$ 时，级数 $\sum_{n=0}^{\infty}|a_nx^n|$ 收敛，即幂级数 $\sum_{n=0}^{\infty}a_nx^n$ 绝对收敛；当 $\rho|x|>1$，即 $|x|>\frac{1}{\rho}$ 时，级数 $\sum_{n=0}^{\infty}|a_nx^n|$ 发散且从某一个 n 开始，有 $|a_{n+1}x^{n+1}|>|a_nx^n|$，因此一般项 $|a_nx^n|$ 不可能趋于零，所以 a_nx^n 也不可能趋于零，从而幂级数 $\sum_{n=0}^{\infty}a_nx^n$ 发散. 于是收敛半径 $R=\frac{1}{\rho}$.

若 $\rho=0$，则对任意的 $x\neq 0$，总有 $\lim_{n\to\infty}\left|\frac{a_{n+1}x^{n+1}}{a_nx^n}\right|=0<1$，所以幂级数 $\sum_{n=0}^{\infty}a_nx^n$ 绝对收敛，于是收敛半径 $R=+\infty$；

若 $\rho=+\infty$，则对任意的 $x\neq 0$，总有 $\lim_{n\to\infty}\left|\frac{a_{n+1}x^{n+1}}{a_nx^n}\right|=+\infty$，所以幂级数 $\sum_{n=0}^{\infty}a_nx^n$ 发散，只有当 $x=0$ 时幂级数收敛，于是 $R=0$.

例 1 求幂级数

$$\sum_{n=1}^{\infty}(-1)^{n-1}\frac{x^n}{n}=x-\frac{x^2}{2}+\frac{x^3}{3}-\cdots+(-1)^{n-1}\frac{x^n}{n}+\cdots$$

的收敛半径与收敛域.

解 因为
$$\rho=\lim_{n\to\infty}\left|\frac{a_{n+1}}{a_n}\right|=\lim_{n\to\infty}\frac{\frac{1}{n+1}}{\frac{1}{n}}=1,$$

所以收敛半径 $R=\frac{1}{\rho}=1$.

当 $x=1$ 时，幂级数成为 $\sum_{n=1}^{\infty}(-1)^{n-1}\frac{1}{n}$，是收敛的；当 $x=-1$ 时，幂级数成为 $\sum_{n=1}^{\infty}\left(-\frac{1}{n}\right)$，是发散的. 因此，收敛域为 $(-1,1]$.

例 2 求幂级数 $\sum_{n=0}^{\infty}\frac{1}{n!}x^n$ 的收敛域.

解 因为
$$\rho=\lim_{n\to\infty}\left|\frac{a_{n+1}}{a_n}\right|=\lim_{n\to\infty}\frac{\frac{1}{(n+1)!}}{\frac{1}{n!}}=\lim_{n\to\infty}\frac{n!}{(n+1)!}=0,$$
所以收敛半径 $R=+\infty$,从而收敛域为 $(-\infty,+\infty)$.

例 3 求幂级数 $\sum_{n=0}^{\infty}n!\,x^n$ 的收敛半径.

解 因为
$$\rho=\lim_{n\to\infty}\left|\frac{a_{n+1}}{a_n}\right|=\lim_{n\to\infty}\frac{(n+1)!}{n!}=+\infty,$$
所以收敛半径 $R=0$,即级数仅在 $x=0$ 处收敛.

例 4 求幂级数 $\sum_{n=0}^{\infty}\frac{(2n)!}{(n!)^2}x^{2n}$ 的收敛半径.

解 因为级数缺少奇次幂的项,所以不能应用定理2,可根据比值审敛法求收敛半径.幂级数的一般项记为
$$u_n(x)=\frac{(2n)!}{(n!)^2}x^{2n},$$
因为 $\lim_{n\to\infty}\left|\frac{u_{n+1}(x)}{u_n(x)}\right|=4|x|^2$,所以当 $4|x|^2<1$,即 $|x|<\frac{1}{2}$ 时,级数收敛;当 $4|x|^2>1$,即 $|x|>\frac{1}{2}$ 时,级数发散.所以收敛半径 $R=\frac{1}{2}$.

例 5 求幂级数 $\sum_{n=1}^{\infty}\frac{(x-1)^n}{2^n n}$ 的收敛域.

解 令 $t=x-1$,上述级数变为 $\sum_{n=1}^{\infty}\frac{t^n}{2^n n}$. 因为
$$\rho=\lim_{n\to\infty}\left|\frac{a_{n+1}}{a_n}\right|=\frac{2^n\cdot n}{2^{n+1}\cdot(n+1)}=\frac{1}{2},$$
所以收敛半径 $R=2$,收敛区间为 $|t|<2$,即 $x\in(-1,3)$.

当 $x=3$ 时,原级数成为 $\sum_{n=1}^{\infty}\frac{1}{n}$,原级数发散;当 $x=-1$ 时,原级数成为 $\sum_{n=1}^{\infty}\frac{(-1)^n}{n}$,原级数收敛.因此,原级数的收敛域为 $[-1,3)$.

三、收敛幂级数及其和函数的性质

性质 1(逐项可加性) 设幂级数 $\sum_{n=0}^{\infty}a_nx^n$ 及 $\sum_{n=0}^{\infty}b_nx^n$ 分别在区间 $(-R,R)$ 及 $(-R',R')$ 内收敛,则在 $(-R,R)$ 与 $(-R',R')$ 中较小的区间内有
$$\sum_{n=0}^{\infty}(a_n\pm b_n)x^n=\sum_{n=0}^{\infty}a_nx^n\pm\sum_{n=0}^{\infty}b_nx^n.$$

性质 2（连续性与逐项求极限性质） 设幂级数 $\sum_{n=0}^{\infty} a_n x^n$ 的收敛半径 $R>0$，则其和函数 $s(x)$ 在收敛区间 $(-R,R)$ 内连续，即对于任意的 $x_0 \in (-R,R)$，有

$$\lim_{x\to x_0} s(x)=\lim_{x\to x_0}\sum_{n=0}^{\infty} a_n x^n=\sum_{n=0}^{\infty}\left(\lim_{x\to x_0} a_n x^n\right)=\sum_{n=0}^{\infty} a_n x_0^n=s(x_0).$$

如果幂级数在 $x=R$（或 $x=-R$）处也收敛，那么和函数 $s(x)$ 在 $(-R,R]$（或 $[-R,R)$）内连续.

性质 2 将有限项和的极限性质推广到了无限项——和的极限等于极限的和.

性质 3（可导性与逐项求导性质） 设幂级数 $\sum_{n=0}^{\infty} a_n x^n$ 的收敛半径 $R>0$，则其和函数 $s(x)$ 在收敛区间 $(-R,R)$ 内可导，并且有逐项求导公式

$$s'(x)=\left(\sum_{n=0}^{\infty} a_n x^n\right)'=\sum_{n=0}^{\infty}(a_n x^n)'=\sum_{n=1}^{\infty} n a_n x^{n-1}, x\in(-R,R).$$

性质 3 将有限项和的导数性质推广到了无限项——和的导数等于导数的和，并且逐项求导后所得到的幂级数和原级数有相同的收敛半径，因此，可以继续用逐项求导的方法求出和函数的二阶导数、三阶导数、….

性质 4（可积性与逐项积分性质） 设幂级数 $\sum_{n=0}^{\infty} a_n x^n$ 的收敛半径 $R>0$，则其和函数 $s(x)$ 在收敛区间 $(-R,R)$ 内可积，并且有逐项积分公式

$$\int_0^x s(t)\,dt=\int_0^x\left(\sum_{n=0}^{\infty} a_n t^n\right)dt=\sum_{n=0}^{\infty}\int_0^x a_n t^n\,dt=\sum_{n=0}^{\infty}\frac{a_n}{n+1}x^{n+1}, x\in(-R,R).$$

性质 4 将有限项和的积分性质推广到了无限项——和的积分等于积分的和，并且逐项求积后所得到的幂级数和原级数有相同的收敛半径.

利用幂级数的定义求收敛幂级数的和比较麻烦，甚至是无法求出的，下面介绍利用幂级数的上述性质求其和函数.

例 6 求幂级数 $\sum_{n=0}^{\infty}\frac{1}{n+1}x^{n+1}$ 的和函数.

解 容易求出幂级数的收敛域为 $[-1,1)$. 设幂级数的和函数为 $s(x)$，即

$$s(x)=\sum_{n=0}^{\infty}\frac{1}{n+1}x^{n+1}, x\in[-1,1).$$

显然 $s(0)=0$，对上式两边求导，得

$$[s(x)]'=\sum_{n=0}^{\infty}\left(\frac{1}{n+1}x^{n+1}\right)'=\sum_{n=0}^{\infty}x^n=\frac{1}{1-x}, x\in(-1,1).$$

再对上式从 0 到 x 积分，得

$$s(x)=\int_0^x\frac{1}{1-t}dt=-\ln(1-x), x\in(-1,1).$$

因为原幂级数在 $x=-1$ 处连续，所以由性质 2，得

$$s(x)=\sum_{n=0}^{\infty}\frac{1}{n+1}x^{n+1}=-\ln(1-x), x\in[-1,1).$$

例7 求幂级数 $\sum\limits_{n=0}^{\infty}(n+1)x^n$ 的和函数.

解 求得幂级数的收敛域为$(-1,1)$.设幂级数的和函数为 $s(x)$,即

$$s(x)=\sum_{n=0}^{\infty}(n+1)x^n,\ x\in(-1,1).$$

显然 $s(0)=1$,对上式两边积分,得

$$\int_0^x s(t)\mathrm{d}t=\int_0^x\sum_{n=0}^{\infty}(n+1)t^n\mathrm{d}t=\sum_{n=0}^{\infty}\int_0^x(n+1)t^n\mathrm{d}t=\sum_{n=0}^{\infty}x^{n+1}=\frac{x}{1-x},\ x\in(-1,1).$$

再对上式两边求导,得

$$s(x)=\left(\frac{x}{1-x}\right)'=\frac{1}{(1-x)^2},\ x\in(-1,1).$$

随堂练习 10-3

1. 求下列幂级数的收敛域:

(1) $\sum\limits_{n=1}^{\infty}(-1)^n\frac{x^n}{n}$; (2) $\sum\limits_{n=1}^{\infty}\frac{x^n}{(2n)!}$;

(3) $\sum\limits_{n=0}^{\infty}10^n x^n$; (4) $\sum\limits_{n=1}^{\infty}\frac{3^n}{n}(x-1)^n$.

2. 求下列幂级数在收敛区间内的和函数:

(1) $\sum\limits_{n=1}^{\infty}\frac{x^{2n-1}}{2n-1}$; (2) $\sum\limits_{n=1}^{\infty}n(n+1)x^n$.

习 题 10-3

1. 求下列幂级数的收敛域:

(1) $\sum\limits_{n=1}^{\infty}\frac{x^n}{n\cdot 2^n}$; (2) $\sum\limits_{n=0}^{\infty}(-1)^n\frac{x^{2n+1}}{2n+1}$;

(3) $\sum\limits_{n=1}^{\infty}\frac{(-1)^n}{\ln(n+1)}x^n$; (4) $\sum\limits_{n=1}^{\infty}\frac{(-1)^{n-1}}{3^n\cdot n^2}x^n$.

2. 求下列幂级数在收敛区间内的和函数:

(1) $\sum\limits_{n=1}^{\infty}(-1)^n\frac{x^{2n-1}}{2n-1}$; (2) $\sum\limits_{n=2}^{\infty}\frac{1}{n(n-1)}x^n$.

3. 计算数项级数 $\sum\limits_{n=1}^{\infty}\frac{(-1)^n}{2^n\cdot n}$ 的值.

§10-4 函数的幂级数展开

由上一节我们知道,一个幂级数在其收敛域内表示一个函数.但实际应用中往往会遇到相反的问题:给定函数 $f(x)$,是否能在某个区间内将其用一个幂级数表示?如果能,应如何表示?一般地,将一个函数表示成幂级数,称为**函数的幂级数展开**.若函数 $f(x)$能展开成幂级数

$$f(x)=\sum_{n=0}^{\infty} a_n (x-x_0)^n, x\in D,$$

则称上式为函数 $f(x)$在点 x_0处的**幂级数展开式**,其中 D 为上式右边幂级数的收敛域.

一、泰勒公式与泰勒级数

1. 泰勒公式

在介绍函数幂级数的展开方法之前,先介绍如下定理:

定理 1(泰勒中值定理) 如果函数 $f(x)$在含有点 x_0的某个开区间(a,b)内具有直至$(n+1)$阶的导数,则对任意的 $x\in(a,b)$,有

$$f(x)=f(x_0)+f'(x_0)(x-x_0)+\frac{f''(x_0)}{2!}(x-x_0)^2+\cdots+\frac{f^{(n)}(x_0)}{n!}(x-x_0)^n+R_n(x),$$

其中,

$$R_n(x)=\frac{f^{(n+1)}(\xi)}{(n+1)!}(x-x_0)^{n+1}, \tag{1}$$

即

$$f(x)=\sum_{k=0}^{n}\frac{f^{(k)}(x_0)}{k!}(x-x_0)^k+\frac{f^{(n+1)}(\xi)}{(n+1)!}(x-x_0)^{n+1}, \tag{2}$$

这里 ξ 是介于 x 与 x_0 之间的某个值.

注 约定 $0!=1, f^{(0)}(x)=f(x)$.

证明从略.

(1)式确定的$R_n(x)$称为**拉格朗日余项**.公式(2)称为 $f(x)$在点 x_0 处带有拉格朗日余项的 n 阶**泰勒公式**.

当 $n=0$ 时,泰勒公式就成为拉格朗日中值定理给出的公式:

$$f(x)=f(x_0)+f'(\xi)(x-x_0)(\xi\text{ 在 }x\text{ 与 }x_0\text{ 之间}),$$

其中 $R_0(x)=f'(\xi)(x-x_0)$即为余项.所以,泰勒中值定理是拉格朗日中值定理的推广.

函数 $f(x)$的泰勒公式(2)表明,在开区间(a,b)内 $f(x)$可近似地表示为

$$f(x) \approx \sum_{k=0}^{n} \frac{f^{(k)}(x_0)}{k!}(x-x_0)^k,$$

右端的多项式称为 $f(x)$ 按 $(x-x_0)$ 的幂级数展开的 n 次**泰勒多项式**，两者的误差由余项 $R_n(x)$ 估计. 可以证明：

$$R_n(x)=o[(x-x_0)^n](x \to x_0). \tag{3}$$

在不需要余项的精确表达式时，$f(x)$ 的 n 阶泰勒公式也可以写成

$$f(x)=\sum_{k=0}^{n} \frac{f^{(k)}(x_0)}{k!}(x-x_0)^k+o[(x-x_0)^n]. \tag{4}$$

$R_n(x)$ 的表达式(3)称为**佩亚诺余项**，公式(4)称为 $f(x)$ 在点 x_0 处带有佩亚诺余项的 n 阶**泰勒公式**.

在泰勒公式(2)中，如果取 $x_0=0$，则 ξ 在 0 与 x 之间，泰勒公式可以变成

$$\begin{aligned} f(x) &= \sum_{k=0}^{n} \frac{f^{(k)}(0)}{k!}x^k+\frac{f^{(n+1)}(\xi)}{(n+1)!}x^{n+1} \\ &= \sum_{k=0}^{n} \frac{f^{(k)}(0)}{k!}x^k+\frac{f^{(n+1)}(\theta x)}{(n+1)!}x^{n+1}\ (0<\theta<1). \end{aligned} \tag{5}$$

在泰勒公式(4)中，如果取 $x_0=0$，则泰勒公式可以变成

$$f(x)=\sum_{k=0}^{n} \frac{f^{(k)}(0)}{k!}x^k+o(x^n). \tag{6}$$

分别称式(5)和(6)为带有拉格朗日余项和佩亚诺余项的**麦克劳林公式**.

2. 泰勒级数和泰勒展开式

泰勒公式只是将函数用有限项的泰勒多项式近似表示出来了，那么具有什么性质的函数才能展开成幂级数？幂级数中的系数如何确定？对此，有如下定理：

定理 2　设函数 $f(x)$ 在点 x_0 的某邻域 D 内具有各阶导数，且 $f(x)$ 在点 x_0 处的幂级数展开式为

$$f(x)=\sum_{n=0}^{\infty} a_n(x-x_0)^n,\ x \in D, \tag{7}$$

则有

$$a_n=\frac{f^{(n)}(x_0)}{n!}(n=0,1,2,\cdots).$$

证　根据幂级数可逐项求导的性质，对(7)式逐项求导，可得

$$f^{(n)}(x)=n!a_n+(n+1)!a_{n+1}(x-x_0)+\frac{(n+2)!}{2!}a_{n+2}(x-x_0)^2+\cdots,x \in D.$$

令 $x=x_0$，得

$$f^{(n)}(x_0)=n!a_n(n=0,1,2,\cdots).$$

由此得 $a_n=\dfrac{f^{(n)}(x_0)}{n!}(n=0,1,2,\cdots)$，证毕.

这就表明，如果 $f(x)$ 在点 x_0 的某邻域 D 内有任意阶导数且能够展开成幂级数，则展开式必为

$$f(x)=\sum_{n=0}^{\infty}\frac{f^{(n)}(x_0)}{n!}(x-x_0)^n,\ x\in D \tag{8}$$

的形式,而且是唯一的.

定义 1 称(8)式右端的幂级数为 $f(x)$在 x_0 处的**泰勒级数**,称(8)式为 $f(x)$在 x_0 处的**泰勒展开式**,邻域 D 为**展开域**.

特别地,当 $x_0=0$ 时,

$$f(x)=\sum_{n=0}^{\infty}\frac{f^{(n)}(0)}{n!}x^n,\ x\in D. \tag{9}$$

称(9)式右端的级数为 $f(x)$的**麦克劳林级数**,(9)式称为 $f(x)$的**麦克劳林展开式**.

定理 2 只解决了 $f(x)$可展开为幂级数时的唯一性和形式问题,并没有解决函数能不能展开的问题. 因为只要 $f(x)$在点x_0的某邻域 D 内具有各阶导数,就能够写出 $f(x)$在点x_0处的泰勒级数,但此级数是否在某个区间内收敛,以及是否收敛于 $f(x)$,还需要进一步考察. 为了解决这个问题,给出如下定理:

定理 3 设函数 $f(x)$在点x_0的某邻域 D 内具有各阶导数,则 $f(x)$在该邻域内能展开成泰勒级数的充分必要条件是:在该邻域内 $f(x)$的泰勒公式中的余项

$$R_n(x)=\frac{f^{(n+1)}(\xi)}{(n+1)!}(x-x_0)^{n+1}$$

当 $n\to\infty$时的极限为零,即

$$\lim_{n\to\infty}R_n(x)=\lim_{n\to\infty}\frac{f^{(n+1)}(\xi)}{(n+1)!}(x-x_0)^{n+1}=0,x\in D.$$

证 先证必要性:如果 $f(x)$在 D 内能展开为泰勒级数,即

$$f(x)=f(x_0)+f'(x_0)(x-x_0)+\frac{f''(x_0)}{2!}(x-x_0)^2+\cdots+\frac{f^{(n)}(x_0)}{n!}(x-x_0)^n+\cdots,$$

设 $s_{n+1}(x)$是 $f(x)$的泰勒级数的前 $n+1$ 项的和,则在 D 内有

$$\lim_{n\to\infty}s_{n+1}(x)=f(x).$$

从而 $f(x)$的 n 阶泰勒公式可写成 $f(x)=s_{n+1}(x)+R_n(x)$,于是

$$\lim_{n\to\infty}R_n(x)=\lim_{n\to\infty}[f(x)-s_{n+1}(x)]=0,x\in D.$$

再证充分性:设 $R_n(x)\to 0(n\to\infty)$对一切 $x\in D$ 成立.

因为 $f(x)$的 n 阶泰勒公式可写成 $f(x)=s_{n+1}(x)+R_n(x)$,于是

$$\lim_{n\to\infty}s_{n+1}(x)=\lim_{n\to\infty}[f(x)-R_n(x)]=f(x),x\in D,$$

即 $f(x)$的泰勒级数在 D 内收敛,并且收敛于 $f(x)$.

二、函数展开成幂级数

1. 直接展开法

下面重点讨论怎样把函数 $f(x)$展开成 x 的幂级数,即求它的麦克劳林展开式. 根据上面的讨论,可以按照下列步骤进行.

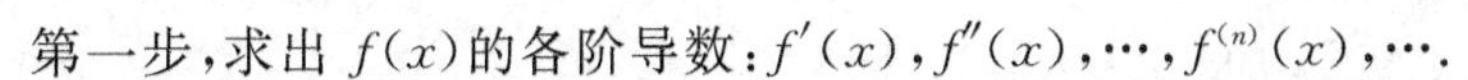

第一步，求出 $f(x)$ 的各阶导数：$f'(x),f''(x),\cdots,f^{(n)}(x),\cdots$.

第二步，求函数及其各阶导数在 $x=0$ 处的值：$f(0),f'(0),f''(0),\cdots,f^{(n)}(0),\cdots$.

第三步，写出幂级数 $f(0)+f'(0)x+\frac{f''(0)}{2!}x^2+\cdots+\frac{f^{(n)}(0)}{n!}x^n+\cdots$，并求出收敛半径 R.

第四步，考察在区间 $(-R,R)$ 内，$R_n(x)$ 的极限 $\lim\limits_{n\to\infty}R_n(x)=\lim\limits_{n\to\infty}\frac{f^{(n+1)}(\xi)}{(n+1)!}x^{n+1}$ 是否为零. 如果为零，那么 $f(x)$ 在 $(-R,R)$ 内有展开式

$$f(x)=f(0)+f'(0)x+\frac{f''(0)}{2!}x^2+\cdots+\frac{f^{(n)}(0)}{n!}x^n+\cdots(-R<x<R).$$

这种方法称为**直接展开法**.

例 1　将函数 $f(x)=e^x$ 展开成 x 的幂级数.

解　所给函数的各阶导数为 $f^{(n)}(x)=e^x(n=1,2,\cdots)$，因此 $f^{(n)}(0)=1(n=1,2,\cdots)$. 于是得级数

$$1+x+\frac{1}{2!}x^2+\cdots+\frac{1}{n!}x^n+\cdots,$$

它的收敛半径 $R=+\infty$.

对于任何有限的数 x,ξ(ξ 介于 0 与 x 之间)，有

$$|R_n(x)|=\left|\frac{e^{\xi}}{(n+1)!}x^{n+1}\right|<e^{|x|}\cdot\frac{|x|^{n+1}}{(n+1)!}.$$

考虑正项级数 $\sum\limits_{n=0}^{\infty}\frac{|x|^{n+1}}{(n+1)!}$，有

$$\lim_{n\to\infty}\frac{u_{n+1}(x)}{u_n(x)}=\lim_{n\to\infty}\frac{\frac{|x|^{n+2}}{(n+2)!}}{\frac{|x|^{n+1}}{(n+1)!}}=\lim_{n\to\infty}\frac{|x|}{n+2}=0<1.$$

于是，由比值审敛法可知级数 $\sum\limits_{n=0}^{\infty}\frac{|x|^{n+1}}{(n+1)!}$ 收敛，故有

$$\lim_{n\to\infty}\frac{|x|^{n+1}}{(n+1)!}=0,x\in(-\infty,+\infty).$$

又 $e^{|x|}$ 有限，所以 $\lim\limits_{n\to\infty}|R_n(x)|=0$，从而有麦克劳林展开式

$$e^x=1+x+\frac{1}{2!}x^2+\cdots+\frac{1}{n!}x^n+\cdots(-\infty<x<+\infty).$$

例 2　将函数 $f(x)=\sin x$ 展开成 x 的幂级数.

解　因为 $f^{(n)}(x)=\sin\left(x+n\cdot\frac{\pi}{2}\right)(n=1,2,\cdots)$，所以 $f^{(n)}(0)=\sin\frac{n\pi}{2}(n=0,1,2,3,\cdots)$，于是得麦克劳林级数

$$\sum_{n=0}^{\infty}\frac{\sin\frac{n\pi}{2}}{n!}x^n,$$

它的收敛半径 $R=+\infty$.

对于任何有限的数 x,ξ(ξ 介于 0 与 x 之间)，有

$$|R_n(x)|=\left|\frac{\sin\left[\xi+\frac{(n+1)\pi}{2}\right]}{(n+1)!}x^{n+1}\right|\leqslant\frac{|x|^{n+1}}{(n+1)!}\to 0\ (n\to\infty).$$

因此得展开式

$$\sin x=\sum_{n=0}^{\infty}\frac{\sin\frac{n\pi}{2}}{n!}x^n, x\in(-\infty,+\infty).$$

注意到 $f^{(n)}(0)=\sin\frac{n\pi}{2}$ 顺序循环地取值 0,1,0,−1,…,于是麦克劳林展开式可以写成

$$\begin{aligned}\sin x&=x-\frac{x^3}{3!}+\frac{x^5}{5!}-\cdots+(-1)^k\frac{x^{2k+1}}{(2k+1)!}+\cdots\\&=\sum_{k=0}^{\infty}(-1)^k\frac{x^{2k+1}}{(2k+1)!}, x\in(-\infty,+\infty).\end{aligned}$$

运用幂级数的逐项求导性质,可得

$$\begin{aligned}\cos x&=(\sin x)'=\left[\sum_{k=0}^{\infty}(-1)^k\frac{x^{2k+1}}{(2k+1)!}\right]'=\sum_{k=0}^{\infty}\left[(-1)^k\frac{x^{2k+1}}{(2k+1)!}\right]'\\&=\sum_{k=0}^{\infty}(-1)^k\frac{x^{2k}}{(2k)!}, x\in(-\infty,+\infty).\end{aligned}$$

2. 间接展开法

像上面这样,利用一些已知的函数展开式,通过幂级数的运算(如四则运算、逐项求导、逐项积分)以及变量代换等,将函数展开成幂级数的方法,称为**间接展开法**.

例 3 将函数 $f(x)=a^x(a>0$,且 $a\neq1)$ 展开成 x 的幂级数.

解 因为 $f(x)=a^x=e^{\ln a^x}=e^{x\ln a}$,而

$$e^x=\sum_{n=0}^{\infty}\frac{x^n}{n!}(-\infty<x<+\infty),$$

所以

$$a^x=\sum_{n=0}^{\infty}\frac{(x\ln a)^n}{n!}=\sum_{n=0}^{\infty}\frac{(\ln a)^n}{n!}x^n(-\infty<x<+\infty).$$

例 4 将函数 $f(x)=\frac{1}{1+x^2}$ 展开成 x 的幂级数.

解 因为

$$\frac{1}{1-x}=1+x+x^2+\cdots+x^n+\cdots(-1<x<1),$$

把 x 换成 $-x^2$,得

$$\frac{1}{1+x^2}=1-x^2+x^4-\cdots+(-1)^nx^{2n}+\cdots(-1<-x^2<1).$$

由 $-1<-x^2<1$,得收敛区间为 $-1<x<1$,即

$$\frac{1}{1+x^2}=\sum_{n=0}^{\infty}(-1)^nx^{2n}, x\in(-1,1).$$

例 5 将函数 $f(x)=\ln(1+x)$ 展开成 x 的幂级数.

解 因为

$$\frac{1}{1+x}=\sum_{n=0}^{\infty}(-x)^n=\sum_{n=0}^{\infty}(-1)^n x^n,\ x\in(-1,1),$$

所以将上式从0到x逐项积分,得

$$\begin{aligned}\ln(1+x)&=\int_0^x\frac{1}{1+t}\mathrm{d}t=\sum_{n=0}^{\infty}\int_0^x(-1)^n t^n\mathrm{d}t=\sum_{n=0}^{\infty}\frac{(-1)^n}{n+1}x^{n+1}\\&=\sum_{n=1}^{\infty}\frac{(-1)^{n-1}}{n}x^n,\ x\in(-1,1).\end{aligned}$$

当$x=1$时,级数收敛;当$x=-1$时,级数发散.从而

$$\begin{aligned}\ln(1+x)&=x-\frac{x^2}{2}+\frac{x^3}{3}-\frac{x^4}{4}+\cdots+\frac{(-1)^{n-1}}{n}x^n+\cdots\\&=\sum_{n=1}^{\infty}\frac{(-1)^{n-1}}{n}x^n,\ x\in(-1,1].\end{aligned}$$

类似地,可以求得

$$\arctan x=x-\frac{x^3}{3}+\frac{x^5}{5}-\cdots+\frac{(-1)^n}{2n+1}x^{2n+1}+\cdots=\sum_{n=0}^{\infty}\frac{(-1)^n}{2n+1}x^{2n+1},\ x\in[-1,1].$$

掌握了将函数展开成麦克劳林展开式的方法后,当要把函数展开成$x-x_0$的幂级数时,只需把$f(x)$转化成$x-x_0$的表达式,把$x-x_0$看成变量t,展开成t的幂级数,即得$x-x_0$的幂级数.对于较复杂的函数,可作变量代换,令$x-x_0=t$,于是

$$f(x)=f(x_0+t)=\sum_{n=0}^{\infty}a_n t^n=\sum_{n=0}^{\infty}a_n(x-x_0)^n.$$

例6　将函数$f(x)=\dfrac{1}{x^2+4x+3}$展开成$x-1$的幂级数.

解　$$\begin{aligned}f(x)&=\frac{1}{x^2+4x+3}=\frac{1}{(x+1)(x+3)}=\frac{1}{2}\left(\frac{1}{x+1}-\frac{1}{x+3}\right)\\&=\frac{1}{2[2+(x-1)]}-\frac{1}{2[4+(x-1)]}=\frac{1}{4\left(1+\frac{x-1}{2}\right)}-\frac{1}{8\left(1+\frac{x-1}{4}\right)},\end{aligned}$$

而

$$\begin{aligned}\frac{1}{4\left(1+\frac{x-1}{2}\right)}&=\frac{1}{4}\sum_{n=0}^{\infty}(-1)^n\left(\frac{x-1}{2}\right)^n\\&=\frac{1}{4}\sum_{n=0}^{\infty}\frac{(-1)^n}{2^n}(x-1)^n\left(-1<\frac{x-1}{2}<1,\text{即}-1<x<3\right),\end{aligned}$$

$$\begin{aligned}\frac{1}{8\left(1+\frac{x-1}{4}\right)}&=\frac{1}{8}\sum_{n=0}^{\infty}(-1)^n\left(\frac{x-1}{4}\right)^n\\&=\frac{1}{8}\sum_{n=0}^{\infty}\frac{(-1)^n}{4^n}(x-1)^n\left(-1<\frac{x-1}{4}<1,\text{即}-3<x<5\right),\end{aligned}$$

所以

$$\begin{aligned}f(x)&=\frac{1}{x^2+4x+3}=\frac{1}{4}\sum_{n=0}^{\infty}\frac{(-1)^n}{2^n}(x-1)^n-\frac{1}{8}\sum_{n=0}^{\infty}\frac{(-1)^n}{4^n}(x-1)^n\\&=\sum_{n=0}^{\infty}(-1)^n\left(\frac{1}{2^{n+2}}-\frac{1}{2^{2n+3}}\right)(x-1)^n(-1<x<3).\end{aligned}$$

下面的麦克劳林展开式是求其他函数展开式的基础,必须记住展开式的形式和相应的展开域：

$$\frac{1}{1-x}=1+x+x^2+x^3+\cdots+x^n+\cdots=\sum_{n=0}^{\infty}x^n,x\in(-1,1).$$

$$e^x=1+x+\frac{1}{2!}x^2+\cdots+\frac{1}{n!}x^n+\cdots=\sum_{n=0}^{\infty}\frac{x^n}{n!},x\in(-\infty,+\infty).$$

$$\sin x=x-\frac{x^3}{3!}+\frac{x^5}{5!}-\cdots+\frac{(-1)^n}{(2n+1)!}x^{2n+1}+\cdots$$

$$=\sum_{n=0}^{\infty}\frac{(-1)^n}{(2n+1)!}x^{2n+1},x\in(-\infty,+\infty).$$

$$\cos x=1-\frac{x^2}{2!}+\frac{x^4}{4!}-\cdots+\frac{(-1)^n}{(2n)!}x^{2n}+\cdots$$

$$=\sum_{n=0}^{\infty}\frac{(-1)^n}{(2n)!}x^{2n},x\in(-\infty,+\infty).$$

$$\ln(1+x)=x-\frac{x^2}{2}+\frac{x^3}{3}-\frac{x^4}{4}+\cdots+\frac{(-1)^{n-1}}{n}x^n+\cdots$$

$$=\sum_{n=1}^{\infty}\frac{(-1)^{n-1}}{n}x^n,\ x\in(-1,1].$$

$$(1+x)^\alpha=1+\alpha x+\frac{\alpha(\alpha-1)}{2!}x^2+\frac{\alpha(\alpha-1)(\alpha-2)}{3!}x^3+\cdots+$$

$$\frac{\alpha(\alpha-1)\cdots(\alpha-n+1)}{n!}x^n+\cdots$$

($-1<x<1$,-1 及 1 能否取到视 α 而定).

随堂练习 10-4

1. 用间接展开法求下列函数的麦克劳林展开式：

(1) x^2e^{-x}；　　(2) $\cos^2x$；

(3) $\frac{x^2}{2-x}$；　　(4) $\ln(10+x)$.

2. 求下列函数在指定点处的泰勒展开式：

(1) e^{-x} 在 $x=2$ 处；　　(2) $\frac{1}{x}$ 在 $x=-2$ 处；

(3) $\ln x$ 在 $x=1$ 处.

习 题 10-4

1. 用间接展开法求下列函数的麦克劳林展开式：

(1) e^{2x}；　　(2) $\sin\frac{x}{3}$；

(3) $\ln(1+x-2x^2)$；　　(4) $\frac{1}{5+x}$；

(5) 3^x；　　(6) $\frac{1}{x^2+x-2}$.

2. 将 $\arctan x$ 展开成 x 的幂级数.

3. 将 $\ln x$ 展开成 $x-2$ 的幂级数.

4. 将$\frac{1}{x^2-3x+2}$展开为 $x=3$ 处的泰勒级数.

总结·拓展

本章主要研究了两类无穷级数：数项级数和函数项级数.重点讨论了数项级数敛散性的判定、幂级数和函数的求法、函数的幂级数展开等问题.

（一）数项级数.

1. 正项级数敛散性判定.

（1）比较审敛法；

（2）比值审敛法；

（3）根值审敛法.

常用的参照级数：几何级数 $\sum_{n=1}^{\infty} a q^{n-1}$，$p$-级数 $\sum_{n=1}^{\infty} \frac{1}{n^p}(p>0)$.

2. 交错级数敛散性判定.

莱布尼茨审敛法.

3. 一般项级数.

（1）级数收敛的定义.

（2）级数收敛的必要条件：若 $\sum_{n=1}^{\infty} u_n$ 收敛，则 $\lim\limits_{n\to\infty} u_n=0$.

（3）条件收敛与绝对收敛.

（二）幂级数.

1. 收敛半径、收敛区间及收敛域.

2. 和函数的求法.

3. 函数的幂级数展开.

（1）泰勒展开式，麦克劳林展开式.

（2）函数展开成幂级数的方法：直接法，间接法.

（3）常用的幂级数展开式：

① $\frac{1}{1-x}=1+x+x^2+\cdots+x^n+\cdots(-1<x<1)$；

② $e^x=1+x+\frac{1}{2!}x^2+\cdots+\frac{1}{n!}x^n+\cdots(-\infty<x<+\infty)$；

③ $\sin x=x-\frac{x^3}{3!}+\frac{x^5}{5!}-\cdots+(-1)^{n-1}\frac{x^{2n-1}}{(2n-1)!}+\cdots(-\infty<x<+\infty)$；

④ $\cos x=1-\frac{x^2}{2!}+\frac{x^4}{4!}-\cdots+(-1)^n\frac{x^{2n}}{(2n)!}+\cdots(-\infty<x<+\infty)$；

⑤ $\ln(1+x)=x-\frac{x^2}{2}+\frac{x^3}{3}-\frac{x^4}{4}+\cdots+(-1)^n\frac{x^{n+1}}{n+1}+\cdots(-1<x\leqslant 1)$.

复习题十

1. 填空题：

(1) 无穷级数 $\sum_{n=1}^{\infty}\frac{1+(-1)^n}{2n}$ ________；(请填写“收敛”或“发散”)

(2) 幂级数 $\sum_{n=1}^{\infty}\frac{(x+4)^n}{n\cdot 5^n}$ 的收敛域为________；

(3) 设幂级数 $\sum_{n=0}^{\infty}a_nx^n$ 的收敛半径 $R=3$，则幂级数 $\sum_{n=1}^{\infty}na_n(x-1)^{n-1}$ 的收敛区间为________；

(4) 若幂函数 $\sum_{n=1}^{\infty}\frac{a^n}{n^2}x^n(a>0)$ 的收敛半径为 $\frac{1}{2}$，则常数 $a=$________；

(5) 级数 $\sum_{n=1}^{\infty}\frac{x^{2n}}{n!}=$________；

(6) 若函数 $f(x)=\frac{1}{2+x}$ 的幂级数展开式为 $f(x)=\sum_{n=0}^{\infty}a_nx^n(-2<x<2)$，则系数 $a_n=$________.

2. 选择题：

(1) 已知 $\lim\limits_{n\to\infty}u_n=0$，则数项级数 $\sum_{n=1}^{\infty}u_n$ (　　)

A. 一定收敛　　B. 一定收敛，和可能为零

C. 一定发散　　D. 可能收敛，也可能发散

(2) 下列命题正确的是 (　　)

A. 若 $\sum_{n=1}^{\infty}u_n$ 与 $\sum_{n=1}^{\infty}v_n$ 都发散，则 $\sum_{n=1}^{\infty}(u_n+v_n)$ 必定发散

B. 若 $\sum_{n=1}^{\infty}u_n$ 收敛，$\sum_{n=1}^{\infty}v_n$ 发散，则 $\sum_{n=1}^{\infty}(u_n+v_n)$ 必定发散

C. 若 $\sum_{n=1}^{\infty}(u_n+v_n)$ 发散，则 $\sum_{n=1}^{\infty}u_n$ 与 $\sum_{n=1}^{\infty}v_n$ 都发散

D. 若 $\sum_{n=1}^{\infty}(u_n+v_n)$ 收敛，则 $\sum_{n=1}^{\infty}u_n$ 与 $\sum_{n=1}^{\infty}v_n$ 都收敛

(3) 设数项级数 $\sum_{n=1}^{\infty}u_n$ 收敛，则必定收敛的级数有 (　　)

A. $\sum_{n=1}^{\infty}nu_n$　　B. $\sum_{n=1}^{\infty}u_n^2$

C. $\sum_{n=1}^{\infty}(u_{2n-1}-u_{2n})$　　D. $\sum_{n=1}^{\infty}(u_n+u_{n+1})$

(4) 设 α 为非零常数,则数项级数 $\sum_{n=1}^{\infty}\frac{n+\alpha}{n^2}$ ( )

A. 条件收敛
B. 绝对收敛
C. 发散
D. 敛散性与 α 有关

(5) 下列级数绝对收敛的是 ( )

A. $\sum_{n=1}^{\infty}\frac{(-1)^n}{\sqrt{n}}$
B. $\sum_{n=1}^{\infty}\frac{1+2(-1)^n}{n}$
C. $\sum_{n=1}^{\infty}\frac{\sin n}{n^2}$
D. $\sum_{n=1}^{\infty}\frac{(-3)^n}{n^3}$

(6) 幂级数 $\sum_{n=0}^{\infty}\frac{\ln(n+1)}{n+1}x^{n+1}$ 的收敛域是 ( )

A. $\{0\}$
B. $(-\infty,+\infty)$
C. $[-1,1)$
D. $(-1,1)$

3. 解答题:

(1) 求下列函数的收敛区间和收敛域:

① $\sum_{n=1}^{\infty}\frac{1}{n^2}\left(\frac{x}{2}\right)^n$;
② $\sum_{n=1}^{\infty}\frac{(x-3)^n}{\sqrt{n}}$.

(2) 讨论下列级数的敛散性:

① $\sum_{n=1}^{\infty}\frac{1+n}{1+n^2}$;
② $\sum_{n=1}^{\infty}\sin\frac{\pi}{(n+1)^2}$;

③ $\sum_{n=1}^{\infty}\frac{5^{n-1}}{n!}$;
④ $\sum_{n=1}^{\infty}(-1)^n\frac{1}{n^{\frac{3}{2}}}$.

(3) 求幂级数 $\sum_{n=1}^{\infty}\frac{2n-1}{2^n}x^{2n-2}$ 的和函数,并求 $\sum_{n=1}^{\infty}\frac{2n-1}{2^n}$ 的和.

(4) 将 $f(x)=xe^x$ 展开成 $x=1$ 处的幂级数.

第 11 章

矩阵与线性方程组

行列式和矩阵是研究线性方程组时建立起来并得到广泛应用的一种数学工具，本章将介绍行列式和矩阵的一些基础知识、向量的一般概念和线性相关性，并讨论线性方程组的解法.

·学习目标·

1. 了解 n 阶行列式的定义，掌握行列式的性质，会应用行列式的性质和行列式按行(列)展开的方法计算行列式.

2. 理解矩阵的概念，掌握矩阵的线性运算、乘法运算、转置运算以及方阵的行列式.

3. 理解逆矩阵的概念，掌握逆矩阵的性质以及方阵可逆的充分必要条件，会求可逆矩阵的逆矩阵.

4. 掌握矩阵的初等变换，掌握用初等行变换求矩阵的秩、逆矩阵和解线性方程组的方法.

·重点、难点·

重点：行列式、矩阵的概念.

难点：线性方程组的求解.

§11-1 n 阶行列式

一、n 阶行列式的概念

人们在研究用加减消元法解一般的二元线性方程组$\begin{cases}a_{11}x+a_{12}y=b_1,\\a_{21}x+a_{22}y=b_2\end{cases}$时发现,分别消去$x,y$可得到方程组:$\begin{cases}(a_{11}a_{22}-a_{12}a_{21})x=b_1a_{22}-b_2a_{12},\\(a_{11}a_{22}-a_{12}a_{21})y=a_{11}b_2-a_{21}b_1.\end{cases}$

为方便记忆,我们把由a,b,c,d 4 个数排成的 2 行 2 列,在两侧各加一条竖线,用形如$\begin{vmatrix}a & b\\c & d\end{vmatrix}$的符号来表示$ad-bc$,即$\begin{vmatrix}a & b\\c & d\end{vmatrix}=ad-bc$.

符号$\begin{vmatrix}a & b\\c & d\end{vmatrix}$称为 2 阶行列式,$a,b,c,d$ 称为 2 阶行列式的元素,$ad-bc$ 称为 2 阶行列式的展开式. 于是,令 $D=\begin{vmatrix}a_{11} & a_{12}\\a_{21} & a_{22}\end{vmatrix}=a_{11}a_{22}-a_{12}a_{21}$,$D_1=\begin{vmatrix}b_1 & a_{12}\\b_2 & a_{22}\end{vmatrix}=b_1a_{22}-b_2a_{12}$,$D_2=\begin{vmatrix}a_{11} & b_1\\a_{21} & b_2\end{vmatrix}=a_{11}b_2-a_{21}b_1$,则当 $D\neq0$ 时,二元线性方程组的解可表示成 $x=\frac{D_1}{D}$,$y=\frac{D_2}{D}$.

进一步分析可以看出:D 由二元线性方程组的系数按原来相对的位置排列而成,故将 D 称为二元线性方程组的系数行列式;D_1,D_2 可看作是将 D 中的第 1 列、第 2 列分别用方程组右端的常数项替换得到的,并且它们所表示的代数式的运算规律与 D 完全相同.

通过上述研究,我们自然会想到对于一般的 n 元线性方程组是否具有上述类似的结论呢? 根据用 2 阶行列式解二元线性方程组的运算规律,解决这个问题的关键是研究由 n 元线性方程组的 n^2 个系数构成的 n 行 n 列的 n 阶行列式所表示的代数式及其运算规律. 为此,先研究 3 阶行列式.

设一般三元线性方程组$\begin{cases}a_{11}x+a_{12}y+a_{13}z=b_1,\\a_{21}x+a_{22}y+a_{23}z=b_2,\\a_{31}x+a_{32}y+a_{33}z=b_3\end{cases}$的系数行列式为 D,不难发现,用加减消元法分别消去未知数 x,y,z 中的两个,可得到每个方程只含一个未知数的方程组,其中任何一个方程中未知数的系数均为

$$a_{11}a_{22}a_{33}+a_{12}a_{23}a_{31}+a_{13}a_{21}a_{32}-a_{11}a_{23}a_{32}-a_{12}a_{21}a_{33}-a_{13}a_{22}a_{31}.$$

因此,应有

$$\begin{vmatrix} a_{11} & a_{12} & a_{13} \\ a_{21} & a_{22} & a_{23} \\ a_{31} & a_{32} & a_{33} \end{vmatrix}=a_{11}a_{22}a_{33}+a_{12}a_{23}a_{31}+a_{13}a_{21}a_{32}-a_{11}a_{23}a_{32}-a_{12}a_{21}a_{33}-a_{13}a_{22}a_{31}.$$

将上式右端改写成

$$a_{11}(a_{22}a_{33}-a_{23}a_{32})+a_{12}(a_{23}a_{31}-a_{21}a_{33})+a_{13}(a_{21}a_{32}-a_{22}a_{31}),$$

则有

$$\begin{vmatrix} a_{11} & a_{12} & a_{13} \\ a_{21} & a_{22} & a_{23} \\ a_{31} & a_{32} & a_{33} \end{vmatrix}=a_{11}\begin{vmatrix} a_{22} & a_{23} \\ a_{32} & a_{33} \end{vmatrix}-a_{12}\begin{vmatrix} a_{21} & a_{23} \\ a_{31} & a_{33} \end{vmatrix}+a_{13}\begin{vmatrix} a_{21} & a_{22} \\ a_{31} & a_{32} \end{vmatrix}.$$

令 $D_{11}=\begin{vmatrix} a_{22} & a_{23} \\ a_{32} & a_{33} \end{vmatrix}, D_{12}=\begin{vmatrix} a_{21} & a_{23} \\ a_{31} & a_{33} \end{vmatrix}, D_{13}=\begin{vmatrix} a_{21} & a_{22} \\ a_{31} & a_{32} \end{vmatrix}$，它们分别是划去 3 阶行列式的第 1 行与第 $j(j=1,2,3)$ 列，也就是划去 a_{1j} 所在行和列的元素后，所剩元素按原来的相对位置组成的 2 阶行列式，我们称 D_{1j} 为 $a_{1j}(j=1,2,3)$ 的余子式.

记 $A_{1j}=(-1)^{1+j}D_{1j}(j=1,2,3)$，即

$$A_{11}=(-1)^{1+1}D_{11}, A_{12}=(-1)^{1+2}D_{12}, A_{13}=(-1)^{1+3}D_{13},$$

称 A_{1j} 为 $a_{1j}(j=1,2,3)$ 的代数余子式.

利用代数余子式可得

$$\begin{vmatrix} a_{11} & a_{12} & a_{13} \\ a_{21} & a_{22} & a_{23} \\ a_{31} & a_{32} & a_{33} \end{vmatrix}=a_{11}A_{11}+a_{12}A_{12}+a_{13}A_{13}.$$

等式右边叫做 3 阶行列式按第一行的展开式，所以可用 2 阶行列式定义 3 阶行列式. 同理，可以利用 3 阶行列式定义 4 阶行列式，即可定义

$$\begin{vmatrix} a_{11} & a_{12} & a_{13} & a_{14} \\ a_{21} & a_{22} & a_{23} & a_{24} \\ a_{31} & a_{32} & a_{33} & a_{34} \\ a_{41} & a_{42} & a_{43} & a_{44} \end{vmatrix}=a_{11}\begin{vmatrix} a_{22} & a_{23} & a_{24} \\ a_{32} & a_{33} & a_{34} \\ a_{42} & a_{43} & a_{44} \end{vmatrix}-a_{12}\begin{vmatrix} a_{21} & a_{23} & a_{24} \\ a_{31} & a_{33} & a_{34} \\ a_{41} & a_{43} & a_{44} \end{vmatrix}+a_{13}\begin{vmatrix} a_{21} & a_{22} & a_{24} \\ a_{31} & a_{32} & a_{34} \\ a_{41} & a_{42} & a_{44} \end{vmatrix}$$

$$-a_{14}\begin{vmatrix} a_{21} & a_{22} & a_{23} \\ a_{31} & a_{32} & a_{33} \\ a_{41} & a_{42} & a_{43} \end{vmatrix}$$

$$=a_{11}D_{11}-a_{12}D_{12}+a_{13}D_{13}-a_{14}D_{14}$$

$$=a_{11}A_{11}+a_{12}A_{12}+a_{13}A_{13}+a_{14}A_{14}.$$

其中 D_{1j} 是 4 阶行列式中将 a_{1j} 所在的行和列的元素划去后得到的一个 3 阶行列式，称为 a_{1j} 的余子式，$A_{1j}=(-1)^{1+j}D_{1j}$ 称为 a_{1j} 的代数余子式$(j=1,2,3,4)$. 如此下去，可由 4 阶行列式定义 5 阶行列式等. 一般地，假设$(n-1)$阶行列式已经定义，现在来定义 n 阶行列式.

定义　由 n^2 个数构成的形如

$$\begin{vmatrix} a_{11} & a_{12} & \cdots & a_{1n} \\ a_{21} & a_{22} & \cdots & a_{2n} \\ \cdots & \cdots & \cdots & \cdots \\ a_{n1} & a_{n2} & \cdots & a_{nn} \end{vmatrix}$$

的符号称为 n 阶行列式，它表示由其中 n^2 个元素所组成的一个代数式的值，即

$$D=\begin{vmatrix} a_{11} & a_{12} & \cdots & a_{1n} \\ a_{21} & a_{22} & \cdots & a_{2n} \\ \cdots & \cdots & \cdots & \cdots \\ a_{n1} & a_{n2} & \cdots & a_{nn} \end{vmatrix}=a_{11}\begin{vmatrix} a_{22} & a_{23} & \cdots & a_{2n} \\ a_{32} & a_{33} & \cdots & a_{3n} \\ \cdots & \cdots & \cdots & \cdots \\ a_{n2} & a_{n3} & \cdots & a_{nn} \end{vmatrix}-a_{12}\begin{vmatrix} a_{21} & a_{23} & \cdots & a_{2n} \\ a_{31} & a_{33} & \cdots & a_{3n} \\ \cdots & \cdots & \cdots & \cdots \\ a_{n1} & a_{n3} & \cdots & a_{nn} \end{vmatrix}$$

$$+\cdots+(-1)^{1+n}a_{1n}\begin{vmatrix} a_{21} & a_{22} & \cdots & a_{2\,n-1} \\ a_{31} & a_{32} & \cdots & a_{3\,n-1} \\ \cdots & \cdots & \cdots & \cdots \\ a_{n1} & a_{n2} & \cdots & a_{n\,n-1} \end{vmatrix}.$$

其中，$a_{ij}\,(i,j=1,2,3,\cdots,n)$ 称为 n 阶行列式的**元素**，行列式左上角到右下角的对角线称为**主对角线**，位于主对角线上的元素称为主对角元素.

为了今后叙述方便，我们引入余子式、代数余子式的一般概念. 在 n 阶行列式中划去元素 a_{ij} 所在的第 i 行和第 j 列上的所有元素后得到的 $(n-1)$ 阶行列式，称为元素 a_{ij} 的**余子式**，记作 D_{ij}. 而将 $(-1)^{i+j}D_{ij}$ 称为元素 a_{ij} 的**代数余子式**，记作 A_{ij}，即 $A_{ij}=(-1)^{i+j}D_{ij}$. 利用代数余子式，n 阶行列式 D 可以表示为

$$D=a_{11}A_{11}+a_{12}A_{12}+\cdots+a_{1n}A_{1n}.$$

在一般情况下，按 n 阶行列式的定义直接计算阶数较高的行列式的值时，整个计算将会显得十分麻烦，为简化行列式的计算，先介绍行列式的主要性质.

二、行列式的主要性质

性质 1　行列式所有的行与相应的列互换，行列式的值不变.

$$\begin{vmatrix} a_{11} & a_{12} & \cdots & a_{1n} \\ a_{21} & a_{22} & \cdots & a_{2n} \\ \cdots & \cdots & \cdots & \cdots \\ a_{n1} & a_{n2} & \cdots & a_{nn} \end{vmatrix}=\begin{vmatrix} a_{11} & a_{21} & \cdots & a_{n1} \\ a_{12} & a_{22} & \cdots & a_{n2} \\ \cdots & \cdots & \cdots & \cdots \\ a_{1n} & a_{2n} & \cdots & a_{nn} \end{vmatrix}.$$

这两个行列式互称为**转置行列式**，行列式 D 的转置行列式记为 D^{T}，则性质 1 可表示为 $D=D^{\mathrm{T}}$.

例如，$A=\begin{vmatrix} 3 & 2 & 0 & 1 \\ -4 & -6 & -1 & -2 \\ 2 & 3 & 1 & 0 \\ -1 & -3 & -4 & -5 \end{vmatrix}=\begin{vmatrix} 3 & -4 & 2 & -1 \\ 2 & -6 & 3 & -3 \\ 0 & -1 & 1 & -4 \\ 1 & -2 & 0 & -5 \end{vmatrix}=A^{\mathrm{T}}.$

性质 2　行列式的任意两行(或列) 互换,行列式仅改变符号.

例如,行列式的第 1 行与第 2 行互换,有

$$\begin{vmatrix} a_{11} & a_{12} & a_{13} & a_{14} \\ a_{21} & a_{22} & a_{23} & a_{24} \\ a_{31} & a_{32} & a_{33} & a_{34} \\ a_{41} & a_{42} & a_{43} & a_{44} \end{vmatrix} = -\begin{vmatrix} a_{21} & a_{22} & a_{23} & a_{24} \\ a_{11} & a_{12} & a_{13} & a_{14} \\ a_{31} & a_{32} & a_{33} & a_{34} \\ a_{41} & a_{42} & a_{43} & a_{44} \end{vmatrix}.$$

推论　若行列式中某两行(或列)对应元素相同,则此行列式的值为零.

例如,$\begin{vmatrix} a_{11} & a_{12} & a_{13} \\ a_{11} & a_{12} & a_{13} \\ a_{31} & a_{32} & a_{33} \end{vmatrix} = 0.$

性质 3　行列式中某行(或列)的各元素有公因子时,可把公因子提到行列式符号前面.

例如,$\begin{vmatrix} ka_{11} & ka_{12} & ka_{13} & ka_{14} \\ a_{21} & a_{22} & a_{23} & a_{24} \\ a_{31} & a_{32} & a_{33} & a_{34} \\ a_{41} & a_{42} & a_{43} & a_{44} \end{vmatrix} = k\begin{vmatrix} a_{11} & a_{12} & a_{13} & a_{14} \\ a_{21} & a_{22} & a_{23} & a_{24} \\ a_{31} & a_{32} & a_{33} & a_{34} \\ a_{41} & a_{42} & a_{43} & a_{44} \end{vmatrix}.$

推论 1　若行列式有一行(或列)的各元素都是零,则此行列式等于零.

例如,$\begin{vmatrix} a_{11} & a_{12} & a_{13} & a_{14} \\ 0 & 0 & 0 & 0 \\ a_{31} & a_{32} & a_{33} & a_{34} \\ a_{41} & a_{42} & a_{43} & a_{44} \end{vmatrix} = 0.$

推论 2　若行列式有两行(或列)对应元素成比例,则此行列式的值等于零.

例如,$\begin{vmatrix} a_{11} & a_{12} & a_{13} & a_{14} \\ ka_{11} & ka_{12} & ka_{13} & ka_{14} \\ a_{31} & a_{32} & a_{33} & a_{34} \\ a_{41} & a_{42} & a_{43} & a_{44} \end{vmatrix} = k\begin{vmatrix} a_{11} & a_{12} & a_{13} & a_{14} \\ a_{11} & a_{12} & a_{13} & a_{14} \\ a_{31} & a_{32} & a_{33} & a_{34} \\ a_{41} & a_{42} & a_{43} & a_{44} \end{vmatrix} = 0.$

性质 4　行列式某一行(或列)的各元素是两数之和,则可将这一行列式按这两数分成两个行列式之和.

例如,$\begin{vmatrix} a_{11}+b_{11} & a_{12}+b_{12} & a_{13}+b_{13} & a_{14}+b_{14} \\ a_{21} & a_{22} & a_{23} & a_{24} \\ a_{31} & a_{32} & a_{33} & a_{34} \\ a_{41} & a_{42} & a_{43} & a_{44} \end{vmatrix}$

$$= \begin{vmatrix} a_{11} & a_{12} & a_{13} & a_{14} \\ a_{21} & a_{22} & a_{23} & a_{24} \\ a_{31} & a_{32} & a_{33} & a_{34} \\ a_{41} & a_{42} & a_{43} & a_{44} \end{vmatrix} + \begin{vmatrix} b_{11} & b_{12} & b_{13} & b_{14} \\ a_{21} & a_{22} & a_{23} & a_{24} \\ a_{31} & a_{32} & a_{33} & a_{34} \\ a_{41} & a_{42} & a_{43} & a_{44} \end{vmatrix}.$$

性质 5　行列式的某一行(或列)的各元素加上另一行(或列)对应元素的 k 倍,则行列式

的值不变.

例如,$\begin{vmatrix} a_{11} & a_{12} & a_{13} & a_{14} \\ a_{21} & a_{22} & a_{23} & a_{24} \\ a_{31} & a_{32} & a_{33} & a_{34} \\ a_{41} & a_{42} & a_{43} & a_{44} \end{vmatrix} = \begin{vmatrix} a_{11} & a_{12} & a_{13} & a_{14} \\ a_{21}+ka_{11} & a_{22}+ka_{12} & a_{23}+ka_{13} & a_{24}+ka_{14} \\ a_{31} & a_{32} & a_{33} & a_{34} \\ a_{41} & a_{42} & a_{43} & a_{44} \end{vmatrix}$.

性质 6 行列式等于它的任意一行(或列)的各元素与对应的代数余子式的乘积之和.

例如,$D=\begin{vmatrix} a_{11} & a_{12} & a_{13} & a_{14} \\ a_{21} & a_{22} & a_{23} & a_{24} \\ a_{31} & a_{32} & a_{33} & a_{34} \\ a_{41} & a_{42} & a_{43} & a_{44} \end{vmatrix}$,则

按第 1 行展开为 $D=a_{11}A_{11}+a_{12}A_{12}+a_{13}A_{13}+a_{14}A_{14}$;

按第 2 行展开为 $D=a_{21}A_{21}+a_{22}A_{22}+a_{23}A_{23}+a_{24}A_{24}$;

按第 3 列展开为 $D=a_{13}A_{13}+a_{23}A_{23}+a_{33}A_{33}+a_{43}A_{43}$.

性质 7 行列式 D 中,任一行(或列)的各元素与另一行(或列)相应元素的代数余子式的乘积之和等于零.

对 4 阶行列式,性质 6 和性质 7 可以合写成

$$a_{i1}A_{j1}+a_{i2}A_{j2}+a_{i3}A_{j3}+a_{i4}A_{j4}=\begin{cases} D, & i=j, \\ 0, & i\neq j \end{cases}$$

或

$$a_{1i}A_{1j}+a_{2i}A_{2j}+a_{3i}A_{3j}+a_{4i}A_{4j}=\begin{cases} D, & i=j, \\ 0, & i\neq j. \end{cases}$$

三、行列式的计算

利用行列式的性质,可以简化行列式的计算,现举例如下:

例 1 计算:$D=\begin{vmatrix} 1 & -1 & 2 & 1 \\ 2 & 1 & 2 & 0 \\ 3 & 1 & 0 & -1 \\ -2 & -1 & 1 & 2 \end{vmatrix}$.

解 $\begin{vmatrix} 1 & -1 & 2 & 1 \\ 2 & 1 & 2 & 0 \\ 3 & 1 & 0 & -1 \\ -2 & -1 & 1 & 2 \end{vmatrix} \xlongequal[\substack{③行+(-1)\times②行 \\ ④行+②行}]{①行+②行} \begin{vmatrix} 3 & 0 & 4 & 1 \\ 2 & 1 & 2 & 0 \\ 1 & 0 & -2 & -1 \\ 0 & 0 & 3 & 2 \end{vmatrix} \xlongequal{按第 2 列展开}$

$(-1)^{2+2}\begin{vmatrix} 3 & 4 & 1 \\ 1 & -2 & -1 \\ 0 & 3 & 2 \end{vmatrix} \xlongequal[③列+①列]{②列+①列\times 2} \begin{vmatrix} 3 & 10 & 4 \\ 1 & 0 & 0 \\ 0 & 3 & 2 \end{vmatrix} \xlongequal{按第 2 行展开} (-1)^{2+1}\begin{vmatrix} 10 & 4 \\ 3 & 2 \end{vmatrix}$

$=-(20-12)=-8$.

利用行列式的性质，将 n 阶行列式的某行(或列)中的元素化为只有一个元素不等于零，由此转化为 $n-1$ 阶行列式的计算，这是常用的**降阶计算法**.

例 2　计算：$D=\begin{vmatrix} a_{11} & a_{12} & a_{13} & \cdots & a_{1\,n-1} & a_{1\,n} \\ 0 & a_{22} & a_{23} & \cdots & a_{2\,n-1} & a_{2\,n} \\ 0 & 0 & a_{33} & \cdots & a_{3\,n-1} & a_{3\,n} \\ \cdots & \cdots & \cdots & \cdots & \cdots & \cdots \\ 0 & 0 & 0 & \cdots & a_{n-1\,n-1} & a_{n-1\,n} \\ 0 & 0 & 0 & \cdots & 0 & a_{n\,n} \end{vmatrix}$.

解　将行列式按第 1 列逐步展开

$$D=a_{11}\begin{vmatrix} a_{22} & a_{23} & \cdots & a_{2\,n-1} & a_{2\,n} \\ 0 & a_{33} & \cdots & a_{3\,n-1} & a_{3\,n} \\ \cdots & \cdots & \cdots & \cdots & \cdots \\ 0 & 0 & \cdots & a_{n-1\,n-1} & a_{n-1\,n} \\ 0 & 0 & \cdots & 0 & a_{n\,n} \end{vmatrix}=a_{11}a_{22}\begin{vmatrix} a_{33} & a_{34} & \cdots & a_{3\,n-1} & a_{3\,n} \\ 0 & a_{44} & \cdots & a_{4\,n-1} & a_{4\,n} \\ \cdots & \cdots & \cdots & \cdots & \cdots \\ 0 & 0 & \cdots & a_{n-1\,n-1} & a_{n-1\,n} \\ 0 & 0 & \cdots & 0 & a_{n\,n} \end{vmatrix}$$

$$=\cdots=a_{11}a_{22}a_{33}\cdots a_{nn}.$$

形如例 2 的行列式称为**上三角形行列式**，其特征是主对角线下侧元素全为零，如行列式主对角线上侧元素全为零，称这类行列式为**下三角形行列式**. 利用行列式的性质化行列式为上(下)三角形形式的计算方法称为**化三角形法**.

例 3　计算：$D=\begin{vmatrix} 3 & 1 & -1 & 2 \\ -5 & 1 & 3 & -4 \\ 2 & 0 & 1 & -1 \\ 1 & -5 & 3 & -3 \end{vmatrix}$.

解　$$D\xlongequal[\text{对换}]{\text{①列、②列}}-\begin{vmatrix} 1 & 3 & -1 & 2 \\ 1 & -5 & 3 & -4 \\ 0 & 2 & 1 & -1 \\ -5 & 1 & 3 & -3 \end{vmatrix}\xlongequal[a_{41}]{\text{消去 }a_{21},}\begin{vmatrix} 1 & 3 & -1 & 2 \\ 0 & -8 & 4 & -6 \\ 0 & 2 & 1 & -1 \\ 0 & 16 & -2 & 7 \end{vmatrix}$$

$$\xlongequal[\text{对换}]{\text{②行、③行}}\begin{vmatrix} 1 & 3 & -1 & 2 \\ 0 & 2 & 1 & -1 \\ 0 & -8 & 4 & -6 \\ 0 & 16 & -2 & 7 \end{vmatrix}\xlongequal[a_{42}]{\text{消去 }a_{32},}\begin{vmatrix} 1 & 3 & -1 & 2 \\ 0 & 2 & 1 & -1 \\ 0 & 0 & 8 & -10 \\ 0 & 0 & -10 & 15 \end{vmatrix}$$

$$\xlongequal{\text{消去 }a_{43}}\begin{vmatrix} 1 & 3 & -1 & 2 \\ 0 & 2 & 1 & -1 \\ 0 & 0 & 8 & -10 \\ 0 & 0 & 0 & \frac{5}{2} \end{vmatrix}=1\times2\times8\times\frac{5}{2}=40.$$

例 4 计算：$D=\begin{vmatrix}3&1&1&1\\1&3&1&1\\1&1&3&1\\1&1&1&3\end{vmatrix}$.

解 这个行列式的特点是各列 4 个数之和都是 6，现把第 2、第 3、第 4 行同时加到第 1 行，提取公因子 6，然后各行减去第 1 行.

$$D=\begin{vmatrix}6&6&6&6\\1&3&1&1\\1&1&3&1\\1&1&1&3\end{vmatrix}=6\begin{vmatrix}1&1&1&1\\1&3&1&1\\1&1&3&1\\1&1&1&3\end{vmatrix}=6\begin{vmatrix}1&1&1&1\\0&2&0&0\\0&0&2&0\\0&0&0&2\end{vmatrix}=48.$$

例 5 证明：$\begin{vmatrix}c&a&d&b\\a&c&d&b\\a&c&b&d\\c&a&b&d\end{vmatrix}=0$.

证
$$\begin{vmatrix}c&a&d&b\\a&c&d&b\\a&c&b&d\\c&a&b&d\end{vmatrix}=\begin{vmatrix}c&a&d&b\\a&c&d&b\\a+c&c+a&b+d&d+b\\c+a&a+c&b+d&d+b\end{vmatrix}$$
$$=\begin{vmatrix}c&a&d&b\\a&c&d&b\\a+c&a+c&b+d&b+d\\a+c&a+c&b+d&b+d\end{vmatrix}=0.$$

四、克莱姆法则

含有 n 个未知量 $x_1,x_2,x_3,\cdots,x_n$ 的 n 个线性方程的方程组

$$\begin{cases}a_{11}x_1+a_{12}x_2+\cdots+a_{1n}x_n=b_1,\\a_{21}x_1+a_{22}x_2+\cdots+a_{2n}x_n=b_2,\\\cdots\cdots\cdots\cdots\cdots\cdots\cdots\cdots\cdots\cdots\\a_{n1}x_1+a_{n2}x_2+\cdots+a_{nn}x_n=b_n.\end{cases}\tag{1}$$

如果线性方程组(1)的系数行列式不等于零，即

$$D=\begin{vmatrix}a_{11}&a_{12}&\cdots&a_{1n}\\a_{21}&a_{22}&\cdots&a_{2n}\\\cdots&\cdots&\cdots&\cdots\\a_{n1}&a_{n2}&\cdots&a_{nn}\end{vmatrix}\neq0,$$

那么方程组有唯一解

$$x_1=\frac{D_1}{D},x_2=\frac{D_2}{D},\cdots,x_n=\frac{D_n}{D}.$$

其中 $D_j(j=1,2,\cdots,n)$ 是用方程组(1)右端的常数项替换 D 中的第 j 列元素所得到的 n 阶行列式,即

$$D_j=\begin{vmatrix} a_{11} & a_{12} & \cdots & a_{1\,j-1} & b_1 & a_{1\,j+1} & \cdots & a_{1n} \\ a_{21} & a_{22} & \cdots & a_{2\,j-1} & b_2 & a_{2\,j+1} & \cdots & a_{2n} \\ \cdots & \cdots & \cdots & \cdots & \cdots & \cdots & \cdots & \cdots \\ a_{n1} & a_{n2} & \cdots & a_{n\,j-1} & b_n & a_{n\,j+1} & \cdots & a_{nn} \end{vmatrix}.$$

上述线性方程组的解法,称为**克莱姆法则**.

当方程组(1)右边常数项全为零时,即

$$\begin{cases} a_{11}x_1+a_{12}x_2+\cdots+a_{1n}x_n=0, \\ a_{21}x_1+a_{22}x_2+\cdots+a_{2n}x_n=0, \\ \cdots\cdots\cdots\cdots\cdots\cdots\cdots\cdots \\ a_{n1}x_1+a_{n2}x_2+\cdots+a_{nn}x_n=0, \end{cases} \tag{2}$$

称为**齐次线性方程组**.

$x_1=x_2=\cdots=x_n=0$ 显然是齐次线性方程组(2)的解,称为**零解**. 如果齐次线性方程组(2)除了零解外,还有 $x_1,x_2,\cdots,x_n$ 不全为零的解,称为**非零解**. 当齐次线性方程组的行列式 $D\neq0$ 时,按克莱姆法则,齐次线性方程组有唯一解——零解. 因此 $D=0$ 是齐次线性方程组(2)有非零解的必要条件,可以证明这个条件也是充分的.

例 6　用克莱姆法则解方程组

$$\begin{cases} 2x_1+x_2-5x_3+x_4=8, \\ x_1-3x_2-6x_4=9, \\ 2x_2-x_3+2x_4=-5, \\ x_1+4x_2-7x_3+6x_4=0. \end{cases}$$

解　因为

$$D=\begin{vmatrix} 2 & 1 & -5 & 1 \\ 1 & -3 & 0 & -6 \\ 0 & 2 & -1 & 2 \\ 1 & 4 & -7 & 6 \end{vmatrix}=27\neq0,$$

根据克莱姆法则,方程组有唯一解,且

$$D_1=\begin{vmatrix} 8 & 1 & -5 & 1 \\ 9 & -3 & 0 & -6 \\ -5 & 2 & -1 & 2 \\ 0 & 4 & -7 & 6 \end{vmatrix}=81,D_2=\begin{vmatrix} 2 & 8 & -5 & 1 \\ 1 & 9 & 0 & -6 \\ 0 & -5 & -1 & 2 \\ 1 & 0 & -7 & 6 \end{vmatrix}=-108,$$

$$D_3=\begin{vmatrix}2&1&8&1\\1&-3&9&-6\\0&2&-5&2\\1&4&0&6\end{vmatrix}=-27,\ D_4=\begin{vmatrix}2&1&-5&8\\1&-3&0&9\\0&2&-1&-5\\1&4&-7&0\end{vmatrix}=27.$$

所以方程组的解为

$$x_1=\frac{81}{27}=3,x_2=-\frac{108}{27}=-4,x_3=\frac{-27}{27}=-1,x_4=\frac{27}{27}=1.$$

随堂练习 11-1

1. 根据行列式的定义,按第 1 行展开下列各行列式:

(1) $\begin{vmatrix}x&y&z&w\\1&1&2&1\\1&2&1&1\\2&1&1&1\end{vmatrix}$;　　(2) $\begin{vmatrix}s&t&u&v\\2&1&1&1\\1&3&1&1\\1&1&4&1\end{vmatrix}$.

2. 按指定的行或列展开并计算下列各行列式:

(1) $\begin{vmatrix}3&2&1&x\\2&1&3&y\\1&3&2&z\\6&6&6&w\end{vmatrix}$按第 4 列展开;　　(2) $\begin{vmatrix}0&1&1&1\\s&t&u&v\\1&1&0&1\\1&1&1&0\end{vmatrix}$按第 2 行展开.

3. 利用行列式的性质计算下列各行列式:

(1) $\begin{vmatrix}1&1&2\\2&1&1\\1&2&1\end{vmatrix}$;　　(2) $\begin{vmatrix}1&1&1\\a&b&c\\b+c&c+a&a+b\end{vmatrix}$;

(3) $\begin{vmatrix}1+\cos x&1+\sin x&1\\1-\cos x&1+\cos x&1\\1&1&1\end{vmatrix}$;　　(4) $\begin{vmatrix}1&1&1&1\\1&-1&1&1\\1&1&-1&1\\1&1&1&-1\end{vmatrix}$;

(5) $\begin{vmatrix}0&1&1&1\\1&0&1&1\\1&1&0&1\\1&1&1&0\end{vmatrix}$;　　(6) $\begin{vmatrix}-1&2&-2&1\\2&3&1&-1\\2&0&0&3\\4&1&0&1\end{vmatrix}$.

4. 用克莱姆法则解下列各方程组:

(1) $\begin{cases} x_1+x_2+2x_3+3x_4=1, \\ 3x_1+x_2-x_3-2x_4=-4, \\ 2x_1-3x_2-x_3-x_4=-6, \\ x_1+2x_2+3x_3-x_4=-4; \end{cases}$　(2) $\begin{cases} x_1+x_2+x_3+x_4+3x_5=1, \\ x_1+x_2+x_3+3x_4+x_5=2, \\ x_1+x_2+3x_3+x_4+x_5=3, \\ x_1+3x_2+x_3+x_4+x_5=4, \\ 3x_1+x_2+x_3+x_4+x_5=5. \end{cases}$

习 题 11-1

1. 利用行列式的性质计算下列各行列式：

(1) $\begin{vmatrix} 1 & 6 & 7 & 0 & 8 \\ 0 & 2 & 0 & 0 & 9 \\ 0 & 10 & 3 & 0 & 11 \\ 12 & 13 & 14 & 4 & 15 \\ 0 & 0 & 0 & 0 & 5 \end{vmatrix}$；　(2) $\begin{vmatrix} 5 & 1 & 1 & 1 & 1 \\ 1 & 4 & 0 & 0 & 0 \\ 1 & 0 & 3 & 0 & 0 \\ 1 & 0 & 0 & 2 & 0 \\ 1 & 0 & 0 & 0 & 1 \end{vmatrix}$；

(3) $\begin{vmatrix} 1 & 4 & 4 & 4 & 4 \\ 4 & 2 & 4 & 4 & 4 \\ 4 & 4 & 3 & 4 & 4 \\ 4 & 4 & 4 & 4 & 4 \\ 4 & 4 & 4 & 4 & 5 \end{vmatrix}$；　(4) $\begin{vmatrix} a_{11} & a_{12} & a_{13} & a_{14} \\ a_{21} & a_{22} & a_{23} & 0 \\ a_{31} & a_{32} & 0 & 0 \\ a_{41} & 0 & 0 & 0 \end{vmatrix}$.

2. 利用行列式的性质证明：

(1) $\begin{vmatrix} 1 & a & a^2-bc \\ 1 & b & b^2-ca \\ 1 & c & c^2-ab \end{vmatrix}=0$；　(2) $\begin{vmatrix} 1 & a & a^2 \\ 1 & b & b^2 \\ 1 & c & c^2 \end{vmatrix}=(a-b)(b-c)(c-a)$；

(3) $\begin{vmatrix} a^2 & (a+1)^2 & (a+2)^2 \\ b^2 & (b+1)^2 & (b+2)^2 \\ c^2 & (c+1)^2 & (c+2)^2 \end{vmatrix}=4(a-c)(c-b)(b-a)$；

(4) $\begin{vmatrix} \cos\alpha & \sin\alpha & 0 & 0 \\ -\sin\alpha & \cos\alpha & 0 & 0 \\ 0 & 0 & \cos\beta & \sin\beta \\ 0 & 0 & -\sin\beta & \cos\beta \end{vmatrix}=1$.

3. 用克莱姆法则解下列方程组：

$$\begin{cases} x_1+2x_2+3x_3+4x_4=2, \\ 4x_1+x_2+2x_3+3x_4=2, \\ 3x_1+4x_2+x_3+2x_4=2, \\ 2x_1+3x_2+4x_3+x_4=2. \end{cases}$$

§11-2　矩阵的概念和矩阵的运算

一、矩阵的概念

定义 1　由 $m\times n$ 个数 $a_{ij}(i=1,2,\cdots,m;j=1,2,\cdots,n)$ 排成的 m 行 n 列的表

$$\begin{pmatrix} a_{11} & a_{12} & \cdots & a_{1n} \\ a_{21} & a_{22} & \cdots & a_{2n} \\ \cdots & \cdots & \cdots & \cdots \\ a_{m1} & a_{m2} & \cdots & a_{mn} \end{pmatrix}$$

称为 m 行 n 列**矩阵**(或 $m\times n$ 矩阵),$a_{ij}(i=1,2,\cdots,m;j=1,2,\cdots,n)$ 称为矩阵的**元素**.

矩阵常用大写字母 $\boldsymbol{A},\boldsymbol{B},\boldsymbol{C},\cdots$ 等表示.

例如,

$$\boldsymbol{A}=\begin{pmatrix} a_{11} & a_{12} & \cdots & a_{1n} \\ a_{21} & a_{22} & \cdots & a_{2n} \\ \cdots & \cdots & \cdots & \cdots \\ a_{m1} & a_{m2} & \cdots & a_{mn} \end{pmatrix}$$

或简写为

$$\boldsymbol{A}=(a_{ij})_{m\times n}.$$

只有一列的矩阵

$$\boldsymbol{A}=\begin{pmatrix} a_{11} \\ a_{21} \\ \cdots \\ a_{n1} \end{pmatrix}$$

称为**列矩阵**.

只有一行的矩阵　$\boldsymbol{A}=(a_{11} \quad a_{12} \quad \cdots \quad a_{1n})$

称为**行矩阵**.

元素全为零的矩阵称为**零矩阵**,记为 $\boldsymbol{O}$.

当 $m=n$ 时,矩阵的行数与列数相等,这时矩阵称为 **n 阶方阵**,一个 n 阶方阵从左上角到右下角的对角线称为**主对角线**.一个方阵如果除主对角线上的元素外,其余元素均为 0,即

$$\boldsymbol{A}=\begin{pmatrix} a_{11} & 0 & \cdots & 0 \\ 0 & a_{22} & \cdots & 0 \\ \cdots & \cdots & \cdots & \cdots \\ 0 & 0 & \cdots & a_{nn} \end{pmatrix},$$

这样的方阵称为**对角方阵**.

主对角线上的元素都是 1，其他元素都是零的 n 阶方阵称为**单位矩阵**，记作 $\boldsymbol{E}$，即

$$\boldsymbol{E}=\begin{pmatrix}1&0&\cdots&0\\0&1&\cdots&0\\\cdots&\cdots&\cdots&\cdots\\0&0&\cdots&1\end{pmatrix}.$$

把矩阵 $\boldsymbol{A}$ 的行依次换成相应的列所得到的矩阵称为矩阵 $\boldsymbol{A}$ 的**转置矩阵**，记作 $\boldsymbol{A}^{\mathrm{T}}$.

例如，矩阵
$$\boldsymbol{A}=\begin{pmatrix}3&2&4&1\\0&5&-3&2\\-1&3&8&6\end{pmatrix}$$
的转置矩阵是
$$\boldsymbol{A}^{\mathrm{T}}=\begin{pmatrix}3&0&-1\\2&5&3\\4&-3&8\\1&2&6\end{pmatrix}.$$

显然，$(\boldsymbol{A}^{\mathrm{T}})^{\mathrm{T}}=\boldsymbol{A}$.

如果 $\boldsymbol{A}=(a_{ij})$ 与 $\boldsymbol{B}=(b_{ij})$ 都是 m 行 n 列矩阵，并且它们的对应元素都相等，即

$$a_{ij}=b_{ij}\ (i=1,2,\cdots,m;j=1,2,\cdots,n),$$

则称矩阵 $\boldsymbol{A}$ 与矩阵 $\boldsymbol{B}$ 是相等的，记作 $\boldsymbol{A}=\boldsymbol{B}$.

二、矩阵的运算

1. 矩阵的加法与减法

定义 2　设 $\boldsymbol{A}=(a_{ij})$ 与 $\boldsymbol{B}=(b_{ij})$ 是两个 $m\times n$ 矩阵，以矩阵 $\boldsymbol{A}$ 与 $\boldsymbol{B}$ 的对应元素的和（或差）为元素的 $m\times n$ 矩阵，称为矩阵 $\boldsymbol{A}$ 和矩阵 $\boldsymbol{B}$ 的和（或差），记作 $\boldsymbol{A}+\boldsymbol{B}$（或 $\boldsymbol{A}-\boldsymbol{B}$），即

$$\boldsymbol{A}\pm\boldsymbol{B}=(a_{ij}\pm b_{ij}).$$

矩阵的加（减）法运算就是矩阵对应元素相加（减）. 当然，相加（减）的矩阵必须要有相同的行数和列数.

例如，设 $\boldsymbol{A}=\begin{pmatrix}5&6&-7\\4&3&1\end{pmatrix}$，$\boldsymbol{B}=\begin{pmatrix}6&8&-4\\9&-1&3\end{pmatrix}$，则

$$\boldsymbol{A}+\boldsymbol{B}=\begin{pmatrix}5+6&6+8&(-7)+(-4)\\4+9&3+(-1)&1+3\end{pmatrix}=\begin{pmatrix}11&14&-11\\13&2&4\end{pmatrix},$$

$$\boldsymbol{A}-\boldsymbol{B}=\begin{pmatrix}5-6&6-8&(-7)-(-4)\\4-9&3-(-1)&1-3\end{pmatrix}=\begin{pmatrix}-1&-2&-3\\-5&4&-2\end{pmatrix}.$$

$\boldsymbol{A}+\boldsymbol{B}$ 和 $\boldsymbol{A}-\boldsymbol{B}$ 仍是 2 行 3 列的矩阵.

容易验证，矩阵的加法运算满足以下规律：

（1）**交换律**　$\boldsymbol{A}+\boldsymbol{B}=\boldsymbol{B}+\boldsymbol{A}$；

（2）**结合律**　$(\boldsymbol{A}+\boldsymbol{B})+\boldsymbol{C}=\boldsymbol{A}+(\boldsymbol{B}+\boldsymbol{C})$.

例 1 已知

$$A=\begin{pmatrix}0&4&8\\8&2&-4\\-6&4&-2\end{pmatrix},B=\begin{pmatrix}0&x_1&x_2\\x_1&2&x_3\\x_2&x_3&-2\end{pmatrix},C=\begin{pmatrix}0&y_1&y_2\\-y_1&0&y_3\\-y_2&-y_3&0\end{pmatrix},\text{且 } A=B+C.$$

求 $\boldsymbol{B}$ 和 $\boldsymbol{C}$ 中未知数 x_1,x_2,x_3 和 y_1,y_2,y_3.

解 由 $\boldsymbol{A}=\boldsymbol{B}+\boldsymbol{C}$,得

$$\begin{pmatrix}0&4&8\\8&2&-4\\-6&4&-2\end{pmatrix}=\begin{pmatrix}0&x_1+y_1&x_2+y_2\\x_1-y_1&2&x_3+y_3\\x_2-y_2&x_3-y_3&-2\end{pmatrix}.$$

按矩阵相等的定义,得方程组

$$\begin{cases}x_1+y_1=4,\\x_1-y_1=8;\end{cases}\quad\begin{cases}x_2+y_2=8,\\x_2-y_2=-6;\end{cases}\quad\begin{cases}x_3+y_3=-4,\\x_3-y_3=4.\end{cases}$$

解得 $x_1=6,x_2=1,x_3=0;\ y_1=-2,y_2=7,y_3=-4.$

即当 $\boldsymbol{B}=\begin{pmatrix}0&6&1\\6&2&0\\1&0&-2\end{pmatrix},\boldsymbol{C}=\begin{pmatrix}0&-2&7\\2&0&-4\\-7&4&0\end{pmatrix}$ 时,有 $\boldsymbol{B}+\boldsymbol{C}=\boldsymbol{A}$.

2. 数与矩阵相乘

定义 3 数 k 乘以矩阵 $\boldsymbol{A}=(a_{ij})$ 的每个元素所得的矩阵 (ka_{ij}) 称为数 k 与矩阵 $\boldsymbol{A}$ 的乘积,记作 $k\boldsymbol{A}$,即 $k\boldsymbol{A}=(ka_{ij})$,并且规定 $\boldsymbol{A}k=k\boldsymbol{A}$,$(-1)\boldsymbol{B}=-\boldsymbol{B}$.

由定义可看出 $\boldsymbol{A}-\boldsymbol{B}=\boldsymbol{A}+(-\boldsymbol{B})$.

数与矩阵相乘满足以下规律:

(1) **分配律** $(k_1+k_2)\boldsymbol{A}=k_1\boldsymbol{A}+k_2\boldsymbol{A},k(\boldsymbol{A}+\boldsymbol{B})=k\boldsymbol{A}+k\boldsymbol{B}$;

(2) **结合律** $k_1(k_2\boldsymbol{A})=(k_1k_2)\boldsymbol{A}$.

例 2 已知 $\boldsymbol{A}=\begin{pmatrix}2&1&-2\\3&2&1\end{pmatrix},\boldsymbol{B}=\begin{pmatrix}0&-1&2\\3&2&-1\end{pmatrix}$,求 $2\left(\boldsymbol{A}+\frac{1}{2}\boldsymbol{B}\right)$.

解 $2\left(\boldsymbol{A}+\frac{1}{2}\boldsymbol{B}\right)=2\boldsymbol{A}+\boldsymbol{B}=\begin{pmatrix}4&2&-4\\6&4&2\end{pmatrix}+\begin{pmatrix}0&-1&2\\3&2&-1\end{pmatrix}=\begin{pmatrix}4&1&-2\\9&6&1\end{pmatrix}.$

3. 矩阵与矩阵的乘法

设 $$\boldsymbol{A}=\begin{pmatrix}8&-2\\4&1\end{pmatrix},\ \boldsymbol{B}=\begin{pmatrix}1&3&5\\0&4&2\end{pmatrix},$$

我们按下列法则作出一个新的矩阵 $\boldsymbol{C}$.

用矩阵 $\boldsymbol{A}$ 的第 i 行的元素与矩阵 $\boldsymbol{B}$ 的第 j 列相应的元素之积的和作为矩阵 $\boldsymbol{C}$ 的元素 c_{ij}.

例如,

$$c_{11}=8\times1+(-2)\times0=8,$$
$$c_{21}=4\times1+1\times0=4,$$
$$\cdots,$$
$$c_{23}=4\times5+1\times2=22,$$

即 $\boldsymbol{C}$ 为 2 行 3 列的矩阵

$$\boldsymbol{C}=\begin{pmatrix}8 & 16 & 36\\4 & 16 & 22\end{pmatrix}.$$

我们把矩阵 $\boldsymbol{C}$ 称为矩阵 $\boldsymbol{A}$ 与矩阵 $\boldsymbol{B}$ 的积.

定义 4　设 $\boldsymbol{A}$ 是 m 行 n 列的矩阵，$\boldsymbol{B}$ 是 n 行 p 列的矩阵，$\boldsymbol{C}$ 是 m 行 p 列的矩阵，若矩阵 $\boldsymbol{C}$ 的元素 c_{ij} 为 $\boldsymbol{A}$ 的第 i 行元素与 $\boldsymbol{B}$ 的第 j 列对应元素乘积之和，即

$$c_{ij}=\sum_{k=1}^{n}a_{ik}b_{kj}\,(i=1,2,\cdots,m;j=1,2,\cdots,p),$$

则称矩阵 $\boldsymbol{C}$ 为矩阵 $\boldsymbol{A}$ 与矩阵 $\boldsymbol{B}$ 的**乘积**，记作 $\boldsymbol{C}=\boldsymbol{AB}$.

必须注意，两个矩阵相乘，只有当左边的矩阵的列数与右边矩阵的行数相等时，乘积才有意义，否则没有意义. 容易看出，上例中 $\boldsymbol{BA}$ 就没有意义.

例 3　求矩阵 $\boldsymbol{A}=\begin{pmatrix}1 & 0 & 3 & -1\\2 & 1 & 0 & 2\end{pmatrix}$，$\boldsymbol{B}=\begin{pmatrix}4 & 1 & 0\\-1 & 1 & 3\\2 & 0 & 1\\1 & 3 & 4\end{pmatrix}$的乘积 $\boldsymbol{AB}$.

解　$\boldsymbol{C}=\boldsymbol{AB}=\begin{pmatrix}1 & 0 & 3 & -1\\2 & 1 & 0 & 2\end{pmatrix}\begin{pmatrix}4 & 1 & 0\\-1 & 1 & 3\\2 & 0 & 1\\1 & 3 & 4\end{pmatrix}=\begin{pmatrix}9 & -2 & -1\\9 & 9 & 11\end{pmatrix}.$

例 4　已知矩阵

$$\boldsymbol{A}=\begin{pmatrix}a_1 & b_1 & c_1\\a_2 & b_2 & c_2\\a_3 & b_3 & c_3\end{pmatrix},\ \boldsymbol{E}=\begin{pmatrix}1 & 0 & 0\\0 & 1 & 0\\0 & 0 & 1\end{pmatrix},$$

求 $\boldsymbol{AE}$ 和 $\boldsymbol{EA}$.

解　$\boldsymbol{AE}=\begin{pmatrix}a_1 & b_1 & c_1\\a_2 & b_2 & c_2\\a_3 & b_3 & c_3\end{pmatrix}\begin{pmatrix}1 & 0 & 0\\0 & 1 & 0\\0 & 0 & 1\end{pmatrix}=\boldsymbol{A}$，$\boldsymbol{EA}=\begin{pmatrix}1 & 0 & 0\\0 & 1 & 0\\0 & 0 & 1\end{pmatrix}\begin{pmatrix}a_1 & b_1 & c_1\\a_2 & b_2 & c_2\\a_3 & b_3 & c_3\end{pmatrix}=\boldsymbol{A}.$

由例 4 可知，在矩阵乘法中，单位矩阵 $\boldsymbol{E}$ 所起的作用与普通代数中数 1 的作用类似，即 $\boldsymbol{AE}=\boldsymbol{A}$，$\boldsymbol{EA}=\boldsymbol{A}$. 但当 $\boldsymbol{A}$ 不是方阵即 $\boldsymbol{A}$ 为 m 行 n 列矩阵，且 $m\neq n$ 时，左乘单位矩阵为 m 阶，右乘单位矩阵为 n 阶.

例 5　求矩阵 $\boldsymbol{A}=\begin{pmatrix}-2 & 4\\1 & -2\end{pmatrix}$与 $\boldsymbol{B}=\begin{pmatrix}2 & 4\\-3 & -6\end{pmatrix}$的乘积 $\boldsymbol{AB}$ 与 $\boldsymbol{BA}$.

解　$\boldsymbol{AB}=\begin{pmatrix}-2 & 4\\1 & -2\end{pmatrix}\begin{pmatrix}2 & 4\\-3 & -6\end{pmatrix}=\begin{pmatrix}-16 & -32\\8 & 16\end{pmatrix},$

$$\boldsymbol{BA}=\begin{pmatrix}2 & 4\\ -3 & -6\end{pmatrix}\begin{pmatrix}-2 & 4\\ 1 & -2\end{pmatrix}=\begin{pmatrix}0 & 0\\ 0 & 0\end{pmatrix}=\boldsymbol{O}.$$

由例 5 可知,虽然 $\boldsymbol{AB},\boldsymbol{BA}$ 都存在,但 $\boldsymbol{AB}\neq\boldsymbol{BA}$,即矩阵乘法不满足交换律,且由 $\boldsymbol{BA}=\boldsymbol{O}$,不一定有 $\boldsymbol{A}=\boldsymbol{O}$ 或 $\boldsymbol{B}=\boldsymbol{O}$.

可以证明矩阵乘法满足以下规律:

(1) **结合律** $(\boldsymbol{AB})\boldsymbol{C}=\boldsymbol{A}(\boldsymbol{BC})$,

$k(\boldsymbol{AB})=(k\boldsymbol{A})\boldsymbol{B}=\boldsymbol{A}(k\boldsymbol{B})$($k$ 为常数);

(2) **分配律** $\boldsymbol{A}(\boldsymbol{B}+\boldsymbol{C})=\boldsymbol{AB}+\boldsymbol{AC}$.

4. 线性方程组的矩阵形式

设线性方程组的一般形式为

$$\begin{cases}a_{11}x_1+a_{12}x_2+\cdots+a_{1n}x_n=b_1,\\ a_{21}x_1+a_{22}x_2+\cdots+a_{2n}x_n=b_2,\\ \cdots\cdots\cdots\cdots\cdots\cdots\cdots\cdots\cdots\cdots\cdots\\ a_{m1}x_1+a_{m2}x_2+\cdots+a_{mn}x_n=b_m,\end{cases}\tag{1}$$

其中 m 与 n 可以相等,也可以不相等.

当右端的常数项全为零时,即

$$\begin{cases}a_{11}x_1+a_{12}x_2+\cdots+a_{1n}x_n=0,\\ a_{21}x_1+a_{22}x_2+\cdots+a_{2n}x_n=0,\\ \cdots\cdots\cdots\cdots\cdots\cdots\cdots\cdots\cdots\cdots\cdots\\ a_{m1}x_1+a_{m2}x_2+\cdots+a_{mn}x_n=0,\end{cases}\tag{2}$$

称为**齐次线性方程组**.

令 $\boldsymbol{A}=\begin{pmatrix}a_{11} & a_{12} & \cdots & a_{1n}\\ a_{21} & a_{22} & \cdots & a_{2n}\\ \cdots & \cdots & \cdots & \cdots\\ a_{m1} & a_{m2} & \cdots & a_{mn}\end{pmatrix}$, $\boldsymbol{X}=\begin{pmatrix}x_1\\ x_2\\ \cdots\\ x_n\end{pmatrix}$, $\boldsymbol{B}=\begin{pmatrix}b_1\\ b_2\\ \cdots\\ b_m\end{pmatrix}$,

称矩阵 $\boldsymbol{A}$ 为方程组的**系数矩阵**,则方程组(1)、(2)可分别表示成

$$\boldsymbol{AX}=\boldsymbol{B}\text{ 及 }\boldsymbol{AX}=\boldsymbol{O}.$$

三、向量与向量的线性相关性

1. n 维向量的概念

定义 5 一组有序的 n 个实数$(x_1,x_2,\cdots,x_n)$,称为一个 n **维向量**,其中数 $x_i(i=1,2,\cdots,n)$称为该向量的第 i 个分量. 向量常用希腊字母 $\boldsymbol{\alpha},\boldsymbol{\beta}$ 等表示,分量全为零的向量称为**零向量**,记作 $\boldsymbol{0}$.

n 维向量 $\boldsymbol{\alpha}=(x_1,x_2,\cdots,x_n)$ 有时也写成

$$\boldsymbol{\alpha}=\begin{pmatrix}x_1\\x_2\\\cdots\\x_n\end{pmatrix}.$$

为了区别起见,前者称为**行向量**,后者称为**列向量**.行向量的各分量间用“,”分隔.

一个行向量(或列向量)与一个行矩阵(或列矩阵)一一对应.因此向量可看作行(或列)矩阵,并可仿照矩阵运算的定义来定义向量的运算,且矩阵的运算律同样适用于向量.注意:维数相同的行(列)向量运算才有意义.

一个 $m\times n$ 矩阵 $\mathbf{A}=(a_{ij})_{m\times n}$ 可看成由 m 个 n 维行向量 $\boldsymbol{\alpha}_1,\boldsymbol{\alpha}_2,\cdots,\boldsymbol{\alpha}_m$ 或 n 个 m 维列向量 $\boldsymbol{\beta}_1,\boldsymbol{\beta}_2,\cdots,\boldsymbol{\beta}_n$ 组成的向量组构成,其中

$$\begin{aligned}&\boldsymbol{\alpha}_1=(a_{11},a_{12},\cdots,a_{1n}),\\&\boldsymbol{\alpha}_2=(a_{21},a_{22},\cdots,a_{2n}),\\&\cdots,\\&\boldsymbol{\alpha}_m=(a_{m1},a_{m2},\cdots,a_{mn});\end{aligned}$$

$$\boldsymbol{\beta}_1=\begin{pmatrix}a_{11}\\a_{21}\\\cdots\\a_{m1}\end{pmatrix},\boldsymbol{\beta}_2=\begin{pmatrix}a_{12}\\a_{22}\\\cdots\\a_{m2}\end{pmatrix},\cdots,\boldsymbol{\beta}_n=\begin{pmatrix}a_{1n}\\a_{2n}\\\cdots\\a_{mn}\end{pmatrix}.$$

2. 向量的线性相关性

给定一组向量 $\boldsymbol{\alpha}_1,\boldsymbol{\alpha}_2,\cdots,\boldsymbol{\alpha}_m$,若存在不全为零的实数 $k_1,k_2,\cdots,k_m$ 能使关系式

$$k_1\boldsymbol{\alpha}_1+k_2\boldsymbol{\alpha}_2+\cdots+k_m\boldsymbol{\alpha}_m=\mathbf{0}$$

成立,则称向量(或向量组)$\boldsymbol{\alpha}_1,\boldsymbol{\alpha}_2,\cdots,\boldsymbol{\alpha}_m$ 为**线性相关**的;若上述等式仅在 $k_1,k_2,\cdots,k_m$ 全是零时才能成立,则称向量 $\boldsymbol{\alpha}_1,\boldsymbol{\alpha}_2,\cdots,\boldsymbol{\alpha}_m$ 为**线性无关**的.

例 6　讨论向量 $\boldsymbol{\alpha}_1=(1,1,1),\boldsymbol{\alpha}_2=(1,2,1),\boldsymbol{\alpha}_3=(1,0,0)$ 的线性相关性.

解　欲使 $k_1\boldsymbol{\alpha}_1+k_2\boldsymbol{\alpha}_2+k_3\boldsymbol{\alpha}_3=\mathbf{0}$,即 $k_1(1,1,1)+k_2(1,2,1)+k_3(1,0,0)=(0,0,0)$,故 k_1,k_2,k_3 必须满足方程组

$$\begin{cases}k_1+k_2+k_3=0,\\k_1+2k_2=0,\\k_1+k_2=0.\end{cases}$$

这个三元线性方程组的系数行列式为

$$D=\begin{vmatrix}1&1&1\\1&2&0\\1&1&0\end{vmatrix}\neq0,$$

方程组只有零解 $k_1=k_2=k_3=0$,所以向量 $\boldsymbol{\alpha}_1,\boldsymbol{\alpha}_2,\boldsymbol{\alpha}_3$ 是线性无关的.

从例 6 可以看出，一般地，对于 n 个 n 维向量 $\boldsymbol{\alpha}_1=(a_{11},a_{12},\cdots,a_{1n})$，$\boldsymbol{\alpha}_2=(a_{21},a_{22},\cdots,a_{2n})$，$\cdots$，$\boldsymbol{\alpha}_n=(a_{n1},a_{n2},\cdots,a_{nn})$，由关系式

$$k_1\boldsymbol{\alpha}_1+k_2\boldsymbol{\alpha}_2+\cdots+k_n\boldsymbol{\alpha}_n=\mathbf{0},$$

得到关于 $k_j(j=1,2,\cdots,n)$ 的齐次线性方程组

$$\begin{cases}k_1a_{11}+k_2a_{21}+\cdots+k_na_{n1}=0,\\k_1a_{12}+k_2a_{22}+\cdots+k_na_{n2}=0,\\\cdots\cdots\cdots\cdots\cdots\cdots\cdots\cdots\cdots\\k_1a_{1n}+k_2a_{2n}+\cdots+k_na_{nn}=0.\end{cases}$$

其系数行列式为

$$D^{\mathrm{T}}=\begin{vmatrix}a_{11}&a_{21}&\cdots&a_{n1}\\a_{12}&a_{22}&\cdots&a_{n2}\\\cdots&\cdots&\cdots&\cdots\\a_{1n}&a_{2n}&\cdots&a_{nn}\end{vmatrix}=\begin{vmatrix}a_{11}&a_{12}&\cdots&a_{1n}\\a_{21}&a_{22}&\cdots&a_{2n}\\\cdots&\cdots&\cdots&\cdots\\a_{n1}&a_{n2}&\cdots&a_{nn}\end{vmatrix}=D.$$

(1) 当 $D\neq0$ 时，向量 $\boldsymbol{\alpha}_1,\boldsymbol{\alpha}_2,\cdots,\boldsymbol{\alpha}_n$ 线性无关；

(2) 当 $D=0$ 时，向量 $\boldsymbol{\alpha}_1,\boldsymbol{\alpha}_2,\cdots,\boldsymbol{\alpha}_n$ 线性相关.

设有 $m+1$ 个向量 $\boldsymbol{\alpha}_1,\boldsymbol{\alpha}_2,\cdots,\boldsymbol{\alpha}_m,\boldsymbol{\alpha}$，若存在 m 个实数 $k_1,k_2,\cdots,k_m$，使

$$\boldsymbol{\alpha}=k_1\boldsymbol{\alpha}_1+k_2\boldsymbol{\alpha}_2+\cdots+k_m\boldsymbol{\alpha}_m$$

成立，则称向量 $\boldsymbol{\alpha}$ 可由向量 $\boldsymbol{\alpha}_1,\boldsymbol{\alpha}_2,\cdots,\boldsymbol{\alpha}_m$ **线性表示**，或称向量 $\boldsymbol{\alpha}$ 是向量 $\boldsymbol{\alpha}_1,\boldsymbol{\alpha}_2,\cdots,\boldsymbol{\alpha}_m$ 的一个**线性组合**.

例 7 设 n 维向量 $\boldsymbol{e}_1=(1,0,0,\cdots,0)$，$\boldsymbol{e}_2=(0,1,0,\cdots,0)$，$\cdots$，$\boldsymbol{e}_n=(0,0,0,\cdots,1)$.

(1) 讨论 $\boldsymbol{e}_1,\boldsymbol{e}_2,\cdots,\boldsymbol{e}_n$ 的线性相关性；

(2) 证明任意一个 n 维向量 $\boldsymbol{\alpha}=(a_1,a_2,\cdots,a_n)$ 都可以由向量 $\boldsymbol{e}_1,\boldsymbol{e}_2,\cdots,\boldsymbol{e}_n$ 线性表示.

解 (1) 欲使 $k_1\boldsymbol{e}_1+k_2\boldsymbol{e}_2+\cdots+k_n\boldsymbol{e}_n=\mathbf{0}$，即

$$k_1(1,0,0,\cdots,0)+k_2(0,1,0,\cdots,0)+\cdots+k_n(0,0,0,\cdots,1)=\mathbf{0}.$$

显然上式仅当 $k_1=k_2=\cdots=k_n=0$ 时才成立，故向量 $\boldsymbol{e}_1,\boldsymbol{e}_2,\cdots,\boldsymbol{e}_n$ 是线性无关的.

(2) 显然 $\boldsymbol{\alpha}=(a_1,a_2,\cdots,a_n)=a_1\boldsymbol{e}_1+a_2\boldsymbol{e}_2+\cdots+a_n\boldsymbol{e}_n$，即 $\boldsymbol{\alpha}$ 可以由向量 $\boldsymbol{e}_1,\boldsymbol{e}_2,\cdots,\boldsymbol{e}_n$ 线性表示.

关于向量的线性相关性有如下常用定理：

定理 (1) 如果向量 $\boldsymbol{\alpha}_1,\boldsymbol{\alpha}_2,\cdots,\boldsymbol{\alpha}_m$ 线性无关，那么其中任意 $k(1\leqslant k\leqslant m)$ 个向量都是线性无关的；

(2) 如果向量 $\boldsymbol{\alpha}_1,\boldsymbol{\alpha}_2,\cdots,\boldsymbol{\alpha}_m$ 线性相关，任意添加 s 个向量 $\boldsymbol{\alpha}_{m+1},\boldsymbol{\alpha}_{m+2},\cdots,\boldsymbol{\alpha}_{m+s}$，那么向量 $\boldsymbol{\alpha}_1,\boldsymbol{\alpha}_2,\cdots,\boldsymbol{\alpha}_m,\boldsymbol{\alpha}_{m+1},\cdots,\boldsymbol{\alpha}_{m+s}$ 也是线性相关的；

(3) 向量 $\boldsymbol{\alpha}_1,\boldsymbol{\alpha}_2,\cdots,\boldsymbol{\alpha}_m$ 线性相关的充要条件是其中至少有一个向量是其余向量的线性组合.

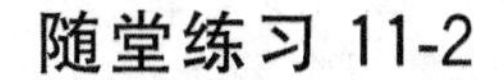

随堂练习 11-2

1. 已知 $\boldsymbol{A}=\begin{pmatrix}3 & 6 & 2\\ 2 & 4 & 7\\ -1 & 2 & 5\end{pmatrix}$，求 $\boldsymbol{A}+\boldsymbol{A}^{\mathrm{T}}$ 及 $\boldsymbol{A}-\boldsymbol{A}^{\mathrm{T}}$.

2. 设 $\boldsymbol{A}=\begin{pmatrix}3 & 7 & 4\\ -3 & 4 & 4\\ -2 & 0 & 3\end{pmatrix}$，$\boldsymbol{B}=\begin{pmatrix}3 & x_1 & x_2\\ x_1 & 4 & x_3\\ x_2 & x_3 & 3\end{pmatrix}$，$\boldsymbol{C}=\begin{pmatrix}0 & y_1 & y_2\\ -y_1 & 0 & y_3\\ -y_2 & -y_3 & 0\end{pmatrix}$，且 $\boldsymbol{A}=\boldsymbol{B}+\boldsymbol{C}$，求 $\boldsymbol{B}$ 和 $\boldsymbol{C}$ 中未知数 x_1,x_2,x_3 和 y_1,y_2,y_3.

3. 已知 $\boldsymbol{A}=\begin{pmatrix}3 & 2 & 5\\ 1 & 6 & 1\\ 4 & 5 & 7\end{pmatrix}$，$\boldsymbol{B}=\begin{pmatrix}4 & 3 & 7.5\\ 1.5 & 8.5 & 1.5\\ 6 & 7.5 & 10\end{pmatrix}$，求 $3\boldsymbol{A}+2\boldsymbol{B}$ 及 $3\boldsymbol{A}-2\boldsymbol{B}$.

4. 已知 $\begin{cases}3\boldsymbol{A}+2\boldsymbol{B}=\boldsymbol{C},\\ \boldsymbol{A}-2\boldsymbol{B}=\boldsymbol{D},\end{cases}$ 其中 $\boldsymbol{C}=\begin{pmatrix}7 & 10 & -2\\ 1 & -5 & -10\end{pmatrix}$，$\boldsymbol{D}=\begin{pmatrix}5 & -2 & -6\\ -5 & -15 & -14\end{pmatrix}$，求矩阵 $\boldsymbol{A}$ 和 $\boldsymbol{B}$.

5. 计算：

(1) $\begin{pmatrix}1 & 0\\ 0 & 1\end{pmatrix}\begin{pmatrix}3 & 2\\ 5 & 6\end{pmatrix}$；　　(2) $(1\quad 0)\begin{pmatrix}0\\ 1\end{pmatrix}$；

(3) $\begin{pmatrix}2\\ 1\\ -1\end{pmatrix}(-2,1,0)$；　　(4) $(x\quad y)\begin{pmatrix}9 & -12\\ -12 & 16\end{pmatrix}\begin{pmatrix}x\\ y\end{pmatrix}$；

(5) $\begin{pmatrix}\lambda & 1 & 0\\ 0 & \lambda & 1\\ 0 & 0 & \lambda\end{pmatrix}^3$；

(6) $\begin{pmatrix}9 & 9 & 2 & -12\\ 0 & 1 & 0 & 0\\ 0 & 0 & 1 & 0\\ 0 & 0 & 0 & 1\end{pmatrix}\begin{pmatrix}-1 & 0 & 1 & 2\\ 9 & 9 & 2 & -12\\ 0 & 1 & 0 & 0\\ 0 & 0 & 1 & 0\end{pmatrix}\begin{pmatrix}\frac{1}{9} & -1 & -\frac{2}{9} & \frac{12}{9}\\ 0 & 1 & 0 & 0\\ 0 & 0 & 1 & 0\\ 0 & 0 & 0 & 1\end{pmatrix}$.

6. 判断下列向量组的线性相关性：

(1) $\boldsymbol{\alpha}_1=(1,1,0)$，$\boldsymbol{\alpha}_2=(0,1,1)$，$\boldsymbol{\alpha}_3=(3,0,0)$；

(2) $\boldsymbol{\alpha}_1=(1,3,0)$，$\boldsymbol{\alpha}_2=\left(-\frac{1}{2},-\frac{3}{2},0\right)$；

(3) $\boldsymbol{\alpha}_1=(5,2,9)$，$\boldsymbol{\alpha}_2=(2,1,2)$，$\boldsymbol{\alpha}_3=(7,3,11)$；

(4) $\boldsymbol{\alpha}_1=(1,1,2)$, $\boldsymbol{\alpha}_2=(1,3,0)$, $\boldsymbol{\alpha}_3=(3,-1,10)$;

(5) $\boldsymbol{\alpha}_1=(1,-1,0)$, $\boldsymbol{\alpha}_2=(2,1,1)$, $\boldsymbol{\alpha}_3=(1,3,-1)$.

习题 11-2

1. 已知 $\boldsymbol{A}=\begin{pmatrix}3&1&1\\2&1&2\\1&2&3\end{pmatrix}$, $\boldsymbol{B}=\begin{pmatrix}1&1&-1\\2&-1&0\\1&0&1\end{pmatrix}$, 求 $\boldsymbol{AB}-\boldsymbol{BA}$.

2. 对于下列各组矩阵 $\boldsymbol{A}$ 和 $\boldsymbol{B}$, 验证 $\boldsymbol{AB}=\boldsymbol{BA}=\boldsymbol{E}$:

(1) $\boldsymbol{A}=\begin{pmatrix}1&2&-3\\0&1&2\\0&0&1\end{pmatrix}$, $\boldsymbol{B}=\begin{pmatrix}1&-2&7\\0&1&-2\\0&0&1\end{pmatrix}$;

(2) $\boldsymbol{A}=\begin{pmatrix}\cos\theta&\sin\theta\\-\sin\theta&\cos\theta\end{pmatrix}$, $\boldsymbol{B}=\boldsymbol{A}^{\mathrm{T}}$.

3. 将向量 $\boldsymbol{\beta}$ 表示成向量 $\boldsymbol{\alpha}_1,\boldsymbol{\alpha}_2,\boldsymbol{\alpha}_3$ 的线性组合, 其中 $\boldsymbol{\alpha}_1=(1,1,-1)$, $\boldsymbol{\alpha}_2=(1,2,1)$, $\boldsymbol{\alpha}_3=(0,0,1)$, $\boldsymbol{\beta}=(1,0,-2)$.

§11-3　逆矩阵

一、逆矩阵的概念

定义　对于一个 n 阶方阵 $\boldsymbol{A}$，如果存在一个 n 阶方阵 $\boldsymbol{C}$，使 $\boldsymbol{CA}=\boldsymbol{AC}=\boldsymbol{E}$，那么矩阵 $\boldsymbol{C}$ 称为矩阵 $\boldsymbol{A}$ 的**逆矩阵**，矩阵 $\boldsymbol{A}$ 的逆矩阵记为 $\boldsymbol{A}^{-1}$，即 $\boldsymbol{C}=\boldsymbol{A}^{-1}$.

如果矩阵 $\boldsymbol{A}$ 存在逆矩阵，则称矩阵 $\boldsymbol{A}$ 是**可逆的**.

例如，设矩阵

$$\boldsymbol{A}=\begin{pmatrix}2&1&1\\1&0&2\\3&1&2\end{pmatrix},\ \boldsymbol{C}=\begin{pmatrix}-2&-1&2\\4&1&-3\\1&1&-1\end{pmatrix},$$

因为

$$\boldsymbol{AC}=\begin{pmatrix}2&1&1\\1&0&2\\3&1&2\end{pmatrix}\begin{pmatrix}-2&-1&2\\4&1&-3\\1&1&-1\end{pmatrix}=\begin{pmatrix}1&0&0\\0&1&0\\0&0&1\end{pmatrix}=\boldsymbol{E},$$

$$\boldsymbol{CA}=\begin{pmatrix}-2&-1&2\\4&1&-3\\1&1&-1\end{pmatrix}\begin{pmatrix}2&1&1\\1&0&2\\3&1&2\end{pmatrix}=\begin{pmatrix}1&0&0\\0&1&0\\0&0&1\end{pmatrix}=\boldsymbol{E},$$

所以 $\boldsymbol{A}$ 是可逆的，$\boldsymbol{C}$ 是 $\boldsymbol{A}$ 的逆矩阵，即

$$\boldsymbol{C}=\boldsymbol{A}^{-1}=\begin{pmatrix}-2&-1&2\\4&1&-3\\1&1&-1\end{pmatrix}.$$

二、逆矩阵的性质

(1) 若 $\boldsymbol{A}$ 是可逆的，则其逆矩阵是唯一的.

事实上，若 $\boldsymbol{A}$ 有两个逆矩阵 $\boldsymbol{C}_1$ 与 $\boldsymbol{C}_2$，则根据逆矩阵的定义，有

$$\boldsymbol{AC}_1=\boldsymbol{C}_1\boldsymbol{A}=\boldsymbol{E},\boldsymbol{AC}_2=\boldsymbol{C}_2\boldsymbol{A}=\boldsymbol{E},$$

于是

$$\boldsymbol{C}_1=\boldsymbol{C}_1\boldsymbol{E}=\boldsymbol{C}_1(\boldsymbol{AC}_2)=(\boldsymbol{C}_1\boldsymbol{A})\boldsymbol{C}_2=\boldsymbol{EC}_2=\boldsymbol{C}_2,$$

即

$$\boldsymbol{C}_1=\boldsymbol{C}_2.$$

(2) $\boldsymbol{A}$ 的逆矩阵的逆矩阵仍为 $\boldsymbol{A}$，即 $(\boldsymbol{A}^{-1})^{-1}=\boldsymbol{A}$.

事实上，由于 $\boldsymbol{AC}=\boldsymbol{CA}=\boldsymbol{E}$，所以 $\boldsymbol{C}$ 是 $\boldsymbol{A}$ 的逆矩阵，$\boldsymbol{A}$ 也是 $\boldsymbol{C}$ 的逆矩阵，即 $\boldsymbol{A}^{-1}=\boldsymbol{C}$，$\boldsymbol{C}^{-1}=\boldsymbol{A}$，于是 $(\boldsymbol{A}^{-1})^{-1}=\boldsymbol{C}^{-1}=\boldsymbol{A}$.

(3) 若 n 阶方阵 $\boldsymbol{A}$ 与 $\boldsymbol{B}$ 均有逆矩阵，则 $(\boldsymbol{AB})^{-1}=\boldsymbol{B}^{-1}\boldsymbol{A}^{-1}$.

事实上，由于

$$(\boldsymbol{AB})(\boldsymbol{B}^{-1}\boldsymbol{A}^{-1})=\boldsymbol{A}(\boldsymbol{BB}^{-1})\boldsymbol{A}^{-1}=\boldsymbol{AA}^{-1}=\boldsymbol{E},$$
$$(\boldsymbol{B}^{-1}\boldsymbol{A}^{-1})(\boldsymbol{AB})=\boldsymbol{B}^{-1}(\boldsymbol{AA}^{-1})\boldsymbol{B}=\boldsymbol{B}^{-1}\boldsymbol{B}=\boldsymbol{E},$$

所以 $\boldsymbol{AB}$ 有逆矩阵，且 $(\boldsymbol{AB})^{-1}=\boldsymbol{B}^{-1}\boldsymbol{A}^{-1}$.

三、逆矩阵的求法

下面，我们以 3 阶方阵为例讨论逆矩阵的求法.

设

$$\boldsymbol{A}=\begin{pmatrix} a_{11} & a_{12} & a_{13} \\ a_{21} & a_{22} & a_{23} \\ a_{31} & a_{32} & a_{33} \end{pmatrix}.$$

我们作一矩阵

$$\boldsymbol{A}^*=\begin{pmatrix} A_{11} & A_{21} & A_{31} \\ A_{12} & A_{22} & A_{32} \\ A_{13} & A_{23} & A_{33} \end{pmatrix},$$

其中 A_{ij} 表示行列式 $|\boldsymbol{A}|$（以方阵 $\boldsymbol{A}$ 的元素为元素的行列式）中元素 a_{ij} 的代数余子式，矩阵 $\boldsymbol{A}^*$ 称为 $\boldsymbol{A}$ 的**伴随矩阵**（注意矩阵 $\boldsymbol{A}^*$ 与矩阵 $\boldsymbol{A}$ 的行与列的标号正好相反）.

由行列式的性质可得

$$\begin{cases} a_{i1}A_{i1}+a_{i2}A_{i2}+a_{i3}A_{i3}=|A|, & i=1,2,3, \\ a_{j1}A_{i1}+a_{j2}A_{i2}+a_{j3}A_{i3}=0, & i\neq j. \end{cases}$$

又由矩阵乘法可得

$$\boldsymbol{AA}^*=\begin{pmatrix} a_{11} & a_{12} & a_{13} \\ a_{21} & a_{22} & a_{23} \\ a_{31} & a_{32} & a_{33} \end{pmatrix}\begin{pmatrix} A_{11} & A_{21} & A_{31} \\ A_{12} & A_{22} & A_{32} \\ A_{13} & A_{23} & A_{33} \end{pmatrix}=\begin{pmatrix} |\boldsymbol{A}| & 0 & 0 \\ 0 & |\boldsymbol{A}| & 0 \\ 0 & 0 & |\boldsymbol{A}| \end{pmatrix}=|\boldsymbol{A}|\boldsymbol{E},$$

同理可得 $\boldsymbol{A}^*\boldsymbol{A}=|\boldsymbol{A}|\boldsymbol{E}$，即 $\boldsymbol{AA}^*=\boldsymbol{A}^*\boldsymbol{A}=|\boldsymbol{A}|\boldsymbol{E}$.

如果 $|\boldsymbol{A}|\neq 0$，作矩阵 $\boldsymbol{C}=\dfrac{1}{|\boldsymbol{A}|}\boldsymbol{A}^*$，那么

$$\boldsymbol{AC}=\boldsymbol{A}\left(\frac{1}{|\boldsymbol{A}|}\boldsymbol{A}^*\right)=\frac{1}{|\boldsymbol{A}|}\boldsymbol{AA}^*=\frac{1}{|\boldsymbol{A}|}\cdot|\boldsymbol{A}|\boldsymbol{E}=\boldsymbol{E},$$
$$\boldsymbol{CA}=\left(\frac{1}{|\boldsymbol{A}|}\boldsymbol{A}^*\right)\boldsymbol{A}=\frac{1}{|\boldsymbol{A}|}\boldsymbol{A}^*\boldsymbol{A}=\frac{1}{|\boldsymbol{A}|}\cdot|\boldsymbol{A}|\boldsymbol{E}=\boldsymbol{E},$$

即矩阵 $\boldsymbol{C}$ 是矩阵 $\boldsymbol{A}$ 的逆矩阵.

这就证明了，如果 $|\boldsymbol{A}|\neq 0$，则 $\boldsymbol{A}$ 可逆，且

$$\boldsymbol{A}^{-1}=\frac{1}{|\boldsymbol{A}|}\boldsymbol{A}^*.$$

也就是说，$|\boldsymbol{A}|\neq 0$ 是方阵有逆矩阵的充分条件，我们可以进一步证明它也是必要条件.

定理 n 阶方阵 $\boldsymbol{A}$ 有逆矩阵的充分必要条件是方阵 $\boldsymbol{A}$ 的行列式 $|\boldsymbol{A}|\neq 0$.

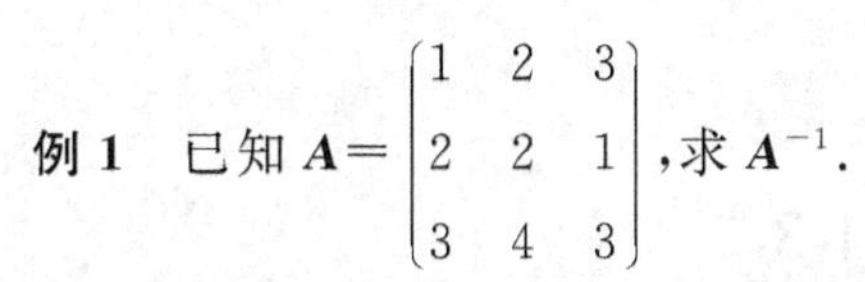

例 1　已知 $\boldsymbol{A}=\begin{pmatrix}1&2&3\\2&2&1\\3&4&3\end{pmatrix}$，求 $\boldsymbol{A}^{-1}$.

解　求得 $|\boldsymbol{A}|=2\neq0$，知 $\boldsymbol{A}^{-1}$ 存在，再计算

$A_{11}=2, A_{21}=6, A_{31}=-4, A_{12}=-3, A_{22}=-6, A_{32}=5, A_{13}=2, A_{23}=2, A_{33}=-2$，

所以
$$\boldsymbol{A}^{*}=\begin{pmatrix}2&6&-4\\-3&-6&5\\2&2&-2\end{pmatrix},$$

故
$$\boldsymbol{A}^{-1}=\frac{1}{|\boldsymbol{A}|}\boldsymbol{A}^{*}=\begin{pmatrix}1&3&-2\\-\frac{3}{2}&-3&\frac{5}{2}\\1&1&-1\end{pmatrix}.$$

例 2　设
$$\boldsymbol{A}=\begin{pmatrix}1&2&3\\2&2&1\\3&4&3\end{pmatrix},\boldsymbol{B}=\begin{pmatrix}2&1\\5&3\end{pmatrix},\boldsymbol{C}=\begin{pmatrix}1&3\\2&0\\3&1\end{pmatrix},$$
求满足 $\boldsymbol{AXB}=\boldsymbol{C}$ 的矩阵 $\boldsymbol{X}$.

解　若 $\boldsymbol{A}^{-1}$，$\boldsymbol{B}^{-1}$ 存在，则由 $\boldsymbol{A}^{-1}$ 左乘上式，$\boldsymbol{B}^{-1}$ 右乘上式，有
$$\boldsymbol{A}^{-1}\boldsymbol{AXBB}^{-1}=\boldsymbol{A}^{-1}\boldsymbol{CB}^{-1},$$
即
$$\boldsymbol{X}=\boldsymbol{A}^{-1}\boldsymbol{CB}^{-1}.$$

直接计算可知 $|\boldsymbol{A}|=2$，$|\boldsymbol{B}|=1$，故 $\boldsymbol{A}$，$\boldsymbol{B}$ 都可逆，且
$$\boldsymbol{A}^{-1}=\begin{pmatrix}1&3&-2\\-\frac{3}{2}&-3&\frac{5}{2}\\1&1&-1\end{pmatrix},\boldsymbol{B}^{-1}=\begin{pmatrix}3&-1\\-5&2\end{pmatrix},$$

于是有
$$\boldsymbol{X}=\boldsymbol{A}^{-1}\boldsymbol{CB}^{-1}=\begin{pmatrix}1&3&-2\\-\frac{3}{2}&-3&\frac{5}{2}\\1&1&-1\end{pmatrix}\begin{pmatrix}1&3\\2&0\\3&1\end{pmatrix}\begin{pmatrix}3&-1\\-5&2\end{pmatrix}=\begin{pmatrix}-2&1\\10&-4\\-10&4\end{pmatrix}.$$

随堂练习 11-3

1. 验证下列各对矩阵互为逆矩阵：

(1) $\begin{pmatrix}3 & 4\\2 & 5\end{pmatrix}$与$\begin{pmatrix}\frac{5}{7} & -\frac{4}{7}\\-\frac{2}{7} & \frac{3}{7}\end{pmatrix}$；　(2) $\begin{pmatrix}2 & 0 & 1\\0 & 3 & 2\\4 & 1 & 3\end{pmatrix}$与$\begin{pmatrix}\frac{7}{2} & \frac{1}{2} & -\frac{3}{2}\\4 & 1 & -2\\-6 & -1 & 3\end{pmatrix}$.

2. 求下列矩阵的逆矩阵：

(1) $\begin{pmatrix}1 & 2\\2 & 5\end{pmatrix}$；　(2) $\begin{pmatrix}2 & 2 & 3\\1 & -1 & 0\\-1 & 2 & 1\end{pmatrix}$；　(3) $\begin{pmatrix}2 & 1 & 0 & 0\\0 & 2 & 1 & 0\\0 & 0 & 2 & 1\\0 & 0 & 0 & 2\end{pmatrix}$.

习　题 11-3

1. 验证下列一对矩阵互为逆矩阵：

$\begin{pmatrix}\cos\alpha & \sin\alpha & 0\\-\sin\alpha & \cos\alpha & 0\\0 & 0 & 1\end{pmatrix}$与$\begin{pmatrix}\cos\alpha & -\sin\alpha & 0\\\sin\alpha & \cos\alpha & 0\\0 & 0 & 1\end{pmatrix}$.

2. 已知

$$\boldsymbol{B}=\begin{pmatrix}1 & 1 & -1\\2 & 1 & 0\\1 & -1 & 1\end{pmatrix},\boldsymbol{C}=\begin{pmatrix}1 & -1 & 3\\4 & 3 & 2\\1 & -2 & 5\end{pmatrix},$$

求满足$\boldsymbol{XB}=\boldsymbol{C}$的矩阵$\boldsymbol{X}$.

§11-4　矩阵的秩与初等变换

一、矩阵的秩

1. 矩阵的 k 阶子式

定义 1　在 m 行 n 列的矩阵中，任取 k 行 k 列($k\leqslant m, k\leqslant n$)，位于这些行、列相交处的元素按原来的相对位置所构成的行列式，称为**矩阵 $\boldsymbol{A}$ 的 k 阶子式**.

例如，矩阵 $\boldsymbol{A}=\begin{pmatrix}1 & 2 & -2 & 11\\ 1 & -3 & -3 & -14\\ 3 & 1 & 1 & 8\end{pmatrix}$ 中，第 1、第 2 两行和第 2、第 4 两列相交处的元素构成的 2 阶子式是 $\begin{vmatrix}2 & 11\\ -3 & -14\end{vmatrix}$，第 1、第 2、第 3 三行和第 1、第 3、第 4 三列相交处的元素构成的 3 阶子式是 $\begin{vmatrix}1 & -2 & 11\\ 1 & -3 & -14\\ 3 & 1 & 8\end{vmatrix}$.

一个 n 阶方阵 $\boldsymbol{A}$ 的 n 阶子式，就是 $\boldsymbol{A}$ 的行列式 $|\boldsymbol{A}|$.

2. 矩阵的秩

定义 2　矩阵 $\boldsymbol{A}$ 的不为零的最高阶子式的阶数 r 称为矩阵 $\boldsymbol{A}$ 的秩，记作 $r(\boldsymbol{A})$，即

$$r(\boldsymbol{A})=r.$$

例 1　求矩阵 $\boldsymbol{A}=\begin{pmatrix}1 & 2 & 2 & 11\\ 1 & -3 & -3 & -14\\ 3 & 1 & 1 & 8\end{pmatrix}$ 的秩.

解　显然 $\boldsymbol{A}$ 中左上角的 2 阶子式 $\begin{vmatrix}1 & 2\\ 1 & -3\end{vmatrix}\neq 0$，不难验证 $\boldsymbol{A}$ 的所有四个 3 阶子式全为零，即 $r(\boldsymbol{A})=2$.

二、矩阵的初等变换

定义 3　对矩阵的行(或列)所作的以下三种变换称为**矩阵的初等变换**：

(1) 矩阵的任意两行(或列)互换位置；

(2) 矩阵的某一行(或列)乘以一个不为零的常数；

(3) 矩阵的某一行(或列)乘以一个常数,再加到另一行(或列)的对应元素上去.

关于矩阵的初等变换有如下定理:

定理 1 矩阵的初等变换不改变矩阵的秩.

运用这个定理,可以将矩阵 $\boldsymbol{A}$ 经过适当的初等变换,变成一个求秩较方便的矩阵 $\boldsymbol{B}$,从而通过求 $r(\boldsymbol{B})$ 得到 $r(\boldsymbol{A})$.

例 2 求矩阵 $\boldsymbol{A}=\begin{pmatrix}1 & 1 & 2 & 2 & 1\\ 0 & 2 & 1 & 5 & -1\\ 2 & 0 & 3 & -1 & 3\\ 1 & 1 & 0 & 4 & -1\end{pmatrix}$ 的秩.

解 $\boldsymbol{A}=\begin{pmatrix}1 & 1 & 2 & 2 & 1\\ 0 & 2 & 1 & 5 & -1\\ 2 & 0 & 3 & -1 & 3\\ 1 & 1 & 0 & 4 & -1\end{pmatrix}\xrightarrow[\text{④行}+(-1)\times\text{①行}]{\text{③行}+(-2)\times\text{①行}}\begin{pmatrix}1 & 1 & 2 & 2 & 1\\ 0 & 2 & 1 & 5 & -1\\ 0 & -2 & -1 & -5 & 1\\ 0 & 0 & -2 & 2 & -2\end{pmatrix}$

$$\xrightarrow{\text{③行}+\text{②行}}\begin{pmatrix}1 & 1 & 2 & 2 & 1\\ 0 & 2 & 1 & 5 & -1\\ 0 & 0 & 0 & 0 & 0\\ 0 & 0 & -2 & 2 & -2\end{pmatrix}\xrightarrow{\text{③行、④行互换}}\begin{pmatrix}1 & 1 & 2 & 2 & 1\\ 0 & 2 & 1 & 5 & -1\\ 0 & 0 & -2 & 2 & 2\\ 0 & 0 & 0 & 0 & 0\end{pmatrix}=\boldsymbol{B}.$$

$\boldsymbol{B}$ 中前三行三列的所有元素构成的 3 阶子式的主对角线元素均不为零,主对角线下方元素都为零,故该子式等于-4,而任何 4 阶子式均有一行为零,其值都等于零,故 $r(\boldsymbol{B})=3$,即

$$r(\boldsymbol{A})=3.$$

一般地,若经一系列初等变换将矩阵

$$\boldsymbol{A}=\begin{pmatrix}a_{11} & a_{12} & \cdots & a_{1n}\\ a_{21} & a_{22} & \cdots & a_{2n}\\ \cdots & \cdots & \cdots & \cdots\\ a_{m1} & a_{m2} & \cdots & a_{mn}\end{pmatrix}$$

化成下面的形式:

$$\boldsymbol{B}=\begin{pmatrix}b_{11} & b_{12} & \cdots & b_{1\,r-1} & b_{1r} & \cdots & b_{1n}\\ 0 & b_{22} & \cdots & b_{2\,r-1} & b_{2r} & \cdots & b_{2n}\\ \cdots & \cdots & \cdots & \cdots & \cdots & \cdots & \cdots\\ 0 & 0 & \cdots & 0 & b_{rr} & \cdots & b_{rn}\\ 0 & 0 & \cdots & 0 & 0 & \cdots & 0\\ \cdots & \cdots & \cdots & \cdots & \cdots & \cdots & \cdots\\ 0 & 0 & \cdots & 0 & 0 & \cdots & 0\end{pmatrix},$$

其中 $b_{ii}\neq 0(i=1,2,\cdots,r)$,则 $r(\boldsymbol{A})=r(\boldsymbol{B})=r$.

$\boldsymbol{B}$ 还可以进一步化成形式

$$
B=\begin{pmatrix}
1 & 0 & \cdots & 0 & 0 & \cdots & 0\\
0 & 1 & \cdots & 0 & 0 & \cdots & 0\\
\cdots & \cdots & \cdots & \cdots & \cdots & \cdots & \cdots\\
0 & 0 & \cdots & 1 & 0 & \cdots & 0\\
0 & 0 & \cdots & 0 & 0 & \cdots & 0\\
\cdots & \cdots & \cdots & \cdots & \cdots & \cdots & \cdots\\
0 & 0 & \cdots & 0 & 0 & \cdots & 0
\end{pmatrix}\text{第 } r \text{ 行}.
$$

第 r 列

由于可逆方阵 $\boldsymbol{A}$ 的行列式 $|\boldsymbol{A}|\neq 0$，因而 $r(\boldsymbol{A})=n$；反之，若 $r(\boldsymbol{A})=n$，则 $|\boldsymbol{A}|\neq 0$. 所以可得如下定理：

定理 2　方阵 $\boldsymbol{A}$ 可逆的充分必要条件是 $\boldsymbol{A}$ 经过一系列初等变换可化为单位矩阵 $\boldsymbol{E}$.

我们还可以进一步证明：若 $\boldsymbol{A}$ 可逆，则可仅经过初等行（或列）变换将 $\boldsymbol{A}$ 化为单位矩阵 $\boldsymbol{E}$.

随堂练习 11-4

1. (1) 一个秩为 r 的矩阵 $\boldsymbol{A}$，它的所有 r 阶子式是否均不为零？它的所有 $r+1$ 阶子式是否都为零？

(2) 一个秩为 r 的矩阵 $\boldsymbol{A}$，它的 $r-1$ 阶子式中，能否有为零的情形？举例说明.

(3) 一个秩为 r 的矩阵 $\boldsymbol{A}$，它的 $r-1$ 阶子式是否都为零？为什么？

(4) 如果矩阵 $\boldsymbol{B}$ 是由矩阵 $\boldsymbol{A}$ 添加一行得到的，试问 $\boldsymbol{A}$ 与 $\boldsymbol{B}$ 的秩有什么关系？为什么？

2. 求下列各矩阵的秩：

(1) $\begin{pmatrix} 1 & 2 & -3\\ -1 & -3 & 4\\ 1 & 1 & -2 \end{pmatrix}$；　　(2) $\begin{pmatrix} 2 & 0 & 2 & 2\\ 0 & 1 & 0 & 0\\ 2 & 1 & 0 & 1\\ 0 & 1 & 0 & 0 \end{pmatrix}$.

习 题 11-4

求下列各矩阵的秩：

(1) $\begin{pmatrix} 1 & 0 & 1 & 0 & 0\\ 1 & 1 & 0 & 0 & 0\\ 0 & 1 & 1 & 0 & 0\\ 0 & 0 & 1 & 1 & 0\\ 0 & 1 & 0 & 1 & 1 \end{pmatrix}$；　　(2) $\begin{pmatrix} 1 & 0 & 0 & 1 & 4\\ 0 & 1 & 0 & 2 & 5\\ 0 & 0 & 1 & 3 & 6\\ 1 & 2 & 3 & 14 & 32\\ 4 & 5 & 6 & 32 & 77 \end{pmatrix}$.

§11-5 初等变换的几个应用

一、解线性方程组

设方程组
$$\begin{cases}2x-y=2,\\x+2y=6,\end{cases}$$
记系数矩阵
$$\boldsymbol{A}=\begin{pmatrix}2&-1\\1&2\end{pmatrix}.$$
将方程组中的系数及常数项按原来相对位置写成矩阵
$$\widetilde{\boldsymbol{A}}=\begin{pmatrix}2&-1&2\\1&2&6\end{pmatrix}.$$

现用消去法解这个方程组，并观察 $\widetilde{\boldsymbol{A}}$ 的相应变化.

$$\begin{cases}2x-y=2, & (1)\\x+2y=6. & (2)\end{cases} \qquad \widetilde{\boldsymbol{A}}=\begin{pmatrix}2&-1&2\\1&2&6\end{pmatrix}$$

$\downarrow$ 方程位置互换 $\qquad\qquad$ $\downarrow$ ① 行与 ② 行互换

$$\begin{cases}x+2y=6, & (2)\\2x-y=2. & (1)\end{cases} \qquad \begin{pmatrix}1&2&6\\2&-1&2\end{pmatrix}$$

$\downarrow$ $(1)-(2)\times 2$ $\qquad\qquad$ $\downarrow$ ② 行 − ① 行 × 2

$$\begin{cases}x+2y=6, & (2)\\-5y=-10. & (3)\end{cases} \qquad \begin{pmatrix}1&2&6\\0&-5&-10\end{pmatrix}$$

$\downarrow$ $(3)\times\left(-\frac{1}{5}\right)$ $\qquad\qquad$ $\downarrow$ ② 行 $\times\left(-\frac{1}{5}\right)$

$$\begin{cases}x+2y=6, & (2)\\y=2. & (4)\end{cases} \qquad \begin{pmatrix}1&2&6\\0&1&2\end{pmatrix}$$

$\downarrow$ $(2)-(4)\times 2$ $\qquad\qquad$ $\downarrow$ ① 行 − ② 行 × 2

$$\begin{cases}x=2, & (5)\\y=2. & (4)\end{cases} \qquad \begin{pmatrix}1&0&2\\0&1&2\end{pmatrix}$$

从上述过程可以看出，对方程组的同解变形，实质上相当于对 $\widetilde{\boldsymbol{A}}$ 施行初等行变换，在初等行变换的过程中达到消元的目的，从而求出方程组的解，这种消元法称为**高斯消元法**.

一般地，把含 n 个未知量 n 个方程的线性方程组
$$\begin{cases}a_{11}x_1+a_{12}x_2+\cdots+a_{1n}x_n=b_1,\\a_{21}x_1+a_{22}x_2+\cdots+a_{2n}x_n=b_2,\\\cdots\cdots\cdots\cdots\cdots\cdots\cdots\cdots\cdots\cdots\\a_{n1}x_1+a_{n2}x_2+\cdots+a_{nn}x_n=b_n\end{cases}\tag{1}$$

的常数项并在系数矩阵 $\mathbf{A}$ 的最后一列构成一个新矩阵

$$\begin{pmatrix} a_{11} & a_{12} & \cdots & a_{1n} & b_1 \\ a_{21} & a_{22} & \cdots & a_{2n} & b_2 \\ \cdots & \cdots & \cdots & \cdots & \cdots \\ a_{n1} & a_{n2} & \cdots & a_{nn} & b_n \end{pmatrix},$$

我们把这个矩阵称为线性方程组的**增广矩阵**，记作 $\widetilde{\mathbf{A}}$.

若方程组(1)的系数矩阵行列式 $|\mathbf{A}|\neq 0$，即 $r(\mathbf{A})=n$，则 $\widetilde{\mathbf{A}}$ 经过初等行变换，可化为以下形式：

$$\begin{pmatrix} 1 & 0 & \cdots & 0 & c_1 \\ 0 & 1 & \cdots & 0 & c_2 \\ \cdots & \cdots & \cdots & \cdots & \cdots \\ 0 & 0 & \cdots & 1 & c_n \end{pmatrix}.$$

即将 $\widetilde{\mathbf{A}}$ 中的系数矩阵变换成单位矩阵. 因此，方程组的唯一解为 $x_1=c_1, x_2=c_2, \cdots, x_n=c_n$.

例 1　用初等变换解方程组

$$\begin{cases} 2x_1-3x_2+x_3-x_4=3, \\ 3x_1+x_2\quad +x_3+x_4=0, \\ 4x_1-x_2\quad -x_3-x_4=7, \\ -2x_1-x_2\quad +x_3+x_4=-5. \end{cases}$$

解　对 $\widetilde{\mathbf{A}}$ 施行初等行变换：

$$\widetilde{\mathbf{A}}=\begin{pmatrix} 2 & -3 & 1 & -1 & 3 \\ 3 & 1 & 1 & 1 & 0 \\ 4 & -1 & -1 & -1 & 7 \\ -2 & -1 & 1 & 1 & -5 \end{pmatrix} \xrightarrow{①、②互换} \begin{pmatrix} 3 & 1 & 1 & 1 & 0 \\ 2 & -3 & 1 & -1 & 3 \\ 4 & -1 & -1 & -1 & 7 \\ -2 & -1 & 1 & 1 & -5 \end{pmatrix}$$

$$\xrightarrow{①+③} \begin{pmatrix} 7 & 0 & 0 & 0 & 7 \\ 2 & -3 & 1 & -1 & 3 \\ 4 & -1 & -1 & -1 & 7 \\ -2 & -1 & 1 & 1 & -5 \end{pmatrix} \xrightarrow[④\times(-1)]{①\times\frac{1}{7}} \begin{pmatrix} 1 & 0 & 0 & 0 & 1 \\ 2 & -3 & 1 & -1 & 3 \\ 4 & -1 & -1 & -1 & 7 \\ 2 & 1 & -1 & -1 & 5 \end{pmatrix}$$

$$\xrightarrow{\substack{②+①\times(-2) \\ ③+①\times(-4) \\ ④+①\times(-2)}} \begin{pmatrix} 1 & 0 & 0 & 0 & 1 \\ 0 & -3 & 1 & -1 & 1 \\ 0 & -1 & -1 & -1 & 3 \\ 0 & 1 & -1 & -1 & 3 \end{pmatrix} \xrightarrow{②、④互换} \begin{pmatrix} 1 & 0 & 0 & 0 & 1 \\ 0 & 1 & -1 & -1 & 3 \\ 0 & -1 & -1 & -1 & 3 \\ 0 & -3 & 1 & -1 & 1 \end{pmatrix}$$

$$\rightarrow\cdots\rightarrow \begin{pmatrix} 1 & 0 & 0 & 0 & 1 \\ 0 & 1 & 0 & 0 & 0 \\ 0 & 0 & 1 & 0 & -1 \\ 0 & 0 & 0 & 1 & -2 \end{pmatrix}.$$

因此，方程组的解为 $x_1=1, x_2=0, x_3=-1, x_4=-2$.

二、向量线性相关性的判定

设齐次线性方程组

$$\begin{cases} a_{11}x_1+a_{12}x_2+\cdots+a_{1n}x_n=0, \\ a_{21}x_1+a_{22}x_2+\cdots+a_{2n}x_n=0, \\ \cdots\cdots\cdots\cdots\cdots\cdots\cdots\cdots \\ a_{m1}x_1+a_{m2}x_2+\cdots+a_{mn}x_n=0. \end{cases} \tag{2}$$

令向量

$$\boldsymbol{\alpha}_1=\begin{pmatrix} a_{11} \\ a_{21} \\ \cdots \\ a_{m1} \end{pmatrix}, \boldsymbol{\alpha}_2=\begin{pmatrix} a_{12} \\ a_{22} \\ \cdots \\ a_{m2} \end{pmatrix}, \cdots, \boldsymbol{\alpha}_n=\begin{pmatrix} a_{1n} \\ a_{2n} \\ \cdots \\ a_{mn} \end{pmatrix},$$

则可将齐次线性方程组(2)写成如下形式:

$$x_1\boldsymbol{\alpha}_1+x_2\boldsymbol{\alpha}_2+\cdots+x_n\boldsymbol{\alpha}_n=\mathbf{0}. \tag{3}$$

(3)式称为齐次线性方程组的**向量式**.

将方程组(2)写成矩阵式($\boldsymbol{AX}=\boldsymbol{O}$),并对 $\boldsymbol{A}$ 仅施行初等行变换,化成矩阵 $\boldsymbol{B}$. 由于方程组(2)右端常数项全为零,相当于对齐次方程组(2)作同解变形,因此,以 $\boldsymbol{B}$ 为系数矩阵的齐次方程组 $\boldsymbol{BX}=\boldsymbol{O}$ 与 $\boldsymbol{AX}=\boldsymbol{O}$ 同解.

记 $\boldsymbol{B}$ 的列向量为 $\boldsymbol{\beta}_1,\boldsymbol{\beta}_2,\cdots,\boldsymbol{\beta}_n$,则 $\boldsymbol{BX}=\boldsymbol{O}$ 可写作向量式

$$x_1\boldsymbol{\beta}_1+x_2\boldsymbol{\beta}_2+\cdots+x_n\boldsymbol{\beta}_n=\mathbf{0}. \tag{4}$$

根据以上讨论,对同一组实数 $x_1,x_2,\cdots,x_n$ 而言,(3)式和(4)式同时成立或同时不成立,也就是说,向量 $\boldsymbol{\alpha}_1,\boldsymbol{\alpha}_2,\cdots,\boldsymbol{\alpha}_n$ 与向量 $\boldsymbol{\beta}_1,\boldsymbol{\beta}_2,\cdots,\boldsymbol{\beta}_n$ 的线性组合关系相同,由此得到矩阵的一个重要性质:

性质 对一矩阵仅施行初等行变换,它保持矩阵诸列向量间的线性组合关系不变.

利用这个性质可以判断向量的线性相关性,并寻求向量的线性组合关系式,现举例说明.

例 2 设向量 $\boldsymbol{\alpha}_1=(1,0,0,-1)$,$\boldsymbol{\alpha}_2=(2,1,1,0)$,$\boldsymbol{\alpha}_3=(1,1,1,1)$,$\boldsymbol{\alpha}_4=(1,2,3,4)$,$\boldsymbol{\alpha}_5=(0,1,2,3)$. 试讨论向量 $\boldsymbol{\alpha}_1,\boldsymbol{\alpha}_2,\boldsymbol{\alpha}_3,\boldsymbol{\alpha}_4,\boldsymbol{\alpha}_5$ 的线性相关性及向量间的线性组合关系.

解 将向量 $\boldsymbol{\alpha}_1,\boldsymbol{\alpha}_2,\boldsymbol{\alpha}_3,\boldsymbol{\alpha}_4,\boldsymbol{\alpha}_5$ 写成列形式,并依次合并成矩阵 $\boldsymbol{A}$:

$$\boldsymbol{A}=\begin{pmatrix} 1 & 2 & 1 & 1 & 0 \\ 0 & 1 & 1 & 2 & 1 \\ 0 & 1 & 1 & 3 & 2 \\ -1 & 0 & 1 & 4 & 3 \end{pmatrix},$$

对 $\boldsymbol{A}$ 施行初等行变换,化成下列阶梯形矩阵 $\boldsymbol{B}$:

$$B=\begin{pmatrix}1 & 0 & -1 & 0 & 1\\ 0 & 1 & 1 & 0 & -1\\ 0 & 0 & 0 & 1 & 1\\ 0 & 0 & 0 & 0 & 0\end{pmatrix},$$

B 中列向量依次记为 $\boldsymbol{\beta}_1,\boldsymbol{\beta}_2,\boldsymbol{\beta}_3,\boldsymbol{\beta}_4,\boldsymbol{\beta}_5$. 可知位于每个阶梯的最左边的列向量 $\boldsymbol{\beta}_1,\boldsymbol{\beta}_2,\boldsymbol{\beta}_4$ 线性无关,相应的 $\boldsymbol{\alpha}_1,\boldsymbol{\alpha}_2,\boldsymbol{\alpha}_4$ 也线性无关.

位于同一阶梯或不同阶梯中的对应分量不成比例的列向量,也是线性无关的. 例如,$\boldsymbol{\beta}_2$ 与 $\boldsymbol{\beta}_3$,$\boldsymbol{\beta}_3$ 与 $\boldsymbol{\beta}_5$ 都是线性无关的. 相应地,$\boldsymbol{\alpha}_2$ 与 $\boldsymbol{\alpha}_3$ 线性无关,$\boldsymbol{\alpha}_3$ 与 $\boldsymbol{\alpha}_5$ 也线性无关.

位于同一阶梯的列向量均可用该阶梯及前各阶梯最左边的向量线性表示. 例如,$\boldsymbol{\beta}_3=\boldsymbol{\beta}_2-\boldsymbol{\beta}_1$,相应地,$\boldsymbol{\alpha}_3=\boldsymbol{\alpha}_2-\boldsymbol{\alpha}_1$,$\boldsymbol{\beta}_5=\boldsymbol{\beta}_1-\boldsymbol{\beta}_2+\boldsymbol{\beta}_4$,$\boldsymbol{\alpha}_5=\boldsymbol{\alpha}_1-\boldsymbol{\alpha}_2+\boldsymbol{\alpha}_4$. 将组合关系变形可得其他表示式,如由 $\boldsymbol{\alpha}_3=\boldsymbol{\alpha}_2-\boldsymbol{\alpha}_1$ 得 $\boldsymbol{\alpha}_2=\boldsymbol{\alpha}_1+\boldsymbol{\alpha}_3$ 等.

上述例 2 中的讨论可推广到一般情形. 值得提出的是,为了便于寻求向量的线性组合关系,将矩阵 A 化为阶梯形矩阵 B 时,B 中每个阶梯中的最左边的列向量除阶梯所在行元素为 1 外,其余元素均为零.

三、求逆矩阵

求矩阵的逆矩阵,可以使用初等变换的方法.

把 n 阶方阵 A 和 n 阶单位矩阵 E 合写成一个 $n\times 2n$ 的矩阵,中间用竖线分开,即写成

$$(A\mid E).$$

然后对它施行初等行变换,可以证明左边的矩阵 A 变成单位矩阵时,右边的矩阵 E 就变成矩阵 A^{-1},即

$$(A\mid E)\xrightarrow{\text{行初等变换}}(E\mid A^{-1}).$$

例 3　用初等变换求矩阵

$$A=\begin{pmatrix}1 & -1 & -2\\ 0 & 2 & 1\\ 2 & 0 & -1\end{pmatrix}$$

的逆矩阵.

解

$$(A\mid E)=\left(\begin{array}{ccc|ccc}1 & -1 & -2 & 1 & 0 & 0\\ 0 & 2 & 1 & 0 & 1 & 0\\ 2 & 0 & -1 & 0 & 0 & 1\end{array}\right)\rightarrow\cdots\rightarrow\left(\begin{array}{ccc|ccc}1 & 0 & 0 & -\frac{1}{2} & -\frac{1}{4} & \frac{3}{4}\\ 0 & 1 & 0 & \frac{1}{2} & \frac{3}{4} & -\frac{1}{4}\\ 0 & 0 & 1 & -1 & -\frac{1}{2} & \frac{1}{2}\end{array}\right),$$

于是有

$$A^{-1}=\begin{pmatrix}-\frac{1}{2} & -\frac{1}{4} & \frac{3}{4}\\ \frac{1}{2} & \frac{3}{4} & -\frac{1}{4}\\ -1 & -\frac{1}{2} & \frac{1}{2}\end{pmatrix}.$$

用初等变换求方阵 $\boldsymbol{A}$ 的逆矩阵前，不必考虑逆矩阵是否存在，只要注意在变换过程中，如果发现竖线左边某一行的元素全为零，那么方阵 $\boldsymbol{A}$ 的逆矩阵就不存在.

四、求矩阵方程的解

含有未知矩阵的方程叫做**矩阵方程**. 例如，$\boldsymbol{AX}=\boldsymbol{B}$，其中 $\boldsymbol{X}$ 为未知矩阵，这里只讨论 $\boldsymbol{A}$，$\boldsymbol{X}$，$\boldsymbol{B}$ 都是 n 阶方阵，且 $\boldsymbol{A}$ 是可逆矩阵的情形.

解矩阵方程 $\boldsymbol{AX}=\boldsymbol{B}$ 的方法，原则上已是解决了的问题. 因为只要求出 $\boldsymbol{A}^{-1}$，再左乘方程两边可得到 $\boldsymbol{X}=\boldsymbol{A}^{-1}\boldsymbol{B}$. 可是对于阶数稍大的矩阵，这些计算可能是很困难的，而用初等变换并采用下面的形式会较方便. 为了求出 $\boldsymbol{A}^{-1}\boldsymbol{B}$，我们对下面形式的矩阵施行初等行变换.

$$(\boldsymbol{A}\mid\boldsymbol{B})\xrightarrow{\text{初等行变换}}(\boldsymbol{E}\mid\boldsymbol{D}).$$

当 $\boldsymbol{A}$ 化为单位矩阵 $\boldsymbol{E}$ 时，$\boldsymbol{B}$ 便化为 $\boldsymbol{D}$，可以证明 $\boldsymbol{D}$ 就是我们所要求的 $\boldsymbol{A}^{-1}\boldsymbol{B}$.

例 4 解矩阵方程 $\begin{pmatrix}2 & 5\\ 1 & 3\end{pmatrix}\boldsymbol{X}=\begin{pmatrix}4 & -6\\ 2 & 1\end{pmatrix}$.

解 因为

$$(\boldsymbol{A}\mid\boldsymbol{B})=\left(\begin{array}{cc|cc}2 & 5 & 4 & -6\\ 1 & 3 & 2 & 1\end{array}\right)\to\left(\begin{array}{cc|cc}1 & 2 & 2 & -7\\ 1 & 3 & 2 & 1\end{array}\right)\to\left(\begin{array}{cc|cc}1 & 2 & 2 & -7\\ 0 & 1 & 0 & 8\end{array}\right)\to\left(\begin{array}{cc|cc}1 & 0 & 2 & -23\\ 0 & 1 & 0 & 8\end{array}\right)$$
$$=(\boldsymbol{E}\mid\boldsymbol{D}),$$

所以 $\boldsymbol{X}=\begin{pmatrix}2 & -23\\ 0 & 8\end{pmatrix}$.

例 5 解矩阵方程 $\boldsymbol{AX}=\boldsymbol{B}$，其中

$$\boldsymbol{A}=\begin{pmatrix}2 & 0 & -2 & 1\\ 1 & 1 & 1 & 3\\ 0 & 2 & 1 & 1\\ 1 & 2 & 2 & 2\end{pmatrix},\boldsymbol{B}=\begin{pmatrix}1 & 1 & -1 & -1\\ 2 & -1 & 2 & -1\\ -1 & 1 & 1 & 0\\ 0 & 1 & 1 & 1\end{pmatrix}.$$

解 因为

$$(\boldsymbol{A}\mid\boldsymbol{B})=\left(\begin{array}{cccc|cccc}2 & 0 & -2 & 1 & 1 & 1 & -1 & -1\\ 1 & 1 & 1 & 3 & 2 & -1 & 2 & -1\\ 0 & 2 & 1 & 1 & -1 & 1 & 1 & 0\\ 1 & 2 & 2 & 2 & 0 & 1 & 1 & 1\end{array}\right)\to\left(\begin{array}{cccc|cccc}1 & 0 & 0 & 0 & 0 & 1 & -1 & 1\\ 0 & 1 & 0 & 0 & -1 & 1 & 0 & 0\\ 0 & 0 & 1 & 0 & 0 & 0 & 0 & 1\\ 0 & 0 & 0 & 1 & 1 & -1 & 1 & -1\end{array}\right),$$

所以 $\boldsymbol{X}=\begin{pmatrix} 0 & 1 & -1 & 1 \\ -1 & 1 & 0 & 0 \\ 0 & 0 & 0 & 1 \\ 1 & -1 & 1 & -1 \end{pmatrix}$.

随堂练习 11-5

1. 用高斯消元法解下列各方程组：

(1) $\begin{cases} 3x_1+4x_2-4x_3+2x_4=-3, \\ 6x_1+5x_2-2x_3+3x_4=-1, \\ 9x_1+3x_2+8x_3+5x_4=9, \\ -3x_1-7x_2-10x_3+x_4=2; \end{cases}$　(2) $\begin{cases} x_1+2x_2+3x_3+4x_4=0, \\ x_1+x_2+2x_3+3x_4=0, \\ x_1+5x_2+x_3+2x_4=0, \\ x_1+5x_2+5x_3+2x_4=0. \end{cases}$

2. 判断下列向量组是否线性相关，若线性相关，试求出它们的一个线性组合关系式：

(1) $\boldsymbol{\alpha}_1=(1,2,3,4)$，$\boldsymbol{\alpha}_2=(1,0,1,2)$，$\boldsymbol{\alpha}_3=(3,-1,-1,0)$，$\boldsymbol{\alpha}_4=(1,2,0,-5)$；

(2) $\boldsymbol{\alpha}_1=(5,6,7,7)$，$\boldsymbol{\alpha}_2=(2,0,0,0)$，$\boldsymbol{\alpha}_3=(0,1,1,1)$，$\boldsymbol{\alpha}_4=(7,4,5,5)$；

(3) $\boldsymbol{\alpha}_1=(3,-1,2,3)$，$\boldsymbol{\alpha}_2=(1,1,2,0)$，$\boldsymbol{\alpha}_3=(0,0,1,1)$；

(4) $\boldsymbol{\alpha}_1=(1,1,0,1)$，$\boldsymbol{\alpha}_2=(2,1,1,3)$，$\boldsymbol{\alpha}_3=(1,2,-1,0)$.

3. 利用初等变换求下列矩阵的逆矩阵：

(1) $\begin{pmatrix} 1 & -1 & 1 \\ 3 & 0 & 3 \\ -1 & 2 & 0 \end{pmatrix}$；　(2) $\begin{pmatrix} 1 & 1 & 1 & 1 \\ 1 & 1 & -1 & -1 \\ 1 & -1 & 1 & -1 \\ 1 & -1 & -1 & 1 \end{pmatrix}$.

4. 解矩阵方程：

$$\begin{pmatrix} 1 & 2 \\ 2 & 5 \end{pmatrix}\boldsymbol{X}=\begin{pmatrix} 1 & 0 \\ 0 & 1 \end{pmatrix}.$$

习 题 11-5

1. 利用初等变换求下列矩阵的逆矩阵：

(1) $\begin{pmatrix} 1 & 3 & -5 & 7 \\ 0 & 1 & 2 & -3 \\ 0 & 0 & 1 & 2 \\ 0 & 0 & 0 & 1 \end{pmatrix}$；　　(2) $\begin{pmatrix} 2 & 1 & 0 & 0 & 0 \\ 0 & 2 & 1 & 0 & 0 \\ 0 & 0 & 2 & 1 & 0 \\ 0 & 0 & 0 & 2 & 1 \\ 0 & 0 & 0 & 0 & 2 \end{pmatrix}$.

2. 解矩阵方程

$$\begin{pmatrix} 3 & 0 & 8 \\ 3 & -1 & 6 \\ -2 & 0 & -5 \end{pmatrix} \boldsymbol{X} = \begin{pmatrix} 1 & -1 & 2 \\ -1 & 3 & 4 \\ -2 & 0 & 5 \end{pmatrix}.$$

3. (1) 已知向量 $\boldsymbol{\alpha}_1=(1,1,3)$，$\boldsymbol{\alpha}_2=(2,4,5)$，$\boldsymbol{\alpha}_3=(1,-1,0)$，$\boldsymbol{\alpha}_4=(2,2,6)$，哪些向量可由其余向量线性表示？写出表达式.

(2) 将向量 $\boldsymbol{\beta}=(3,1,11)$ 表示成 $\boldsymbol{\alpha}_1=(1,2,3)$，$\boldsymbol{\alpha}_2=(1,0,4)$，$\boldsymbol{\alpha}_3=(1,3,1)$ 的线性组合.

§11-6　一般线性方程组解的讨论

在前面我们利用克莱姆法则及高斯消元法解线性方程组时，有两个限制：一个是线性方程组中方程个数和未知量的个数相等；另一个是系数行列式不等于零(系数矩阵的秩等于未知量的个数). 现在取消上述两个限制，讨论一般的线性方程组

$$\begin{cases} a_{11}x_1+a_{12}x_2+\cdots+a_{1n}x_n=b_1, \\ a_{21}x_1+a_{22}x_2+\cdots+a_{2n}x_n=b_2, \\ \cdots\cdots\cdots\cdots\cdots\cdots\cdots\cdots \\ a_{m1}x_1+a_{m2}x_2+\cdots+a_{mn}x_n=b_m \end{cases} \tag{1}$$

及齐次线性方程组

$$\begin{cases} a_{11}x_1+a_{12}x_2+\cdots+a_{1n}x_n=0, \\ a_{21}x_1+a_{22}x_2+\cdots+a_{2n}x_n=0, \\ \cdots\cdots\cdots\cdots\cdots\cdots\cdots\cdots \\ a_{m1}x_1+a_{m2}x_2+\cdots+a_{mn}x_n=0. \end{cases} \tag{2}$$

为区别起见，称方程组(1)为**非齐次线性方程组**.

本节的主要目的是用向量及矩阵的理论来讨论线性方程组的有关理论，并解决如下几个问题：

(1) 线性方程组(1)在什么情况下有解？

(2) 解是否唯一？

(3) 如何求解？

一、齐次线性方程组

由于 $x_1=0,x_2=0,\cdots,x_n=0$ 是齐次线性方程组(2)的一个解，我们称这样的解为**零解**，所以齐次线性方程组(2)总有解存在. 但在很多情况下，我们只对(2)的非零解(即 x_i 不全为零的解)感兴趣.

如果 $x_1=p_1,x_2=p_2,\cdots,x_n=p_n$ 是线性方程组的一个解，则将这个解记成向量形式 $\boldsymbol{\eta}=(p_1,p_2,\cdots,p_n)$，并称 $\boldsymbol{\eta}$ 是方程组的一个**解**(或**解向量**).

下面的定理表明了齐次线性方程组(2)的解的性质.

定理 1　设 $\boldsymbol{\eta}_1=(x_1,x_2,\cdots,x_n)$ 和 $\boldsymbol{\eta}_2=(y_1,y_2,\cdots,y_n)$ 是方程组(2)的解，则有

(1) $\boldsymbol{\eta}_1+\boldsymbol{\eta}_2=(x_1+y_1,x_2+y_2,\cdots,x_n+y_n)$ 也是方程组(2)的解；

(2) $k\boldsymbol{\eta}_1=(kx_1,kx_2,\cdots,kx_n)$ 也是方程组(2)的解，其中 k 为任意常数.

这个定理易证，读者不妨自行证明.

由定理1可知:(1) 如果方程组(2)有非零解,便有无穷多组解;(2) 如果方程组(2)有 s 个解 $\boldsymbol{\eta}_1,\boldsymbol{\eta}_2,\cdots,\boldsymbol{\eta}_s$,那么这 s 个解的线性组合 $\boldsymbol{\eta}=c_1\boldsymbol{\eta}_1+c_2\boldsymbol{\eta}_2+\cdots+c_s\boldsymbol{\eta}_s$ 也是方程组(2)的解,其中 $c_i(i=1,2,\cdots,s)$为任意常数.

设齐次线性方程组(2)的系数矩阵 $\boldsymbol{A}$ 的秩为 r,于是 $\boldsymbol{A}$ 有一个不为零的 r 阶子式.为叙述方便,设 $\boldsymbol{A}$ 的左上角的 r 阶子式不为零.经过适当的初等行变换,可使 $\boldsymbol{A}$ 的左上角出现一个 r 阶单位矩阵 $\boldsymbol{E}$,而其以下 $m-r$ 各行元素均为零,即 $\boldsymbol{A}$ 可化为以下形式:

$$\boldsymbol{B}=\begin{pmatrix} 1 & 0 & \cdots & 0 & c_{1\,r+1} & \cdots & c_{1n} \\ 0 & 1 & \cdots & 0 & c_{2\,r+1} & \cdots & c_{2n} \\ \cdots & \cdots & \cdots & \cdots & \cdots & \cdots & \cdots \\ 0 & 0 & \cdots & 1 & c_{r\,r+1} & \cdots & c_{rn} \\ \cdots & \cdots & \cdots & \cdots & \cdots & \cdots & \cdots \\ 0 & 0 & \cdots & 0 & 0 & \cdots & 0 \end{pmatrix}.$$

由于方程组(2)右端常数项全为零,对 $\boldsymbol{A}$ 进行初等行变换,相当于对方程组同解变形.若 $r=n$,则 $\boldsymbol{B}$ 对应的齐次线性方程组只有零解,即齐次线性方程组(2)只有零解;若$r<n$,$\boldsymbol{B}$ 所对应的齐次线性方程组为

$$\begin{cases} x_1 \qquad\qquad +c_{1r+1}x_{r+1}+\cdots+c_{1n}x_n=0, \\ \quad x_2 \qquad +c_{2r+1}x_{r+1}+\cdots+c_{2n}x_n=0, \\ \cdots\cdots\cdots\cdots\cdots\cdots\cdots\cdots\cdots\cdots \\ \qquad\qquad x_r+c_{rr+1}x_{r+1}+\cdots+c_{rn}x_n=0. \end{cases} \tag{3}$$

方程组(3)与方程组(2)同解,任给 $x_{r+1},\cdots,x_n$ 一组数值,由方程组(3)便得到齐次方程组(2)的一组解,亦或一个解向量.特别地,如果取下面 $n-r$ 组数值:

$$\begin{array}{llll} x_{r+1}=1, & x_{r+2}=0, & \cdots, & x_n=0, \\ x_{r+1}=0, & x_{r+2}=1, & \cdots, & x_n=0, \\ \cdots & \cdots & \cdots & \cdots \\ x_{r+1}=0, & x_{r+2}=0, & \cdots, & x_n=1, \end{array}$$

可得 $n-r$ 个解向量

$$\begin{aligned} &\boldsymbol{\eta}_1=(-c_{1\,r+1},-c_{2\,r+1},\cdots,-c_{r\,r+1},1,0,\cdots,0), \\ &\boldsymbol{\eta}_2=(-c_{1\,r+2},-c_{2\,r+2},\cdots,-c_{r\,r+2},0,1,\cdots,0), \\ &\cdots, \\ &\boldsymbol{\eta}_{n-r}=(-c_{1n},-c_{2n},\cdots,-c_{rn},0,0,\cdots,1). \end{aligned}$$

我们可以证明这 $n-r$ 个解向量线性无关,且方程组(2)的任意一个解向量都可由 $\boldsymbol{\eta}_1,\boldsymbol{\eta}_2,\cdots,\boldsymbol{\eta}_{n-r}$线性表示.

定义 设 $\boldsymbol{\eta}_1,\boldsymbol{\eta}_2,\cdots,\boldsymbol{\eta}_s$ 是齐次线性方程组(2)的一组解向量,且

(1) $\boldsymbol{\eta}_1,\boldsymbol{\eta}_2,\cdots,\boldsymbol{\eta}_s$ 是线性无关的;

(2) 齐次线性方程组(2)的任何一个解向量都是 $\boldsymbol{\eta}_1,\boldsymbol{\eta}_2,\cdots,\boldsymbol{\eta}_s$ 的线性组合.

则 $\boldsymbol{\eta}_1,\boldsymbol{\eta}_2,\cdots,\boldsymbol{\eta}_s$ 称为齐次线性方程组(2)的一个**基础解系**.

基础解系中，解向量 $\boldsymbol{\eta}_1,\boldsymbol{\eta}_2,\cdots,\boldsymbol{\eta}_s$ 的线性组合

$$\boldsymbol{\eta}=c_1\boldsymbol{\eta}_1+c_2\boldsymbol{\eta}_2+\cdots+c_s\boldsymbol{\eta}_s$$

称为(2)的**通解**.

综上讨论，对于齐次线性方程组 $\boldsymbol{AX}=\boldsymbol{0}$，

(1) 当 $r(\boldsymbol{A})=n$ 时，方程组仅有零解；

(2) 当 $r(\boldsymbol{A})=r<n$ 时，方程组有无穷多解，基础解系中含有 $n-r$ 个线性无关的解向量 $\boldsymbol{\eta}_1,\boldsymbol{\eta}_2,\cdots,\boldsymbol{\eta}_{n-r}$，其通解为 $\boldsymbol{\eta}=c_1\boldsymbol{\eta}_1+c_2\boldsymbol{\eta}_2+\cdots+c_{n-r}\boldsymbol{\eta}_{n-r}$.

例 1　求下面方程组的基础解系及通解：

$$\begin{cases} x_1+2x_2+x_3+x_4=0, \\ x_2+x_3+2x_4+x_5=0, \\ x_2+x_3+3x_4+2x_5=0, \\ -x_1+x_3+4x_4+3x_5=0. \end{cases}$$

解

$$\boldsymbol{A}=\begin{pmatrix} 1 & 2 & 1 & 1 & 0 \\ 0 & 1 & 1 & 2 & 1 \\ 0 & 1 & 1 & 3 & 2 \\ -1 & 0 & 1 & 4 & 3 \end{pmatrix},$$

$$\boldsymbol{A}\xrightarrow{\text{初等行变换}}\boldsymbol{B}=\begin{pmatrix} 1 & 0 & -1 & 0 & 1 \\ 0 & 1 & 1 & 0 & -1 \\ 0 & 0 & 0 & 1 & 1 \\ 0 & 0 & 0 & 0 & 0 \end{pmatrix}.$$

由 $\boldsymbol{B}$ 可知 $r(\boldsymbol{A})=3$，而未知量个数 $n=5$，所以方程组的基础解系含 2 个向量.

由于$\begin{cases} x_1-x_3+x_5=0, \\ x_2+x_3-x_5=0, \\ x_4+x_5=0 \end{cases}$与原方程组同解，可得解$\begin{cases} x_1=x_3-x_5, \\ x_2=-x_3+x_5, \\ x_4=-x_5. \end{cases}$

故基础解系为

$$\boldsymbol{\eta}_1=(1,-1,1,0,0)^{\mathrm{T}},$$

$$\boldsymbol{\eta}_2=(-1,1,0,-1,1)^{\mathrm{T}}.$$

其通解为 $$\boldsymbol{\eta}=c_1\boldsymbol{\eta}_1+c_2\boldsymbol{\eta}_2=(c_1-c_2,-c_1+c_2,c_1,-c_2,c_2)^{\mathrm{T}}.$$

注意　将 $\boldsymbol{A}$ 经过适当的初等行变换化成上面的阶梯形矩阵 $\boldsymbol{B}$，$r(\boldsymbol{A})=r$ 时，r 阶不等于零的子式不一定出现在 $\boldsymbol{A}$ 的左上角，即初等行变换后的 r 阶单位矩阵不一定在 $\boldsymbol{B}$ 的左上角，例 1 中 $r(\boldsymbol{A})=3$，而三阶单位矩阵由 $\boldsymbol{B}$ 的前三行与 1,2,4 列交叉处的元素构成.

二、非齐次线性方程组

设非齐次线性方程组(1)的系数矩阵 $\boldsymbol{A}$ 的秩为 r，假定 $\boldsymbol{A}$ 不为零的 r 阶子式就在 $\boldsymbol{A}$ 的左

上角,它的增广矩阵为

$$\widetilde{\mathbf{A}}=\begin{pmatrix} a_{11} & a_{12} & \cdots & a_{1n} & b_1 \\ a_{21} & a_{22} & \cdots & a_{2n} & b_2 \\ \cdots & \cdots & \cdots & \cdots & \cdots \\ a_{m1} & a_{m2} & \cdots & a_{mn} & b_m \end{pmatrix}.$$

对 $\widetilde{\mathbf{A}}$ 经过适当的行初等变换,总可以仿齐次线性方程组(2)的情形,使 $\widetilde{\mathbf{A}}$ 中系数矩阵 $\mathbf{A}$ 在左上角出现 r 阶单位矩阵,而其以下 $m-r$ 各行除最后一列可能有非零元素外,其余元素全为零,即 $\widetilde{\mathbf{A}}$ 可化为以下形式:

$$\mathbf{C}=\begin{pmatrix} 1 & 0 & \cdots & 0 & c_{1\,r+1} & \cdots & c_{1n} & c_1 \\ 0 & 1 & \cdots & 0 & c_{2\,r+1} & \cdots & c_{2n} & c_2 \\ \cdots & \cdots & \cdots & \cdots & \cdots & \cdots & \cdots & \cdots \\ 0 & 0 & \cdots & 1 & c_{r\,r+1} & \cdots & c_{rn} & c_r \\ 0 & 0 & \cdots & 0 & 0 & \cdots & 0 & c_{r+1} \\ \cdots & \cdots & \cdots & \cdots & \cdots & \cdots & \cdots & \cdots \\ 0 & 0 & \cdots & 0 & 0 & \cdots & 0 & 0 \end{pmatrix}.$$

$\mathbf{C}$ 对应的方程组为

$$\begin{cases} x_1 \qquad\qquad + c_{1r+1}x_{r+1}+\cdots+c_{1n}x_n=c_1, \\ \qquad x_2 \qquad + c_{2r+1}x_{r+1}+\cdots+c_{2n}x_n=c_2, \\ \cdots\cdots\cdots\cdots\cdots\cdots\cdots\cdots\cdots\cdots\cdots\cdots \\ \qquad\qquad x_r + c_{rr+1}x_{r+1}+\cdots+c_{rn}x_n=c_r, \\ \qquad\qquad\qquad\qquad\qquad\qquad 0=c_{r+1}, \end{cases} \tag{4}$$

它与方程组(1)同解.

若 $c_{r+1}\neq 0$,方程组(4)中最后一个方程不能成立,即方程组(1)无解.此时 $r(\widetilde{\mathbf{A}})=r+1\neq r(\mathbf{A})=r$.

若 $c_{r+1}=0$,表明 $r(\widetilde{\mathbf{A}})=r(\mathbf{A})=r$,矩阵 $\mathbf{C}$ 对应的方程组为

$$\begin{cases} x_1 \qquad\qquad + c_{1\,r+1}x_{r+1}+\cdots+c_{1n}x_n=c_1, \\ \qquad x_2 \qquad + c_{2\,r+1}x_{r+1}+\cdots+c_{2n}x_n=c_2, \\ \cdots\cdots\cdots\cdots\cdots\cdots\cdots\cdots\cdots\cdots\cdots\cdots \\ \qquad\qquad x_r + c_{r\,r+1}x_{r+1}+\cdots+c_{rn}x_n=c_r. \end{cases} \tag{5}$$

(1) 当 $r=n$ 时,由方程组(5)知,方程组(1)有唯一的解:

$$x_1=c_1, x_2=c_2, \cdots, x_n=c_n.$$

(2) 当 $r<n$ 时,由方程组(5)知,给定 $x_{r+1},\cdots,x_n$ 任意一组数值,都可求得方程组(5)的一组解,从而得到方程组(1)的一组解,由于 $x_{r+1},\cdots,x_n$ 的值可以任取,所以方程组(1)有无穷多组解.

因此,对于非齐次线性方程组(1)有:

(1) 方程组(1)有解的充分必要条件是系数矩阵的秩与增广矩阵的秩相等,即 $r(\mathbf{A})=$

$r(\widetilde{\boldsymbol{A}})=r$.

(2) 当 $r=n$ 时,方程组(1)有唯一解;当 $r<n$ 时,方程组(1)有无穷多组解.

当齐次线性方程组有无穷多组解时,如何求出这些解呢? 为此给出非齐次线性方程组的解的结构定理.

定理 2　设 $\boldsymbol{\eta}$ 是齐次线性方程组 $\boldsymbol{AX}=\boldsymbol{0}$ 的通解,$\boldsymbol{\alpha}$ 是非齐次线性方程组 $\boldsymbol{AX}=\boldsymbol{B}$ 的一个解向量,则 $\boldsymbol{AX}=\boldsymbol{B}$ 的一切解 $\boldsymbol{X}$ 可表示为

$$\boldsymbol{X}=\boldsymbol{\eta}+\boldsymbol{\alpha}.$$

根据这个定理,将 $\boldsymbol{AX}=\boldsymbol{B}$ 的增广矩阵化为阶梯形后,由 $r(\widetilde{\boldsymbol{A}})$ 与 $r(\boldsymbol{A})$ 的大小关系确定非齐次线性方程组 $\boldsymbol{AX}=\boldsymbol{B}$ 是否有解. 若有解,则由阶梯矩阵就可以直接得到 $\boldsymbol{AX}=\boldsymbol{B}$ 的一个解向量,并求出阶梯矩阵中去除最后一列所得矩阵对应的齐次线性方程组的通解,从而得到 $\boldsymbol{AX}=\boldsymbol{B}$ 的一切解.

例 2　当 a 取什么值时,方程组

$$\begin{cases} x_1+x_2+x_3+x_4=1, \\ 3x_1+2x_2+x_3-3x_4=a, \\ x_2+2x_3+6x_4=3 \end{cases}$$

有解? 若有解,求出它的解.

解

$$\text{因为 } \widetilde{\boldsymbol{A}}=\begin{pmatrix} 1 & 1 & 1 & 1 & 1 \\ 3 & 2 & 1 & -3 & a \\ 0 & 1 & 2 & 6 & 3 \end{pmatrix} \to \begin{pmatrix} 1 & 1 & 1 & 1 & 1 \\ 0 & -1 & -2 & -6 & a-3 \\ 0 & 1 & 2 & 6 & 3 \end{pmatrix}$$

$$\to \begin{pmatrix} 1 & 1 & 1 & 1 & 1 \\ 0 & 1 & 2 & 6 & 3 \\ 0 & -1 & -2 & -6 & a-3 \end{pmatrix} \to \begin{pmatrix} 1 & 0 & -1 & -5 & -2 \\ 0 & 1 & 2 & 6 & 3 \\ 0 & 0 & 0 & 0 & a \end{pmatrix},$$

所以,当 $a\neq 0$ 时,$r(\boldsymbol{A})=2$,$r(\widetilde{\boldsymbol{A}})=3$,方程组无解;当 $a=0$ 时,$r(\boldsymbol{A})=r(\widetilde{\boldsymbol{A}})=2$,方程组有解. 这时,可得方程组的一个解向量(常取 $r(\boldsymbol{A})=r$ 阶单位矩阵以外的列向量所对应的未知数为零)为

$$\boldsymbol{\alpha}=(-2,3,0,0)^{\mathrm{T}},$$

对应的齐次线性方程组为

$$\begin{cases} x_1 \quad -x_3-5x_4=0, \\ x_2+2x_3+6x_4=0. \end{cases}$$

其基础解系为　$\boldsymbol{\eta}_1=(1,-2,1,0)^{\mathrm{T}}$,$\boldsymbol{\eta}_2=(5,-6,0,1)^{\mathrm{T}}$,

其通解为　$\boldsymbol{\eta}=c_1\boldsymbol{\eta}_1+c_2\boldsymbol{\eta}_2$.

因此,原方程组的解为

$$\boldsymbol{X}=\boldsymbol{\eta}+\boldsymbol{\alpha}=c_1\boldsymbol{\eta}_1+c_2\boldsymbol{\eta}_2+\boldsymbol{\alpha}=(-2+c_1+5c_2,3-2c_1-6c_2,c_1,c_2)^{\mathrm{T}}.$$

随堂练习 11-6

1. 求出下列方程组的基础解系及通解:

$$\begin{cases} x_1+x_2+2x_3+x_4=0, \\ x_2+x_3+2x_4=0, \\ -x_1+x_2+3x_4=0. \end{cases}$$

2. 方程组

$$\begin{cases} x_1-2x_2+x_3+x_4=1, \\ x_1-2x_2+x_3-x_4=-1, \\ x_1-2x_2+x_3-5x_4=-5 \end{cases}$$

是否有解? 若有解,求出它的解.

3. 当 a 取什么值时,方程组

$$\begin{cases} x_1+x_2+x_3+x_4=2, \\ x_1+3x_2+2x_3-x_4=a, \\ 2x_2+x_3-2x_4=3 \end{cases}$$

有解? 若有解,求出它的解.

习 题 11-6

1. 方程组

$$\begin{cases} x_1+x_2+2x_3+x_5=1, \\ x_2+x_3+x_4+2x_5=3, \\ x_2+x_3+2x_4+3x_5=4, \\ -x_1+x_2+3x_4+4x_5=6 \end{cases}$$

是否有解? 若有解,求出它的解.

2. 确定 m 的值,使方程组

$$\begin{cases} 2x_1-x_2+x_3+x_4=1, \\ x_1+2x_2-x_3+4x_4=2, \\ x_1+7x_2-4x_3+11x_4=m \end{cases}$$

有解,并求出它的解.

总结·拓展

一、知识小结

1. 本章的主要内容有：

(1) n 阶行列式的定义与性质；

(2) 矩阵的定义，矩阵的运算：加法、减法、数乘、乘法，逆矩阵的定义和求法，矩阵的秩的定义，矩阵的初等变换，用初等变换求矩阵的秩，用初等行变换求逆矩阵；

(3) 向量的概念，向量组的线性相关与线性无关的概念，向量组的线性相关性与无关性的判定，向量线性组合表达式的求法.

用克莱姆法则、逆矩阵、高斯消元法解线性方程组，一般线性方程组的讨论.

2. 行列式是一个数，在计算中，运用行列式的性质进行计算比较容易.

3. 矩阵是由 $m\times n$ 个数组成的 m 行 n 列的一个数表，运算时应注意：

(1) 矩阵乘法不满足交换律；

(2) 由 $\boldsymbol{AB}=\boldsymbol{O}$ 不能得到 $\boldsymbol{A}=\boldsymbol{O}$ 或 $\boldsymbol{B}=\boldsymbol{O}$；

(3) 由 $\boldsymbol{AC}=\boldsymbol{BC}$ 且 $\boldsymbol{C}\neq\boldsymbol{O}$ 不能得到 $\boldsymbol{A}=\boldsymbol{B}$.

4. 逆矩阵的求法有两种：(1) $\boldsymbol{A}^{-1}=\dfrac{1}{|\boldsymbol{A}|}\boldsymbol{A}^{*}$；(2) 利用初等变换求 $\boldsymbol{A}^{-1}$.

5. 矩阵的秩就是矩阵中不为零的最高阶子式的阶数，运用初等变换求矩阵的秩时，可以仅施以行或列的初等变换，也可以行、列的初等变换交替使用.

6. 对于向量组 $\boldsymbol{\alpha}_1,\boldsymbol{\alpha}_2,\cdots,\boldsymbol{\alpha}_m$，若存在不全为零的实数 $k_1,k_2,\cdots,k_m$，使关系式 $k_1\boldsymbol{\alpha}_1+k_2\boldsymbol{\alpha}_2+\cdots+k_m\boldsymbol{\alpha}_m=\boldsymbol{0}$ 成立，则向量组 $\boldsymbol{\alpha}_1,\boldsymbol{\alpha}_2,\cdots,\boldsymbol{\alpha}_m$ 线性相关，否则线性无关. 对列向量组成的矩阵施行初等行变换使之成为阶梯矩阵可以判定向量组的线性相关与无关，并能写出它们的线性相关的关系式.

7. 一个含有 n 个未知数，n 个方程的线性方程组，当它的系数行列式不为零时，有以下三种解法：

(1) 克莱姆法则：$x_i=\dfrac{D_i}{D}(i=1,2,\cdots,n)$；

(2) 利用逆矩阵：若方程组 $\boldsymbol{AX}=\boldsymbol{B}$，则 $\boldsymbol{X}=\boldsymbol{A}^{-1}\boldsymbol{B}$；

(3) 利用高斯消元法：对方程组的增广矩阵 $\widetilde{\boldsymbol{A}}$ 施行初等行变换，使 $\widetilde{\boldsymbol{A}}$ 中前 n 列变成单位矩阵，这时最后一列即为方程组的解.

注意　当方程组的系数行列式等于零时，上述(1)和(2)两种解法失效.

8. 一般线性方程组的解有如下表中所列的几种情形.

$r(\mathbf{A})$与$r(\widetilde{\mathbf{A}})$	齐次线性方程组	非齐次线性方程组
$r(\mathbf{A})\neq r(\widetilde{\mathbf{A}})$		无解
$r(\mathbf{A})=r(\widetilde{\mathbf{A}})=n$	只有零解	有唯一解
$r(\mathbf{A})=r(\widetilde{\mathbf{A}})<n$	有无穷多组解，通解中含有 $n-r(\mathbf{A})$个任意常数	有无穷多组解，通解中含有 $n-r(\mathbf{A})$个任意常数

二、要点回顾

1. 一阶行列式的值等于本身，即$|a_{11}|=a_{11}$.

2. n阶行列式的展开式共有$n!$项，每项由不同行不同列的n个元素相乘，正号项与负号项各占一半.

3. 非齐次线性方程组的克莱姆法则及矩阵求解，必须是n个未知数n个方程，且系数行列式不等于零或系数矩阵可逆.

例 $\boldsymbol{A},\boldsymbol{B},\boldsymbol{X}$均为$n$阶矩阵且$\boldsymbol{E}-\boldsymbol{B}$可逆，当$\boldsymbol{X}+\boldsymbol{A}=\boldsymbol{XB}$时，求$\boldsymbol{X}$.

解 因为$\boldsymbol{X}-\boldsymbol{XB}=-\boldsymbol{A}$，所以$\boldsymbol{X}(\boldsymbol{E}-\boldsymbol{B})=-\boldsymbol{A}$(注意要左提取$\boldsymbol{X}$,$\boldsymbol{X}$提取后不能为“1”，而应该是单位矩阵$\boldsymbol{E}$)，所以$\boldsymbol{X}=-\boldsymbol{A}(\boldsymbol{E}-\boldsymbol{B})^{-1}$(不能除$\boldsymbol{E}-\boldsymbol{B}$,而应该右乘$(\boldsymbol{E}-\boldsymbol{B})^{-1}$).

4. 用初等变换求矩阵的秩，先化成阶梯形矩阵，矩阵的秩为阶梯形矩阵的非零行数.

复习题十一

1. 选择题：

(1) 若$D=\begin{vmatrix} a_{11} & a_{12} & a_{13} \\ a_{21} & a_{22} & a_{23} \\ a_{31} & a_{32} & a_{33} \end{vmatrix}=1$，则$D_1=\begin{vmatrix} 3a_{11} & 3a_{11}-4a_{12} & a_{13} \\ 3a_{21} & 3a_{21}-4a_{22} & a_{23} \\ 3a_{31} & 3a_{31}-4a_{32} & a_{33} \end{vmatrix}$的值为 （ ）

A. 9　　B. -3　　C. -12　　D. -36

(2) 行列式$\begin{vmatrix} 0 & 0 & 0 & -1 \\ 0 & 0 & 2 & 0 \\ 0 & 3 & 0 & 0 \\ 4 & 0 & 0 & 0 \end{vmatrix}$的值为 （ ）

A. 0　　B. 8　　C. $-4!$　　D. $4!$

(3) 设$D=|a_{ij}|$中元素a_{ij}的代数余子式是A_{ij}，则$\sum_{j=1}^{n}a_{ij}A_{sj}\ (i\neq s)$等于 （ ）

A. 0　　B. 1　　C. D　　D. na_{ij}

(4) 若有矩阵 $\boldsymbol{A}_{3\times2}$，$\boldsymbol{B}_{2\times3}$，$\boldsymbol{C}_{3\times3}$，则下列可运算的式子是　　(　　)

A. $\boldsymbol{AC}$　　B. $\boldsymbol{ABC}$　　C. $\boldsymbol{CB}$　　D. $\boldsymbol{AB}-\boldsymbol{AC}$

(5) 设 $\boldsymbol{A}=\begin{pmatrix}0&1&0\\0&0&1\\0&0&0\end{pmatrix}$，若 $\boldsymbol{AB}=\boldsymbol{BA}$，$a_{ij}\neq0$，则 $\boldsymbol{B}$ 的形式应为　　(　　)

A. $\begin{pmatrix}0&a_{12}&a_{13}\\0&0&a_{23}\\0&0&0\end{pmatrix}$　　B. $\begin{pmatrix}a_{11}&a_{12}&a_{13}\\0&a_{11}&a_{12}\\0&0&a_{11}\end{pmatrix}$

C. $\begin{pmatrix}a_{11}&a_{12}&a_{13}\\a_{21}&a_{22}&a_{23}\\0&0&0\end{pmatrix}$　　D. $\begin{pmatrix}a_{11}&a_{12}&a_{13}\\0&a_{22}&a_{23}\\0&0&a_{33}\end{pmatrix}$

(6) 若 $\boldsymbol{A}$ 为三阶矩阵，则 $|2\boldsymbol{A}|$ 等于　　(　　)

A. $3^2|\boldsymbol{A}|$　　B. $2|\boldsymbol{A}|$　　C. $3|\boldsymbol{A}|$　　D. $2^3|\boldsymbol{A}|$

2. 计算下列行列式：

(1) $\begin{vmatrix}1&4&9&16\\4&9&16&25\\9&16&25&36\\16&25&36&49\end{vmatrix}$；　　(2) $\begin{vmatrix}1&2&3&4&5\\-1&0&3&4&5\\-1&-2&0&4&5\\-1&-2&-3&0&5\\-1&-2&-3&-4&0\end{vmatrix}$；

(3) $\begin{vmatrix}1&1&1&1\\a&a&b&b\\b&b&a&c\\c&c&c&a\end{vmatrix}$；　　(4) $\begin{vmatrix}2&0&2\cos\alpha&0\\0&2&0&2\cos\alpha\\2\cos\alpha&0&2&0\\0&2\cos\alpha&0&2\end{vmatrix}$.

3. 求证：

(1) $\begin{vmatrix}a-b-c&2a&2a\\2b&b-c-a&2b\\2c&2c&c-b-a\end{vmatrix}=(a+b+c)^3$；

(2) $\begin{vmatrix}\cos(\alpha-\beta)&\sin\alpha&\cos\alpha\\\sin(\alpha+\beta)&\cos\alpha&\sin\alpha\\1&\sin\beta&\cos\beta\end{vmatrix}=0$.

4. 解下列各线性方程组：

(1) $\begin{cases}x+3y+z=5,\\x+y+5z=-7,\\2x+3y-3z=14;\end{cases}$

(2) $\begin{cases}x+y+z=a+b+c,\\ax+by+cz=a^2+b^2+c^2,\\bcx+cay+abz=3abc\end{cases}$ $(a,b,c$ 互不相等$)$；

(3) $\begin{cases} 3x_1+2x_2 & =1, \\ x_1+3x_2+2x_3 & =0, \\ x_2+3x_3+2x_4 & =0, \\ x_3+3x_4 & =-2. \end{cases}$

5. 当 λ, a, b 取什么值时,才能使下列方程组有解?请求出它们的解:

(1) $\begin{cases} \lambda x_1+x_2+x_3=1, \\ x_1+\lambda x_2+x_3=\lambda, \\ x_1+x_2+\lambda x_3=\lambda^2; \end{cases}$　　(2) $\begin{cases} ax_1+x_2+x_3=4, \\ x_1+bx_2+x_3=3, \\ x_1+2bx_2+x_3=4; \end{cases}$

(3) $\begin{cases} x_1+2x_2+3x_3=6, \\ 2x_1+3x_2+x_3=-1, \\ x_1+x_2+ax_3=-7, \\ 3x_1+5x_2+4x_3=b. \end{cases}$

6. 求下列矩阵的逆矩阵:

(1) $\begin{pmatrix} 1 & 2 & -1 \\ 3 & 5 & 0 \\ -1 & 0 & 0 \end{pmatrix}$;　　(2) $\begin{pmatrix} 1 & -1 & 1 & 1 \\ -1 & 0 & -1 & 0 \\ 1 & -1 & 1 & 0 \\ 1 & 0 & 0 & 2 \end{pmatrix}$;

(3) $\begin{pmatrix} 1 & m & 0 & 0 & 0 \\ 0 & m & 1 & 0 & 0 \\ 0 & 0 & 0 & m & 1 \\ 0 & 0 & -1 & -m & 0 \\ -1 & 0 & 0 & 0 & 0 \end{pmatrix}$ $(m\neq 0)$.

7. 解矩阵方程:

(1) $\begin{pmatrix} 2 & 1 \\ 3 & 2 \end{pmatrix} \boldsymbol{X} \begin{pmatrix} -3 & 2 \\ 5 & -3 \end{pmatrix} = \begin{pmatrix} -2 & 4 \\ 3 & -1 \end{pmatrix}$;

(2) $\begin{pmatrix} 0 & 1 & 0 \\ 1 & 0 & 0 \\ 0 & 0 & 1 \end{pmatrix} \boldsymbol{X} \begin{pmatrix} 1 & 0 & 0 \\ 0 & 0 & 1 \\ 0 & 1 & 0 \end{pmatrix} = \begin{pmatrix} 1 & -4 & 3 \\ 2 & 0 & -1 \\ 1 & -2 & 0 \end{pmatrix}$.

第 12 章

数学建模

数学建模是架于数学理论和实际问题之间的桥梁，是运用数学知识解决实际问题的重要手段和途径. 本章将介绍数学建模的概念和方法，并通过对一些实例的分析，帮助读者了解数学建模的原理及概要，从而培养分析问题、解决问题的能力以及创造性思维.

§12-1　数学建模的概念

一、什么是数学建模

通俗地讲，数学建模就是先把实际问题归结为数学问题，再用数学方法进行求解. 把实际问题归结为数学问题，叫做建立数学模型，但数学建模不仅仅是建立数学模型，还包括求解模型，并对结果进行检验、分析与改进. 我们应该把数学建模理解为利用数学模型解决实际问题的全过程. 通过数学建模来解决实际问题，往往可以起到事半功倍的效果，有时甚至是解决问题的唯一方法.

所谓数学模型，是指针对某一系统的特征或数量依存关系，采用数学语言，概括地或近似地表述出的一种数学结构，以便于人们更深刻地认识所研究的对象.

具体来说，数学模型就是用字母、数字和其他数学符号构筑起来的，用以描述客观事物特征及相互关系的等式或不等式，以及图象、图表、框图、程序等.

对于数学模型，我们并不陌生，前面各章介绍的各种公式与方法，都可以看作数学模型. 比如，概率统计中的假设检验、线性代数中的初等变换、运动问题中的微分方程等. 有的数学模型还获得了大家公认的名称，如最小二乘模型、拉氏变换模型、牛顿迭代模型等. 可以说数学模型比比皆是，无处不在.

每一个数学模型都适用于一个或一类特定的问题，但是反过来就不那么简单了. 现实问题千差万别，对应的数学模型也千姿百态，甚至同一个问题可用多个数学模型加以描述. 用什么样的数学模型去表述呢？ 如何建立数学模型没有固定的程式，虽然有许多现成的模型可供参考,但是事先没有人告诉你该选用何种模型.由此可见,建立数学模型具有很强灵活性,需要我们有强烈的创新意识.

例 1 哥尼斯堡七桥问题.

从前,在东普鲁士的城市哥尼斯堡有七座桥连结布鲁格尔河两岸及河中两个小岛,如图 12-1所示.有的人就想:能不能找到一条路,使得它经过每一座桥一次且仅一次呢?这些人百试不得其解,便去请教当时的大数学家欧拉.下面看看欧拉的处理.

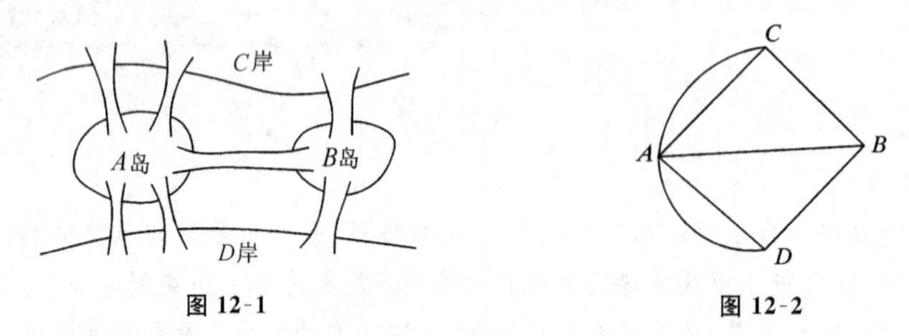

图 12-1 图 12-2

解 欧拉认为:布鲁格尔河把城市分成四大部分,但人们的兴趣在于过桥,故应把这四个部分予以缩小,缩成四个结点,用七条连线来表示桥,如图 12-2 所示.于是问题简化为"一笔画"问题,即能否用"一笔"画出图 12-2.欧拉指出:在作一笔画时,每经过一次结点,必然一进一出画两条线,所以除了起点与终点外,结点都应该是"偶点"——与其相连的线为偶数条.欧拉断言:图 12-2 的结点全是"奇点",因而一次无重复地通过七座桥是不可能的.

欧拉建立了一个前所未有的数学模型——网络图,从此诞生了新兴的数学分支——图论.网络图与通常的几何图形不同,它不计较结点的位置与坐标,不讲究线条的长短与形状,只表明一种逻辑的关系.

例 2 将凳子放稳.

一张方凳置于地面上常常放不稳,只有三脚着地.生活经验告诉我们,将凳子稍作转动即可放稳.试问这种经验是否总是有效?

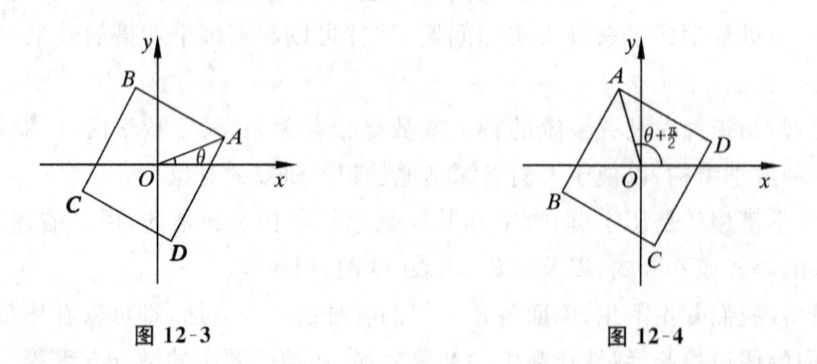

图 12-3 图 12-4

解 这个问题看似和数学没有关系,但实际上可通过数学建模来解决.这是一个证明问题,要证明必有一个位置使凳子的四脚着地,即存在恰当的"中介点".最简便的方法是利用连续函数的零点定理.连续函数是现成的:地面不太平坦,有起伏,可视作连续的曲面,其方程

$$z=f(x,y)$$

是连续函数. 假设方凳的四脚连线呈正方形,可以绕中心点 O 转动(图 12-3),转动半径为 R. 由于三点确定一平面,所以正方形的三个顶点是可以着地的. 设凳子转动的角度为 θ,将正方形的三个顶点 B,C,D 在曲面上固定(着地),则另一顶点 A 的位置也固定. 因此,A 点与曲面的垂直距离 h 随之确定,成为 θ 的函数

$$h=\Phi(\theta).$$

$h>0$ 时,A 在曲面上方;$h<0$ 时,A 在曲面下方(假想 A 点可以伸到地下去);$h=0$ 时,凳子已放稳. 利用空间向量代数的知识或立体几何的知识,不难得出函数 $\Phi(\theta)$ 的表达式

$$\Phi(\theta)=f(-R\sin\theta,R\cos\theta)+f(R\sin\theta,-R\cos\theta)$$
$$-f(R\cos\theta,R\sin\theta)-f(-R\cos\theta,-R\sin\theta).$$

显然 $\Phi(\theta)$ 是连续函数,不失一般性,在图 12-3 中设 $\Phi(\theta)>0$. 现将凳子转 $90°$,到图 12-4所示的位置,由正方形的旋转对称性可知四个凳脚与原来的位置重合,不过这时 A,B,C 着地而 D 在曲面上方. 若让 D 点着地而 B,C 仍保持着地,则 A 点要下移至曲面下方,即$\Phi\left(\theta+\frac{\pi}{2}\right)<0$. 根据零点定理,必存在 $\xi\in\left(\theta,\theta+\frac{\pi}{2}\right)$,使 $\Phi(\xi)=0$. 这说明只要转动一个锐角,必可将凳子放平稳.

凳子的转角 θ,其确切的含义应是正方形在 xOy 平面上投影的转角. 由于地面的起伏与正方形尺度相比较要小得多,所以凳脚的投影仍可视作正方形,这就是模型的假设. 事实上,在本例的讨论中,陆续提出了三点假设:(1) 地面是连续的曲面;(2) 凳脚是一个点,四脚连线呈正方形;(3) 地面相对平坦,投影与四脚连线的形状无差异.

其中假设(2)是为了简化证明而提出来的,与实际情况并不相符. 现实中的凳子都呈长方形,椅子则呈等腰梯形,所以这个模型还需要加以改进与推广. 通过进一步的讨论能证明,当四脚连线呈长方形或等腰梯形,甚至是一般四顶点共圆的四边形时,凳子都可以经过转动放平稳.

从以上两例可体会并归纳出数学建模的原理和方法,我们将在下节详细介绍.

二、数学模型的分类

特定问题和对象的多样性带来了数学模型的多样性. 根据不同的分类标准,数学模型有着多种分类.

(1) 按对象变化特征分,有连续模型、离散模型和突变模型.

对于连续模型,通常用函数、微分、积分等连续形式来表示;对于离散模型,则采用矩阵、数值计算等离散方法来处理.

(2) 按时间关联性态分,有稳态模型和动态模型.

稳态模型又称为静态模型、定常模型,是指系统的所有参数都与时间无关,是一种已经达到稳定状态的系统;动态模型又称为时变模型,其中时间是不可缺少的重要参数.

(3) 按系统运行特性分,有线性模型和非线性模型.

线性系统是指系统的输出与输入呈线性关系,可用线性模型来描述;而非线性系统,则

没有这种简单的线性关系而呈现出某种复杂性.

(4) 按概率影响程度分，有确定性模型和随机性模型.

一个系统受随机因素影响，表现出某种不确定性，称之为随机系统. 考虑随机因素的模型就是随机性模型，否则就是确定性模型.

(5) 按模型建立途径分，有机理模型、经验模型和混合模型.

机理模型又称理论解析模型，是通过对系统运行的机理进行理论分析而建立的数学描述方程式；经验模型是通过对系统实测数据的统计分析而得到的各参数间的函数关系；混合模型则是将两者结合起来建立的模型.

(6) 按研究所用方法分，有初等数学模型、微分方程模型、线性代数模型、数理统计模型、数学规划模型、运筹学模型等.

(7) 按对象所在领域分，有物理模型、经济模型、生态模型、人口模型、交通模型、医药模型等.

熟悉数学模型的分类，有助于针对实际现象建立数学模型，因为它至少可以帮助你确定一个思考立意的大致方向或者框定一个查找资料的基本范围.

三、数学建模的作用

(1) 数学建模是解决实际问题的有效途径.

数学建模将客观原型化繁为简、化难为易，用数学的方法定量地去分析实际问题，因而运用数学建模可以花费少量的人力、物力、财力，及时地找到解决问题的最佳方案，高效地求得系统运行的数值结果. 例如，卫星回到地球时要经受高温高速的考验，为了设计卫星的结构，用风洞之类做直接实验花费巨大，也不太可能，而通过数学建模进行模拟计算，则问题可迎刃而解.

(2) 数学建模是揭示科学规律的重要手段.

数学模型用数学语言描述出现实系统的本质特性，便于人们清晰地、深刻地认识客观现象的本质，从而比较容易揭示出其中的科学规律. 例如，马克思用公式 $\mathrm{I}_{(V+M)}=\mathrm{II}_{C}$ 来反映社会再生产的基本规律，爱因斯坦用模型 $E=mc^2$ 揭示了原子内部蕴藏着巨量核能的重大秘密；本节例 2 中，不引入函数关系就无法用零点定理说明平稳点存在的普遍结论.

(3) 数学建模是推动学科发展的最好选择之一.

一个学科的内容能用数学来分析和表示，是该学科精密化和科学化的表现，是其走向完善的标志. 因此，数学建模就成了发展科学理论的捷径. 牛顿用 $F=ma$ 揭示了动力学的普遍规律，欧姆用 $U=IR$ 建立起电学理论的坚实基础，欧拉解决哥尼斯堡七桥问题为图论的发展首开先河. 纵观科学发展的历史，数学建模的辉煌处处可见.

(4) 数学建模和计算机相结合，开拓了数学应用的广泛前景.

当代计算机的发展和应用使得数学建模方法如虎添翼. 数学建模已渗透到现代生活的每一个角落，关系到国计民生. 大家普遍关心的人口问题、环境保护问题、疾病传染和防治问题等都可以结合相关学科的知识，借助数学建模来进行定量分析，有助于科学决策.

习 题 12-1

1. 什么是数学模型？如何理解数学建模的概念？
2. 数学模型有哪些类型？了解数学模型的分类有什么好处？
3. 数学建模的作用是什么？我们为什么要学习数学建模知识？
4. 如何理解“数学模型无处不在”？请举一两个你所熟悉的数学建模的例子.

§12-2 数学建模的原理和方法

一、数学建模的原理

数学建模主要通过两个环节展开,第一个环节是建立数学模型.建立数学模型要遵循以下基本原理:

(1) 简化性原理.

现实世界的原型常常是具有多因素、多变量、多层次的比较复杂的系统,因此要对原型进行一定的简化,即抓住主要矛盾.此外,数学模型本身也要简化,如化变量为常量,化曲线为直线,化非线性为线性等,尽可能采用简单的数学工具.

(2) 反映性原理.

数学模型应能真实地反映系统有关特性的内在联系,即要将原型的实质描述出来.例如,用点来代替岛屿和河岸,就是抓住了七桥问题的实质.如果换一个问题,研究哥尼斯堡的城市规划,就不能以点代面了.当然,这里的"真实反映"是指在允许误差范围内的"反映",也不排除"退一步,进两步"的做法.比如,先把动态的、非线性的、随机的系统当作静态的、线性的、确定的系统加以处理,把长方形、梯形当作正方形加以论证,然后再逐步完善.

(3) 操作性原理.

数学模型应该便于数学处理,即具有可操作性,能够进行数学推导和数值计算.通过数学推导,可以得到一些确定的结果(如七桥不可遍历,凳子定能放稳),也可以对数值计算提供指导.数值计算则更是数学模型的重要功能,大多数实际问题都需要数值结果.如果一个模型只有数学符号的罗列而无法进行数学推导,或者给出数值计算方法却超越现有的计算能力,那么这个模型就失去了实际意义.

数学建模的第二个环节是求解数学模型."求解"就是通过推导和计算,得出实际原型所需要的结论和数据.数学模型的求解一般有现成的方法,这是前人已经研究成熟的方法.当然还有许多数学模型尚无成熟的求解方法,有的解法不完整,有的甚至还未找到解法,有待人们进一步研究.作为实用技术,本书着重强调前一种,即现成的求解方法.

在运用这些求解方法时,要明确以下两个重要观念:

(1) 横向综合运用观念.

一个现实问题的数学模型往往由许多现有的数学模型组合而成,它们各自有一套求解方法,我们要注意综合运用,有机结合.

(2) 纵向循环交错观念.

对模型的求解结果要进行理论分析和实践检验,看看模型是否适用.上面所说的关于建立数学模型的三条原理,往往不是一步贯彻到位的,需要经过建立—求解—检验—修正,多

次循环，逐步完善.所以数学建模的两个环节不是相互分离而是相互交错的，有时甚至是相互融合难以分辨的.

二、数学建模的方法

上面关于建立数学模型的三条原理和关于模型求解的两个观念，已经包含了数学建模的方法，这里作进一步的归纳.

1. 尽量了解各种现成的数学模型

现成的数学模型很多，可以说整个数学就是由无数个大大小小的数学模型所构成的.每个模型都有典型的应用范围和有益的启示作用，可以通过类比，从中找出合适的数学模型.因此，我们平时要注意积累知识，锻炼思维.但是，遇到实际问题时，并非要等到学完了所有的数学理论再去建立数学模型，也并非要有十分渊博的知识才能尝试建立数学模型，数学建模强调应用，可以在应用中学习，在学习中应用.

2. 建立数学模型要进行合理的假设

在一个实际系统中，总是有多种因素与所研究的对象关联，但这些因素有主次之分.要建立一个合理的模型，必须分析清楚哪些是主要的、本质的因素，哪些是次要的、非本质的因素.进行假设的目的就在于选出主要因素，略去非本质因素，既能使问题简化以便进行数学描述，又抓住了问题的本质.

进行合理的假设，不仅符合简化性原理和反映性原理，而且是贯彻操作性原理的需要.建立数学模型是为了进行数学处理，而数学理论与数学方法都有抽象性特征，必须满足一定的理想化条件，假设就是对现实作理想化处理.当然，理想化要符合实际情况，要"合理".

假设能否合理，关键是要对问题进行全面的考虑、深入的分析，不仅要了解问题的正面特征，还要了解各种背景材料.可以说，假设的过程就是不断深入研究问题的过程.这里我们把假设看作一个过程，是因为假设往往有许多项，各项假设的必要性都是在深入分析问题时逐步显现出来的，而且每一项假设都有一个不断改进的过程.当你完成了需要的假设，数学模型也就展现在你面前了.

3. 建立数学模型要体现数学的特点

最基本的数学特点是选择变量、寻找函数、建立方程(公式)、估计参数.系统的运行由变量控制，当然要选择起决定作用的主要变量，函数能反映系统的状态，方程则描述了模型的框架，有时即模型本身.参数的取值关系到计算的可行性与有效性，变量、函数、公式是解析模型的特点，其他模型也有各自的数学特点.例如，随机模型需要考虑随机变量、概率分布、数字特征、统计推断，网络图模型需要明确点、边、权的实际含义.体现数学特点，首先要有数学意识，要有意识地寻求、构建上述数学要素，当然也要重视数学要素的载体，要引入适当的数学符号，列出所需的数学式子，即所谓符号化、数式化.

4. 数学建模要结合计算机的运用

现实问题中的数值计算往往是很复杂的，不能指望像人为编制的习题那样有简单的计算过程，所以求解数学模型时，通常需要借助于计算机. 随着计算机技术的发展，各种计算机软件应运而生，这对数学建模也产生了很大的影响. 数学模型是现实系统的近似描写，模型越简单，精确度就越受到影响. 前面提到因素有主次之分，但实际做起来并不一定分得清楚，主次往往是相对而言的，次要因素中可能会含有本质成分，数学建模就是在简单化与精确性之间进行权衡与调和的. 有了计算机的参与，原先的权衡方式会发生改变，所以在数学建模中必须考虑计算机的运用，可以应用现成的软件，也可以自编程序. 总之，我们要掌握好计算机的操作与运用技术.

5. 注重对模型求解结果的分析和检验

模型来源于实际，服务于实际，必须接受实践的检验并不断修正. 对模型的分析与检验可以从三个方面来进行.

(1) 模型是否存在缺陷.

模型的假设是否遗漏了重要的变量或含有许多无关紧要的变量，模型的数学表达或推导是否正确，模型反映的系统的精确度是否合适.

(2) 模型性能的评价.

每一个具体的数学模型，其性能是多样化的，我们既要关注模型的特有性能，也要注重对共有性能的评价，如灵敏度分析、误差分析、可行性分析等.

(3) 模型的改进和推广.

在建立数学模型时，为了抓住主要矛盾或者便于简化处理，往往忽略一些次要因素，待取得一定结果后，应该进一步考虑这些因素的影响，从而使模型得到的结果更符合实际. 此外，还应该考虑各种偶然因素对研究对象带来的影响，以增加模型的稳定性. 对模型的改进，实质上就是扩大了模型的适用范围，提高了模型的使用价值.

三、数学建模的步骤

如前所述，数学建模没有固定的程式，当然不会有照本操作的统一“步骤”. 这里只是列出在数学建模的全过程中要做哪些事情.

(1) 调查研究，收集资料.

对面临的实际问题作全面了解，明确研究的对象和目的，搞清问题所依据的事实，掌握各种背景资料.

(2) 深入分析，提出假设.

只有深入分析，才能抓住主要矛盾，提出合理假设. 假设要明确，要有利于构造模型. 假设包括简化性假设和理想性假设，甚至可以有退步性假设.

(3) 凸现数学，构建模型.

紧扣变量、函数、方程等数学要素，利用数学的理论以及其他相关知识，建立起适合于实际问题的数学模型.

(4) 寻找规律，求解模型.

对于复杂的问题，应该逐步深入，层层推进. 求解模型包括理论推导和数值计算，也包括画图、制表及软件制作等.

(5) 评价结果，修正模型.

对求解结果的评价可以是理论分析，也可以是实际检测，还可以作计算机模拟运行，发现问题要及时修正.

(6) 应用模型，实践检验.

充分发挥数学模型在实际问题中的特殊作用，同时通过应用性实践，对模型进行最客观、最公正的检验.

这里的步骤(1)—(3)，相当于数学建模的第一个环节——建立模型，步骤(4)—(6)相当于数学建模的第二个环节——求解模型. 诚如前面所述，我们在理解这些步骤与环节时，一定要确立纵向循环交错的观念. 循环可能在环节之间展开，也可能在步骤之间进行，前后交错，不断反复，不能指望数学建模可以一蹴而就.

习 题 12-2

1. 数学建模的原理是什么？如何看待这些原理？
2. 数学建模的方法有哪些？应该怎样学习数学建模的方法？
3. 数学建模有哪些步骤？如何看待这些步骤？
4. 在数学建模中，怎样进行合理的假设？怎样体现数学的特点？

§12-3 数学建模举例

数学建模是一项极具创造性和挑战性的工作,没有一个固定的格式.为了使读者能够对此有进一步的了解,为以后的应用打下基础,下面分类给出几个数学建模的例子.

一、利用初等数学知识建模

例 1(双层玻璃的隔热功效问题) 双层玻璃比单层玻璃少流失多少热量?

解 (1) 收集资料(模型准备),模型假设.

① 设窗户的密封性能很好,两层玻璃之间的空气与外界不流通,热量仅通过传导方式传递.

② 只需在热稳定传导时作比较.所谓热稳定传导,是指室内温度 T_1 和室外温度 T_2 保持不变.沿着热量传导方向,在单位时间内通过传热介质单位面积的热量是常数.

③ 玻璃材质均匀,热传导系数是常数(热传导系数是反映介质传热效率的一个参数,在物理上它表示为当介质两边温差为 1℃时,在单位时间内流过介质单位面积的**热功当量**).

(2) 模型建立与求解.

在上述假设下,热传导过程遵从下面的物理定律:

厚度为 d 的均匀介质的两侧温度差为 ΔT,则在单位时间内,由温度高的一侧向温度低的一侧传导,通过单位传热介质面积的热量 Q,与 ΔT 成正比,与 d 成反比,即

$$Q=k\frac{\Delta T}{d},\text{其中 } k \text{ 为热传导系数.}$$

① 双层玻璃窗情况.

设双层玻璃的内层外侧、外层内侧温度分别为 T_a,T_b(图 12-5),玻璃和空气的热传导系数分别是 k_1,k_2,两层玻璃间的距离为 l,玻璃厚度为 d.则在单位时间内,通过单位面积玻璃流失的热量为

$$Q=k_1\frac{T_1-T_a}{d}=k_2\frac{T_a-T_b}{l}=k_1\frac{T_b-T_2}{d}.$$

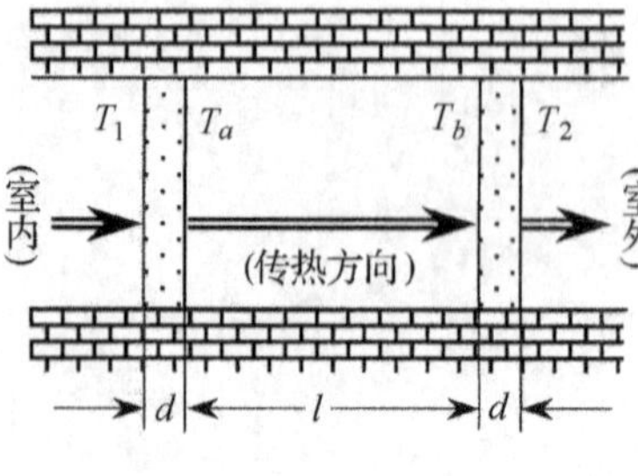

图 12-5

注意内外层玻璃温度 T_a,T_b 取决于 T_1,T_2 和玻璃本身的材质参数,所以流失热量也取决于室内外温差 T_1-T_2,故应从上式中消去 T_a,T_b,得

$$Q=\frac{k_1(T_1-T_2)}{d(sh+2)},$$

其中 $h=\frac{l}{d}$ 表示两种传热介质的厚度比,$s=\frac{k_1}{k_2}$ 表示玻璃、空气热传导系数比.因为玻璃导热

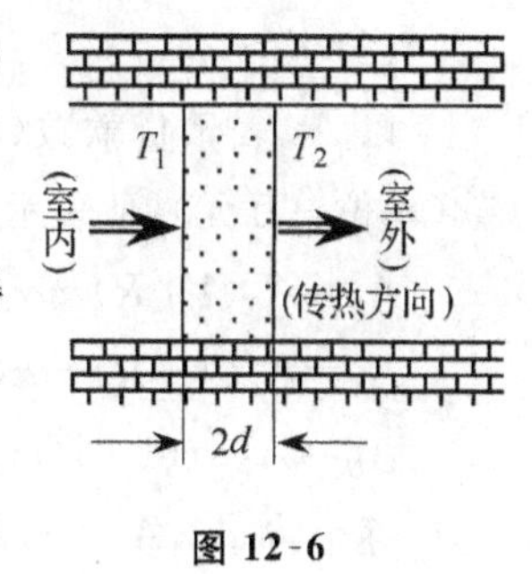

图 12-6

性能远比空气强，$k_1>k_2$，$s>1$. 一般玻璃的厚度比内外玻璃距离小，所以 $d<l$，$h>1$，综合之可知 $sh>1$.

② 单层玻璃窗情况.

对于厚度为 $2d$ 的单层玻璃窗(图 12-6)，与上面同样分析，可得通过玻璃传导流失的热量为

$$Q'=\frac{k_1(T_1-T_2)}{2d}.$$

Q，Q' 之比为 $\frac{Q}{Q'}=\frac{2}{sh+2}$，因为 $sh>1$，所以 $Q<Q'$，即在相同情况下，采用双层玻璃窗比单层玻璃窗流失的热量要小.

从有关资料可知：常用的玻璃热传导系数 $k_1=(4\times10^{-3}\sim8\times10^{-3})$ J/(cm·s·℃)，与外界不流通的干燥空气的热传导系数 $k_2=2.5\times10^{-4}$ J/(cm·s·℃)，$s=\frac{k_1}{k_2}$ 的值在 16～32. 在分析双层玻璃比单层玻璃窗可减少多少热量流失时，我们作保守的估计，取 $s=\frac{k_1}{k_2}=16$. 这样反映双层玻璃减少热量流失功效的比为

$$\frac{Q}{Q'}=\frac{1}{8h+1}. \tag{1}$$

比值越小，功效越高. (1)式表明比值取决于双层玻璃间空气层厚度与玻璃厚度比 $h=\frac{l}{d}$.

作出(1)的图象，如图 12-7 所示. 由图可见，当 h 由 0 增加时，$\frac{Q}{Q'}$ 迅速减少，即减少热量流失的功效增加显著；而当 h 超过一定值(比如 $h>4$)后，$\frac{Q}{Q'}$ 下降缓慢，此时徒然增加窗户占用的空间，对减少热量流失的作用增强很小. 可见 h 的选择不宜过大.

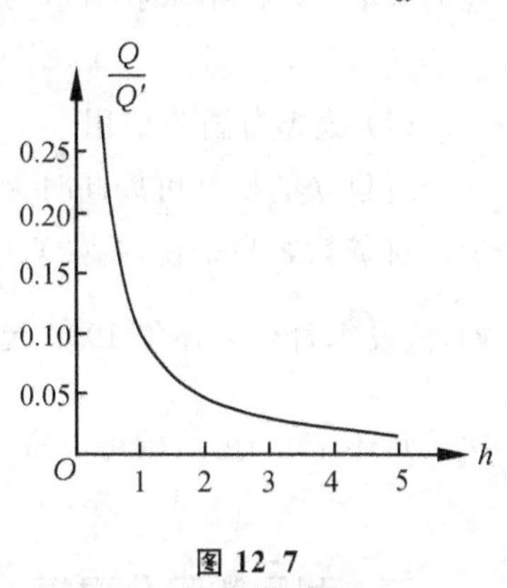

图 12-7

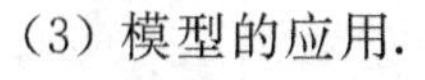

(3) 模型的应用.

通常建筑规范要求 $h\approx4$，按照模型要求可得 $\frac{Q}{Q'}\approx3\%$，即双层玻璃材料比单层玻璃减少 97%的热量的流失. 之所以有如此高的功效，主要是由于双层玻璃之间的空气层的热传导系数很低，即空气有良好的绝热性能，且认为玻璃间空气是干燥的、不与外界流通的. 当然，作为模型假设的条件，在现实环境下是不可能完全满足的. 实际上，双层窗户功效比上述结果要差一些.

例 2(贷款买房问题) 某家庭夫妇欲通过银行贷款购房. 银行贷款的利息按月利率复利计算，贷款期最高期限为 25 年. 他们想知道自己有无能力来还贷，请你帮助决策.

解 (1) 模型假设.

① 向银行贷款数为定数，贷款期限为定数，贷款利率不变；

② 每月还贷额固定，且该夫妇有足够结余归还.

(2) 模型建立.

以 A_0 表示贷款数(单位:万元),N 表示贷款后第 N 个月,A_N 表示第 N 个月欠银行的款(单位:万元),R 表示月利率,x 表示每月归还的款额(单位:元).

$A_1=A_0(1+R)-x$(一个月后欠银行的款额);

$A_2=A_1(1+R)-x$(两个月后欠银行的款额);…;

$A_N=A_{N-1}(1+R)-x$(N 个月后欠银行的款额).

逐个将 $A_1,A_2,\cdots,A_{N-1}$ 代入下一个式子,得

$$A_N=A_0(1+R)^N-x[(1+R)^{N-1}+(1+R)^{N-2}+\cdots+(1+R)+1],$$

化简得
$$A_N=A_0(1+R)^N-\frac{x}{R}[(1+R)^N-1]. \tag{12-1}$$

(3) 模型求解.

贷款数为 A_0,月利率是 0.005,贷款期限为 25 年,则总计月数 $N=300$.想到期时不再拖欠银行贷款,则应满足 $A_{300}=0$,即

$$0=A_0\times10^4\times1.005^{300}-\frac{x}{0.01}(1.005^{300}-1),$$

解得
$$x=\frac{A_0\times10^4\times1.005^{300}\times0.005}{1.005^{300}-1}\approx64.43A_0(\text{元}). \tag{2}$$

因此,若他们采取按月归还固定数额贷款本息的方式,则每月必须还贷 $x\approx64.43A_0$(元);若他们采取 25 年到期时一次归还贷款本息,则应还款数为

$$A_0(1+R)^{300}\approx4.46A_0(\text{万元}). \tag{3}$$

(4) 模型分析与应用.

所建立的模型可以同时为贷款客户和出贷者应用.

对贷款客户来说,据(2)、(3)式,各家庭就可以根据自己的还贷能力,决策贷款额 A_0.例如,假设每月可以还贷 1000 元,则可贷款 $A_0=\frac{1000}{64.43}\approx15.52$(万元);假设 25 年后有能力一次性归还 150 万元,则可以贷款 $A_0=\frac{150}{4.46}\approx33.63$(万元).

二、利用微积分建模

例 3(*存储问题*) 工厂生产产品,必须使用原料.若把全年所需原料一次性购入,则不仅占用资金、库存,还需要保管费用,使原料成本增加.但若分散购入,则因每次购货都会有固定的、与购货数量无关的必须开支,也会使原料成本增加.现希望找到一个两全其美的订购原料的方案.

解 (1) 模型准备与假设.

① 设仓储成本(包括占库费、保管费、损耗费等,简称存储费)C_1 固定不变.

② 每次购货的固定成本(包括差旅费、检验费、装备费等,简称订货费)C_2 固定不变.

③ 全年的原料需求量为 R,且原料的消耗是连续、均匀的,即需求速度为常数.

④ 当库存原料因消耗而降低至零时，即一次性购入 Q 予以补充，补充是即时的(从订购至到货，时间很短)，且每次购入量 Q 不变.

(2) 模型建立.

优化目标是原料成本 C，原料成本由存储费和订货费两部分组成.

据假设④，一年需要购入原料$\frac{R}{Q}$次，所以全年需订货费 $C_{订货}=C_2\cdot\frac{R}{Q}$，以下还需计算全年存储费. 据假设③，日耗原料是常量，原料一次购入后，从库存 Q 到库存为零是均匀变化的，即按日计算的原料库存量曲线是一条直线. 因此，平均日库存量为$\frac{Q}{2}$，全年的库存费 $C_{存储}=C_1\cdot\frac{Q}{2}$，于是全年的存储成本为

$$C(Q)=C_{订货}+C_{存储}=C_1\cdot\frac{Q}{2}+C_2\cdot\frac{R}{Q}. \tag{12-2}$$

(3) 模型求解.

要求目标函数 $C(Q)$ 的最小值. 令 $\frac{\mathrm{d}C}{\mathrm{d}Q}=\frac{1}{2}C_1-\frac{C_2R}{Q^2}=0$，得

$$Q^*=\sqrt{\frac{2C_2R}{C_1}}. \tag{12-3}$$

因为实际问题的最小值必定存在，稳定点又唯一，所以(12-3)式中的 Q^* 必定是最佳的订货量. 最佳的订货周期 T^* 是订货次数的倒数，即

$$T^*=\frac{Q^*}{R}=\sqrt{\frac{2C_2}{C_1R}}. \tag{12-4}$$

这里，我们运用微积分中最简单的求最值方法，便找出了最佳方案.

(4) 模型检验.

不难发现，按(12-3)、(12-4)式给出的方案订货，$C_{存储}=C_{订货}=\frac{1}{2}\sqrt{2C_1C_2R}$，即原料成本中两项相等，原料成本 $C(Q^*)=\sqrt{2C_1C_2R}$.

(5) 模型应用.

模型虽然是针对生产活动中原料库存问题建立起来的，但得到的结果可适用于其他性质相同的领域. 例如，商业销售中的商品存储问题，水库管理中的水量贮存问题等.

例 4(椅子平衡问题)　在一块凹凸不平的地面上放置一把椅子，仅允许椅子在原地转动而不移动椅子，能否必定找到一个合适的位置，使椅子的四脚同时着地？

解　这不是一个生产实际问题，而是一个生活趣题，把一个表面上看来与数学无关的问题通过分析建立起数学模型，从而应用数学理论得到结论.

(1) 模型假设.

① 椅子的四条腿一样长，椅子的脚与地面接触处视为一个点，四脚的连线呈正方形.

② 视地面为连续的曲面，不存在间断台阶(即地面应该是一个连续二元函数的图象).

（2）模型建立.

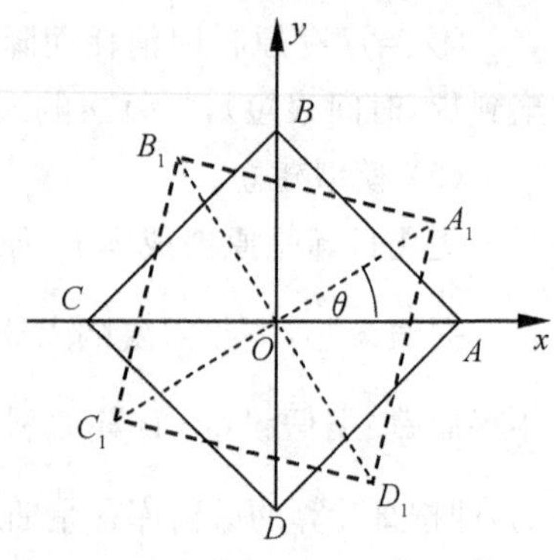

图 12-8

椅子脚构成的正方形 $ABCD$ 的初始位置如图 12-8 所示，以其中心为原点、对角线为两轴建立平面直角坐标系. 现在椅子绕原点 O 旋转角度 θ，到达位置 $A_1B_1C_1D_1$，设此时点 A_1，C_1 离地面的距离和为 $f(\theta)$，B_1，D_1 离地面距离和为 $g(\theta)$. 由假设②，$f(\theta)$，$g(\theta)$ 为 θ 的连续函数. 又据三点确定一个平面的原理，椅子四脚中总能有三只脚同时着地，因此，对任意 θ，$f(\theta)$，$g(\theta)$ 之一为 0，不妨设 $f(0)=0$.

至此，问题可以归结为如下的模型：

非负连续函数 $f(\theta)$，$g(\theta)$ 满足：$f(0)=0$，$g(0)\geqslant 0$，对任意 θ，$f(\theta)g(\theta)=0$ 成立，考察是否存在 θ_0，使 $f(\theta_0)=g(\theta_0)=0$.

（3）模型求解.

① 若 $g(0)=0$，则 $\theta_0=0$，结论已经得到.

② 若 $g(0)>0$，取 $\theta=\frac{\pi}{2}$，即将椅子旋转 90°. 由 $f(0)=0$ 可知起始时 A，C 同时着地. 旋转 90°时，B_1，D_1 到达原 C，A 的位置，A_1，C_1 则到达原 B，D 的位置，因此 $f\left(\frac{\pi}{2}\right)>0$，$g\left(\frac{\pi}{2}\right)=0$.

③ 构造函数 $h(\theta)=f(\theta)-g(\theta)$，则 $h(\theta)$ 为 θ 的连续函数，且

$$h(0)=f(0)-g(0)<0,h\left(\frac{\pi}{2}\right)=f\left(\frac{\pi}{2}\right)-g\left(\frac{\pi}{2}\right)>0.$$

由连续函数的介值定理知，在 $\left(0,\frac{\pi}{2}\right)$ 之间至少存在一个 θ_0，使 $h(\theta_0)=0$，即 $f(\theta_0)=g(\theta_0)$.

又 $f(\theta_0)$，$g(\theta_0)$ 之一为 0，所以在 $\left(0,\frac{\pi}{2}\right)$ 之间至少存在一个 θ_0，使 $f(\theta_0)=g(\theta_0)=0$.

上述结果表明，原地旋转椅子不到 90°，就能找到使椅子四脚同时着地的位置.

例 5（铲雪车除雪模型） 冬天大雪纷飞，使公路上积起厚雪而影响交通. 有条长 10km 的公路，由一台铲雪车负责清扫积雪. 每当路面积雪平均厚度达到 0.5m 时，铲雪车就开始工作；当积雪厚度达到 1.5m 时，铲雪车就无法工作. 第一场雪停止时，积雪厚度已经达到 0.5m，铲雪车也已经开始工作. 但据气象部门预报，紧接着还有一场大雪来临，前30min下雪量由 0cm/s 均匀增加至 0.1cm/s，后 30min 又均匀减少到 0cm/s. 问铲雪车能否完成 10km 的除雪工作？

解 （1）模型准备和假设.

已了解到铲雪车在没有雪的路上行驶速度为 10m/s. 铲雪车的工作速度 v 与积雪的厚度 d 成比例.

（2）模型建立.

① 工作速度函数.

由假设知，铲雪车工作速度函数应为 $v=C_1d+C_2$.

根据条件，当 $d=0$ 时，$v=10$，当 $d=1.5$ 时，$v=0$，得 $C_1=-\frac{20}{3}$，$C_2=10$，所以

$$v=10\left(1-\frac{2}{3}d\right),\ d\in[0.5,1.5]. \tag{4}$$

由此可知当 $d=0.5$m 时，铲雪车工作的初始速度约为 6.7m/s.

② 积雪速度函数.

用 $r(t)$ 表示 t 时刻降雪的速度，则紧接着一场大雪的下雪速度变化情况如图 12-9 所示，即

$$r(t)=\begin{cases}\dfrac{0.1}{1800}t, & 0\leqslant t\leqslant 1800,\\ 0.2-\dfrac{0.1}{1800}t, & 1800<t\leqslant 3600.\end{cases}$$

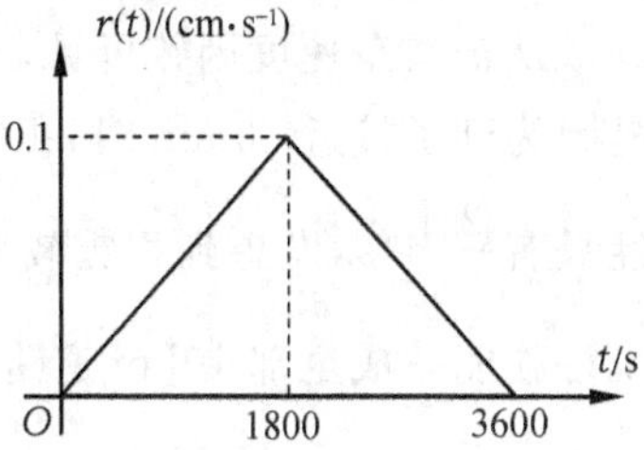

图 12-9

③ 积雪厚度函数.

当 $0\leqslant t\leqslant 1800$ 时，积雪厚度函数为

$$d(t)=0.5+\frac{1}{100}\int_0^t\frac{0.1}{1800}u\mathrm{d}u=0.5+\frac{1}{36\times10^5}t^2,$$

所以前半小时积雪厚度达到 $d(1800)=1.4$m.

当 $1800<t\leqslant 3600$ 时，积雪厚度函数为

$$d(t)=1.4+\frac{1}{100}\int_{1800}^t\left(0.2-\frac{0.1}{1800}u\right)\mathrm{d}u=-1.3+\frac{1}{1000}\left(2t-\frac{t^2}{3600}\right).$$

所以积雪厚度函数为

$$d(t)=\begin{cases}0.5+\dfrac{1}{36\times10^5}t^2, & 0\leqslant t\leqslant 1800,\\ -1.3+\dfrac{1}{1000}\left(2t-\dfrac{t^2}{3600}\right), & 1800<t\leqslant 3600.\end{cases} \tag{5}$$

到雪停时最终达到的积雪厚度为 $d(3600)=2.3$m.

(3) 模型求解.

据积雪速度函数及积雪厚度函数，分析铲雪车是否中途被迫中断工作，能工作多长时间，已清扫了多少路程.

以(5)式代入(4)式，可得铲雪车速度函数为

$$v(t)=10\left[1-\frac{2}{3}d(t)\right]=\begin{cases}\dfrac{20}{3}\left(1-\dfrac{1}{36\times10^5}t^2\right), & 0\leqslant t\leqslant 1800,\\ \dfrac{20}{3}\left(2.8-\dfrac{2}{1000}t+\dfrac{t^2}{36\times10^5}\right), & 1800<t\leqslant 3600.\end{cases}$$

铲雪车无法工作而停止时，$v=0$. 因为 $v(1800)>0$，所以令 $2.8-\dfrac{2}{1000}t+\dfrac{t^2}{36\times10^5}=0$，解方程并舍去不合理的根，得 $t\approx3600\times0.5287\approx1903(\mathrm{s})=31.7(\mathrm{min})$. 即铲雪车将在 31.7min 时因积雪过厚而停止工作.

停止工作时已经清扫的路程长度为

$$\begin{aligned}s&=\int_0^{1903}v(t)\mathrm{d}t=\int_0^{1800}v(t)\mathrm{d}t+\int_{1800}^{1903}v(t)\mathrm{d}t\\&=\int_0^{1800}\frac{20}{3}\left(1-\frac{1}{36\times10^5}t^2\right)\mathrm{d}t+\int_{1800}^{1903}\frac{20}{3}\left(2.8-\frac{2}{1000}t+\frac{t^2}{36\times10^5}\right)\mathrm{d}t\approx8400+34\end{aligned}$$

$=8434(\mathrm{m})=8.434(\mathrm{km})$.

因此,铲雪车只能扫除8.434km的积雪就无法行走了,也就是说铲雪车无法完成10km的除雪任务.

(4) 模型应用.

从铲雪车速度函数可见,当积雪厚度增加时,将大大降低车速.铲雪车之所以停止工作,是因为到了接近30min时,积雪过厚,致使车速大大降低.事实上,在铲雪30min时,车速已经只有$\frac{2}{3}$m/s.设想到积雪较厚时宁可先铲除一半厚度的雪,回头再铲除另一半厚度的雪,也许就能完成全部10km道路的铲雪任务.有兴趣的读者不妨对这种可能性进行分析.

三、利用微分方程建模

在自然科学、工程技术等各领域中,要想直接得到变量之间的函数关系是很困难的.在很多时候,找到关于这些变量的变化率以及变化率之间的关系,反而比较容易.这种含有变化率的关系,通常表现为微分方程,它也是一种数学模型.只要能解出微分方程,实际问题同样能得到解决.

例6(液体的浓度稀释问题) 两只桶内各装体积为A的盐水,其浓度为M.现在将净水以N_1(kg/s)的速度输送到第一只桶内,搅拌均匀后,混合液又通过管道以N_2(kg/s)的速度输送到第二只桶内;将第二只桶内的混合液搅拌均匀后,再以N_3(kg/s)的速度输出.问从第二只桶内流出的盐水浓度是多少?

解 (1) 模型假设.

为简便起见,提出确定性假设:两只桶内各装100L的盐水,其浓度为0.5kg/L,$N_1=N_2=2\mathrm{kg/s}$,$N_3=1\mathrm{kg/s}$.

注意 在实际中,为检验模型的可靠性或精确性,允许提出一些有代表性的确定性假设.在此假设下,若模型得到的结果与实际情况比较吻合,可以认为模型可靠.当然本例提出确定性模型的目的,仅是为了简便,但对这类问题的建模及解答方式是有通用性的.

(2) 模型建立.

以$y_1=y_1(t)$,$y_2=y_2(t)$分别表示t时刻第一只和第二只桶内盐的质量,则在任意时刻t,从第二只桶内流出的盐水浓度是$\frac{y_2(t)}{100+t(2-1)}=\frac{y_2(t)}{100+t}$,其中分母$100+t(2-1)$表示$t$时刻时,因流量差导致的第二只桶内混合液的体积.

第一只桶在时间段$[t,t+\Delta t]$内,含盐的改变量为

$$y_1(t+\Delta t)-y_1(t)=\text{该时段内流入盐量}-\text{该时段内流出盐量}.$$

因为流入的是不含盐的净水,流出的是含盐$y_1(t)$的混合液,所以

$$y_1(t+\Delta t)-y_1(t)=0-\frac{y_1(t)}{100}\times 2\Delta t,\text{即}\frac{y_1(t+\Delta t)-y_1(t)}{\Delta t}=-\frac{y_1(t)}{50}.$$

令 $\Delta t \to 0$,得到第一只桶内含盐量的变化率

$$\begin{cases} \dfrac{\mathrm{d}y_1}{\mathrm{d}t} = -\dfrac{y_1(t)}{50}, \\ y_1(0) = 100 \times 0.5 = 50. \end{cases} \tag{6}$$

同理,在同一时段内,因第二只桶在单位时间内流入、流出混合液的量不等,故桶内盐的改变量为(式中 $100+(2-1)t$ 为 t 时刻第二只桶内混合液的量):

$$y_2(t+\Delta t) - y_2(t) = \frac{y_1(t)}{100} \times 2\Delta t - \frac{y_2(t)}{100+(2-1)t} \times 1 \times \Delta t,$$

即
$$\frac{y_2(t+\Delta t) - y_2(t)}{\Delta t} = \frac{y_1(t)}{50} - \frac{y_2(t)}{100+t}.$$

令 $\Delta t \to 0$,得到第二只桶内含盐量的变化率

$$\begin{cases} \dfrac{\mathrm{d}y_2}{\mathrm{d}t} = \dfrac{y_1(t)}{50} - \dfrac{y_2(t)}{100+t}, \\ y_2(0) = 50. \end{cases} \tag{7}$$

微分方程(7)即为建立的模型.

(3) 模型求解.

解可分离变量方程(6),得 $y_1(t) = 50\mathrm{e}^{-\frac{t}{50}}$.

(7)式是关于 $y_2(t)$的一阶非齐次线性微分方程,应用公式可解得

$$y_2(t) = \frac{1}{100+t}\left[12500 - 50(150+t)\mathrm{e}^{-\frac{1}{50}}\right].$$

所以在 t 时刻第二只桶流出的盐水的浓度为

$$\frac{y_2(t)}{100+t} = \frac{1}{(100+t)^2}\left[12500 - 50(150+t)\mathrm{e}^{-\frac{1}{50}}\right].$$

例 6 的问题比较简单,不存在模型检验问题. 但在实际问题中,对所建立的模型的检验和改进几乎是必不可少的. 下面的例子将着重介绍在实际问题中,为建立比较符合实际情形的模型,对模型作检验与改进的反复探索过程.

例 7　建立人口自然增长规律的数学模型.

人口数量的过度增长将严重制约社会和经济的发展,如何预测人口数量问题,早就受到人们的关注. 由于人类自然生育、死亡的随机性和其他非自然因素的共同影响,准确地预测人口数量是一个非常复杂的问题. 为此,不少社会学家、数学家经过努力,建立起了一些预测模型.

模型Ⅰ(马尔萨斯模型,即人口指数增长模型): 英国人口学家马尔萨斯(Malthus, 1766—1834)在研究了百余年的人口统计资料后,于 1798 年提出了著名的人口指数增长模型.

他的模型假设是: 在人口自然增长过程中,净相对增长率(出生率减去死亡率)为常数. 为便于研究,在数学上还假设: 当人口数量 N 较大时,认为 N 是一个随时间变化的连续变量 $N(t)$,且 $N(t)$可微.

在上述假设下,就可以建立模型了.

设 t 时刻的人口为 $N(t)$,净相对增长率为常数 r,在 $[t, t+\Delta t]$ 时间段内,人口的增长量为

$$N(t+\Delta t)-N(t)=r\cdot N(t)\Delta t,\text{即}\frac{N(t+\Delta t)-N(t)}{\Delta t}=r\cdot N(t).$$

令 $\Delta t\to 0$,即得

$$\begin{cases}\dfrac{\mathrm{d}N}{\mathrm{d}t}=rN(t),\\ N(t_0)=N_0.\end{cases}\tag{8}$$

其中 t_0 表示统计起始年,N_0 为该年的人口基数,(8)式就是一个人口模型.

解这个模型就是解一个简单的微分方程初值问题,得

$$N(t)=N_0\mathrm{e}^{r(t-t_0)}.\tag{9}$$

(9)式就是该模型提供的人口数量预测函数.

检验模型.根据统计,1961 年世界人口总数为 3.06×10^9,在此前的 10 多年间,人口按约每年 2%的净增长率增长.即将 $t_0=1961$, $N_0=3.06\times10^9$, $r=0.02$ 代入(9)式,得

$$N(t)=3.06\times10^9\mathrm{e}^{0.02(t-1961)}.\tag{10}$$

查阅 1700 年到 1961 年之间的人口资料,发现(10)式能够准确地反映 1700—1961 年间世界人口总数.但当 t 继续增大,计算 $N(t)$ 将得出惊人的数字.例如,

$$N(2003)\approx7.088\times10^9,N(2500)\approx1.470\times10^{14},N(2600)\approx1.086\times10^{15},\cdots.$$

特别地,当 $t\to+\infty$ 时,$N(t)\to+\infty$,显然是不可能的.这表明 Malthus 人口模型,在总体上对长期的预测是不准确的.不仅如此,在局部范围内即使近期预测也存在相当大的偏差.例如,就在 1700 年之后一段时间,对移民到加拿大的法国后代的人口作统计,人口数量的增长比较接近 Malthus 模型,而同一时期法国本土居民的人口与 Malthus 模型相差却很大.

产生上述情况的原因是因为影响人口增长的因素很多,如出生率的高低、男女比例的大小、人口的年龄结构、工农业生产的水平、当地的风俗习惯、自然灾害、战争、人口的流动等.忽略所有这些因素,断言净增长率是常数,并在此基础上建立模型,是过于粗糙了.实际上,随着人口的增加,自然资源和环境条件等因素的变化,对人口增长的制约作用会越来越明显.人口较少时,人口的自然增长率基本上是常数,而到了一定量以后,增长率必定会逐渐减少,因此,有必要对上述模型进行修改.

模型Ⅱ(Logistic 模型或阻滞增长模型):荷兰生物学家 Verhulst 对上述模型作了改进.他的模型假设是:净增长率为 $r\left[1-\dfrac{N(t)}{N_m}\right]$,其中的 N_m 为自然资源和环境所允许的最大人口数量.N_m 的引入,意味着净增长率随着 $N(t)$ 的增加而减少.当 $N(t)\to N_m$ 时,净相对增长率趋于零.因此,N_m 起到了对人口增长的阻滞作用.

在此假设下得到的模型是

$$\begin{cases}\dfrac{\mathrm{d}N}{\mathrm{d}t}=r\left[1-\dfrac{N(t)}{N_m}\right]N(t),\\ N(t_0)=N_0,\end{cases}\tag{11}$$

称此模型为 Logistic 模型.

方程(11)是可分离变量类型，解这个微分方程可得人口数量预测函数

$$N(t)=\frac{N_m}{1+\left(\frac{N_m}{N_0}-1\right)e^{-r(t-t_0)}}. \tag{12}$$

检验模型.作出$\frac{dN}{dt}\sim N$，$N\sim t$的曲线图(图12-10，图12-11)，前者反映了人口增长速度随着人口数量变化的情况，是一条抛物线，表示人口净增长速度随着人口的增加而先增加后减少，在$N=\frac{N_m}{2}$处达到最大，即人口增长速度最快，当人口继续增加时，增长速度逐渐趋缓，直到N_m时不再增长了；后者则反映了人口数量与时间的关系，随着时间的推移，人口总是在增加的，前期增加较慢，在接近$\frac{N_m}{2}$时，增加特别快，之后增加越来越少，当$t\to+\infty$时，$N(t)\to N_m$.

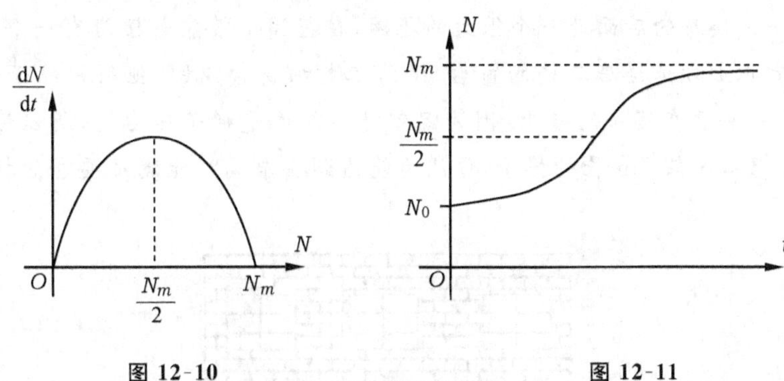

图12-10　　　　图12-11

从19世纪开始到1930年，人们用这个模型预报美国人口，与实际比较吻合，后来误差越来越大.一个比较突出的原因是到1960年，由于大规模移民等原因，美国实际人口数量已超过过去确定的最大人口数量N_m，即模型参数已经失真.这表明Logistic模型虽然改进了Malthus模型，但N_m较难估计.实际上把N_m设成不变的常量，看来并不恰当，随着时间的推移和各方面的条件的变化，N_m也在变化.

习题12-3

1. 为了保证健康，人必须保证每餐摄入蛋白质、糖、维生素和矿物质等营养成分.某人去饭馆就餐，菜肴中所包含的营养成分(用1和0分别表示包含和不包含这种成分)如下表所示，菜肴价格按表列顺序，依次从低到高.此人应如何点菜，才能在保证营养的条件下最省钱?

菜单	营养成分			
	蛋白质	糖	维生素	矿物质
菜肉蛋卷	1	0	1	1
炒猪肝	0	1	0	0
沙拉	0	0	1	0
红烧排骨	1	0	0	0
咖喱土豆	0	1	0	0
清汤全鸡	1	0	0	1

2. 把长方形的课桌放在不平的地面上,在仅允许原地旋转的前提下,是否一定能保证四只桌子脚同时着地?

3. 如图,一幢楼房的后面是一个很大的花园,在花园中紧靠着楼房有一个温室,温室宽2m、高3m,温室正上方是楼房二楼的窗台.清洁工打扫窗台周围,他得用梯子越过温室,一头放在花园中,一头靠在楼房的墙上.因为温室是不能承受梯子压力的,所以梯子太短是不行的.现清洁工只有一架7m长的梯子,你认为能达到要求吗?能满足要求的梯子的最小长度为多少?

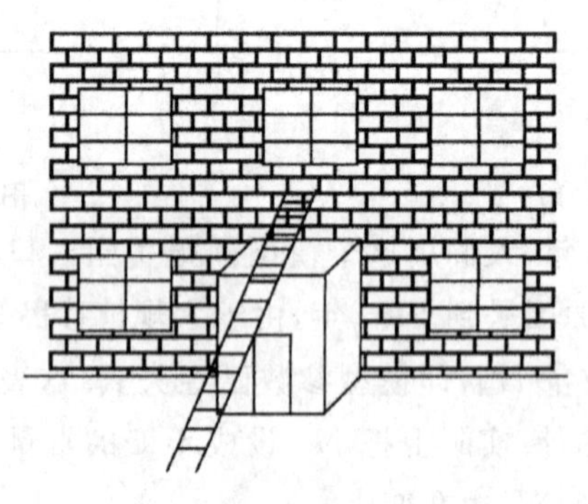

第3题图

4. 某公司一次投资100万元建造一条生产流水线,并预计可在一年后建成投产,且开始取得经济效益.设流水线的收益是均匀货币流,年流量是30万元,已知银行年利率为10%,问多少年后该公司可以收回投资?

5. (估计凶杀的作案时间)某天晚上11:00,在一住宅内发现一受害者尸体.法医于晚上11:35赶到现场,立刻测量死者的体温为30.08℃,1小时后,再次测量死者体温为29.1℃,法医还注意到当时室内温度为28℃,试估计受害者的死亡时间.

*6. (物体在液面上的振动问题)一个边长为3m的立方体浮于水面,已知立方体上下振动的周期为2s,试求物体沉浮振动的规律和质量.

7. 计划将一颗通信卫星送入地球赤道上空的静止轨道,为了保持该卫星对地球的相对静止,该通信卫星的轨道的高度和运动速率应为多少?欲使赤道上的所有点至少与一颗通信卫星保持联系,在赤道上需要有多少颗通信卫星?

8. (核废料的处理问题)将放射性的核废料装进密封的圆桶里放置到水深91m的海底，这个方案是否可行？已知数据及实验结果如下：

(1) 桶的质量 $m=239.456$kg；

(2) 海水的密度 $\rho=1025.94$kg/m^3；

(3) 圆桶的体积 $V=0.28$m^3；

(4) 桶下沉时的阻力与速度成正比，比例系数 $k=0.12$；

(5) 当桶以12.2m/s速度与海底碰撞时，桶将会破裂.

9. (铅球掷远问题)设铅球的初始速度为 v，出手的高度为 h，出手时与地面的夹角为 α. 试在不计空气阻力的前提下，建立投掷距离与 v,h,α 之间的关系，并在 v,h 一定的条件下求最佳出手角度和最远距离.

习题参考答案

随堂练习 8-1

1. (1) 二阶微分方程； (2) 不是微分方程； (3) 一阶微分方程； (4) 一阶微分方程. **2.** (1) 特解； (2) 特解； (3) 不是方程的解.

习题 8-1

1. 验证略,特解为 $y^*=\cos 2x$. **2.** (1) $y'=x+y$； (2) $\frac{y}{y'}=\frac{1}{2}x$. **3.** $\frac{\mathrm{d}v}{\mathrm{d}t}+\frac{k}{m}v=g, v|_{t=0}=0, \frac{\mathrm{d}^2s}{\mathrm{d}t^2}+\frac{k}{m}\frac{\mathrm{d}s}{\mathrm{d}t}=g, s'|_{t=0}=0, s|_{t=0}=0$. **4.** $y=-\mathrm{e}^{-x}(x+1)+1$. **5.** 略.

随堂练习 8-2

1. (1) 可分离变量； (2) 线性； (3) 线性； (4) 线性； (5) 齐次； (6) 线性. **2.** (1) $y=\ln(C-\mathrm{e}^{-x})$； (2) $y=\sin(\arcsin x+C)$； (3) $y=-\frac{x}{C+\ln x}$； (4) $2(\ln x+C)x^2-y^2+2xy=0$. **3.** (1) $y=\frac{2}{3}(x+1)^{\frac{7}{2}}+C(x+1)^2$； (2) $x=\frac{1}{2}y^3+Cy$.

习题 8-2

1. (1) $y=\frac{1}{4}(x+C)^2$； (2) $y=\mathrm{e}^{\tan\frac{x}{2}}$； (3) $(x^2-1)(y^2-1)=C$； (4) $\mathrm{e}^y=\frac{1}{2}\mathrm{e}^{2x}+\frac{1}{2}$； (5) $(\ln x)^2+(\ln y)^2=C$； (6) $y=1-\sqrt{1-x^2}$. **2.** (1) $y=x\arcsin(Cx)$； (2) $\frac{x}{y}=\ln Cx$； (3) $\left(\frac{x}{y}\right)^2=\ln Cx$； (4) $y^2=x^2(\ln x^2+1)$； (5) $\mathrm{e}^{-\frac{y}{x}}=1-\ln x$； (6) $\sin\frac{x}{y}=\ln y$. **3.** (1) $y=\mathrm{e}^x+C\mathrm{e}^{-x}$； (2) $y=x\mathrm{e}^{-\sin x}$； (3) $y=\frac{x}{3}+\frac{C}{x^2}$； (4) $x=\frac{1}{y}(\mathrm{e}^y+6-\mathrm{e}^3)$； (5) $y=\frac{\sin x+C}{x^2+1}$； (6) $y=(x-2)^3-(x-2)$. **4.** $y=2(\mathrm{e}^x-x-1)$. **5.** $y=\frac{1}{3}x^2$. **6.** $h(t)=(-25g-500)\mathrm{e}^{-0.2t}-5gt+500+25g, v(t)=h'(t)=(100+5g)\mathrm{e}^{-0.2t}-5g$.

随堂练习 8-3

(1) $y=\frac{1}{12}x^4+\frac{1}{2}C_1x^2+C_2x+\cos x+C_3$； (2) $y=\frac{1}{2}C_1x^2+C_2$； (3) $x=y\ln y$.

习题 8-3

1. (1) $y=\frac{1}{2}(\ln x)^2+C_1\ln x+C_2$； (2) $y=x\arctan x-\frac{1}{2}\ln(1+x^2)+C_1x+C_2$； (3) $y=C_2\mathrm{e}^{C_1x}$.

2. (1) $y=\frac{1}{12}(x+2)^3-\frac{2}{3}$； (2) $y=\frac{3}{2}(\arcsin x)^2$.

随堂练习 8-4

1. (1)、(4)、(5)、(6)组函数线性无关,(2)、(3)组函数线性相关. **2—5.** 略.

习题 8-4

1. (1)、(3)、(4)、(5)组函数线性无关,(2)组函数线性相关. **2—4.** 略.

随堂练习 8-5

1. (1) $y=C_1\mathrm{e}^{3x}+C_2\mathrm{e}^{-3x}$； (2) $y=C_1\mathrm{e}^x+C_2\mathrm{e}^{-2x}$； (3) $y=C_1+C_2\mathrm{e}^{2x}$； (4) $y=C_1\cos 2x+C_2\sin 2x$； (5) $y=\mathrm{e}^{-3x}(C_1\cos x+C_2\sin x)$； (6) $y=\mathrm{e}^x(C_1\cos 3x+C_2\sin 3x)$. **2.** (1) $y=9\mathrm{e}^x-3\mathrm{e}^{3x}$； (2) $y=$

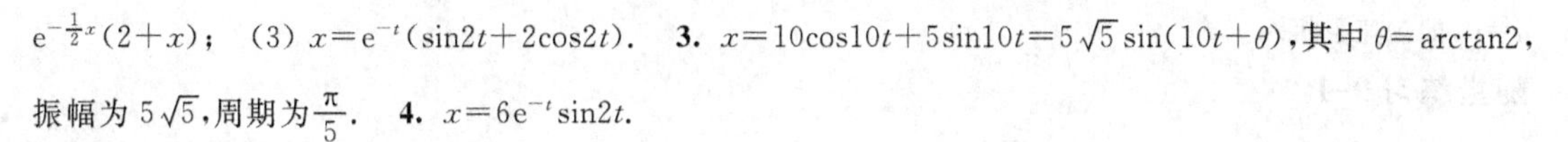

$e^{-\frac{1}{2}x}(2+x)$；（3）$x=e^{-t}(\sin 2t+2\cos 2t)$．**3.** $x=10\cos 10t+5\sin 10t=5\sqrt{5}\sin(10t+\theta)$，其中 $\theta=\arctan 2$，振幅为 $5\sqrt{5}$，周期为 $\frac{\pi}{5}$．**4.** $x=6e^{-t}\sin 2t$．

习题 8-5

1.（1）$y=C_1e^{-x}+C_2e^{-2x}$；（2）$s=(C_1+C_2t)e^{-t}$；（3）$y=e^{2x}(C_1\cos x+C_2\sin x)$；（4）$y=C_1e^{(1+a)x}+C_2e^{(1-a)x}$．**2.**（1）$y=e^{-x}-e^{4x}$；（2）$s=2e^{-t}(3t+2)$；（3）$y=e^{-2x}\left(\cos\frac{1}{2}x+4\sin\frac{1}{2}x\right)$；（4）$y=e^{2x}\sin 3x$．**3.**（1）$y''-y'-2y=0$，$y=C_1e^{-x}+C_2e^{2x}$；（2）$y''-4y'+4=0$，$y=e^{2x}(C_1x+C_2)$；（3）$y''+2y'+2y=0$，$y=e^{-x}(C_1\cos x+C_2\sin x)$．**4.** $y=e^{nx}[1+(1-n)x]$．**5.** $i=0.04e^{-5\cos t}\sin 500t(\mathrm{A})$．

随堂练习 8-6

1.（1）$\bar{y}=(Ax+B)e^{x}$；（2）$\bar{y}=x(Ax+B)e^{-x}$；（3）$\bar{y}=Axe^{-2x}$；（4）$\bar{y}=x^2(Ax^2+Bx+C)e^{-2x}$；（5）$\bar{y}=(Ax^2+Bx+C)e^{-x}$；（6）$\bar{y}=xe^{-x}(A\cos x+B\sin x)$．**2.** $\bar{y}=2x^2-7$．**3.** $\bar{y}=\frac{1}{2}e^{x}$．**4.** $\bar{y}=-\frac{2}{5}\cos x-\frac{4}{5}\sin x$．**5.** $y=C_1e^{2x}+C_2-\frac{3}{4}x^2-\frac{5}{4}x$．**6.** $y=\left(\frac{5}{6}x^3+C_2x+C_1\right)e^{-3x}$．**7.** $\bar{y}=\frac{1}{4}(1+x\sin 2x-\cos 2x)$．

习题 8-6

1.（1）$\bar{y}=-\frac{1}{3}x^2-\frac{2}{9}x-\frac{10}{27}$；（2）$\bar{y}=\frac{x}{9}\left(x^2-x+\frac{11}{3}\right)$；（3）$\bar{y}=\left(-\frac{1}{18}x+\frac{1}{108}\right)e^{x}$；（4）$\bar{y}=-\frac{1}{3}xe^{-5x}$；（5）$\bar{y}=x^2e^{-2x}$；（6）$\bar{y}=-\frac{1}{2}x\cos 3x$；（7）$\bar{y}=e^{-x}\cos x-4$．**2.**（1）$y=C_1e^{-x}+C_2e^{3x}-x$；（2）$x=C_1e^{-4t}+C_2e^{t}+te^{t}$；（3）$y=e^{-\frac{1}{2}x}(C_1x+C_2)+\frac{1}{4}e^{\frac{x}{2}}$；（4）$y=C_1\cos x+C_2\sin x+x+1+\frac{1}{2}x\sin x$．**3.**（1）$y=-\frac{1}{3}\sin x-\cos x+\frac{1}{3}\sin 2x$；（2）$y=-\frac{7}{6}e^{-2x}+\frac{5}{3}e^{x}-x-\frac{1}{2}$；（3）$y=2\cos t+t\sin t$；（4）$y=2e^{2x}-2e^{-\frac{x}{2}}\left(\cos\frac{x}{2}+5\sin\frac{x}{2}\right)$．**4.** $x(t)=-\frac{2}{75}\cos 10t-\frac{1}{100}\sin 10t+\frac{2}{75}\cos 5t$．**5.** $i(t)=\frac{4}{3}(\cos 5t-\cos 10t)$．

复习题八

1.（1）$y=Ce^{-x^2}$；（2）$\frac{y^2}{2}=\ln|x|-\frac{x^2}{2}+C$；（3）$y=C_1\cos\sqrt{2}x+C_2\sin\sqrt{2}x$；（4）$y=C_1e^{-2x}+C_2e^{x}$；（5）$y=3\left(1-\frac{1}{x}\right)$；（6）$x(b_0x^2+b_1x+b_2)$；（7）$x^2(b_0x+b_1)e^{-2x}$；（8）$a\cos x+b\sin x$．**2.**（1）C；（2）A；（3）A；（4）B；（5）D；（6）D；（7）B；（8）C．**3.**（1）$e^{y}=Cxy$；（2）$(x^2+3)\sin y=C$；（3）$x+2ye^{\frac{x}{y}}=C$；（4）$y=\ln x-\frac{1}{2}+Cx^{-2}$；（5）$y=e^{-x}(x+C)$；（6）$y=C\cos x-2\cos^2 x$；（7）$y=-\frac{x^2}{2}-x+C$；（8）$y=C_1e^{-x}+C_2e^{-4x}+\frac{11}{8}-\frac{1}{2}x$；（9）$y=C_1\cos\sqrt{3}x+C_2\sin\sqrt{3}x+\sin x$．**4.**（1）$\tan x\cdot\tan y=\sqrt{3}$；（2）$y=\frac{3}{4}(2x-1+e^{-2x})$；（3）$y=\frac{1}{2}-\frac{1}{x}+\frac{1}{2x}$；（4）$y=\frac{1}{9}e^{3x}-\frac{1}{3}e^{3}x+\frac{2}{9}e^{3}$．**5.** $xy=2$．**6.** $Q(t)=15+\frac{10}{k}(1-e^{-kt})$（$k$ 为常数）．**7.** $y=\frac{1}{3}\sin x-\frac{1}{6}\sin 2x+\cos 2x$．**8.** $v(t)=\sqrt{\frac{mg}{k}}(e^{2\sqrt{\frac{kg}{m}}\cdot t}-1)/(1+e^{2\sqrt{\frac{kg}{m}}\cdot t})$．因为 $a=\frac{dv}{dt}=\frac{1}{m}(mg-kv^2)=\left(g-\frac{k}{m}\sqrt{\frac{mg}{k}}\right)$，所以当 $v_0=\sqrt{\frac{mg}{k}}$ 时，

$a=0$,即匀速下沉.

随堂练习 9-1

1. 略. **2.** 略 **3.** (1) $|M_1M_2|=\sqrt{10}$; (2) $|M_1M_2|=\sqrt{51}$. **4.** 略. **5.** 略. **6.** 到原点的距离为,$5\sqrt{2}$,到 x 轴的距离为 $\sqrt{34}$,到 y 轴的距离为 $\sqrt{41}$;到 z 轴的距离为 5,到 xOy 面的距离为 5,到 zOx 面的距离为 3,到 yOz 面的距离为 4.

习题 9-1

1. $|CD|=\sqrt{30}$. **2.** 略. **3.** 略. **4.** $z=7$ 或 $z=-5$. **5.** $(-2,0,0)$或$(-4,0,0)$. **6.** 略.

随堂练习 9-2

1. $|\boldsymbol{a}|=2,\cos\alpha=\frac{1}{2},\cos\beta=\frac{\sqrt{2}}{2},\cos\gamma=-\frac{1}{2},\alpha=\frac{\pi}{3},\beta=\frac{\pi}{4},\gamma=\frac{2\pi}{3},\boldsymbol{e}_a=\left\{\frac{1}{2},\frac{\sqrt{2}}{2},-\frac{1}{2}\right\}$. **2.** (1) $\{6,10,-2\}$; (2) $\{1,8,5\}$; (3) $\{0,4,-11\}$. **3.** $\alpha=\frac{\pi}{3},\beta=\frac{\pi}{4},\gamma=\frac{\pi}{3}$. **4.** $\frac{\pi}{4},\frac{\pi}{4},\frac{\pi}{2}$ 或 $\frac{\pi}{2},\frac{\pi}{2},\pi$.
5. $A(-2,3,0)$. **6.** $B(18,17,-17)$.

习题 9-2

1. (1) $\{6,9,3\},\{-1,6,-11\}$; (2) $\sqrt{38},\sqrt{26}$. **2.** (1) $\overrightarrow{AB}=\{2,3,5\},|\overrightarrow{AB}|=\sqrt{38},\cos\alpha=\frac{2}{\sqrt{38}}$, $\cos\beta=\frac{3}{\sqrt{38}},\cos\gamma=\frac{5}{\sqrt{38}}$,$\overrightarrow{AB}$方向的单位向量为$\left\{\frac{2}{\sqrt{38}},\frac{3}{\sqrt{38}},\frac{5}{\sqrt{38}}\right\}$; (2) $\overrightarrow{AB}=\{3,5,-4\},|\overrightarrow{AB}|=5\sqrt{2}$, $\cos\alpha=\frac{3}{5\sqrt{2}},\cos\beta=\frac{1}{\sqrt{2}},\cos\gamma=-\frac{4}{5\sqrt{2}}$,$\overrightarrow{AB}$方向的单位向量为$\left\{\frac{3}{5\sqrt{2}},\frac{1}{\sqrt{2}},-\frac{4}{5\sqrt{2}}\right\}$. **3.** $\gamma=\frac{\pi}{3}$ 或 $\gamma=\frac{2\pi}{3}$,$\boldsymbol{a}=\{-3,3\sqrt{2},3\}$或$\boldsymbol{a}=\{-3,3\sqrt{2},-3\}$. **4.** $m=15,n=-\frac{1}{5}$. **5.** $\boldsymbol{r}=\{2,1,4\},|\boldsymbol{r}|=\sqrt{21},\cos\alpha=\frac{2}{\sqrt{21}}$, $\cos\beta=\frac{1}{\sqrt{21}},\cos\gamma=\frac{4}{\sqrt{21}}$. **6.** $|\boldsymbol{a}|=\sqrt{3},|\boldsymbol{b}|=\sqrt{38},|\boldsymbol{c}|=3;\boldsymbol{e}_a=\left\{\frac{1}{\sqrt{3}},\frac{1}{\sqrt{3}},\frac{1}{\sqrt{3}}\right\},\boldsymbol{e}_b=\left\{\frac{2}{\sqrt{38}},-\frac{3}{\sqrt{38}},\frac{5}{\sqrt{38}}\right\}$, $\boldsymbol{e}_c=\left\{-\frac{2}{3},-\frac{1}{3},\frac{2}{3}\right\},\boldsymbol{a}=\sqrt{3}\,\boldsymbol{e}_a,\boldsymbol{b}=\sqrt{38}\,\boldsymbol{e}_b,\boldsymbol{c}=3\boldsymbol{e}_c$.

随堂练习 9-3

1. (1) $\boldsymbol{a}\cdot\boldsymbol{b}=-1$;(2) $\boldsymbol{a}\cdot\boldsymbol{i}=3,\boldsymbol{a}\cdot\boldsymbol{j}=2,\boldsymbol{a}\cdot\boldsymbol{k}=-1$. **2.** (1) $\boldsymbol{a}\cdot\boldsymbol{b}=-4$; (2) $|\boldsymbol{a}|=3\sqrt{2},|\boldsymbol{b}|=3$, $(\widehat{\boldsymbol{a},\boldsymbol{b}})=\pi-\arccos\frac{2\sqrt{2}}{9}$. **3.** 略. **4.** 略. 5. (1) $\boldsymbol{a}\times\boldsymbol{b}=\{3,-7,-5\}$; (2) $\boldsymbol{a}\times\boldsymbol{i}=\{0,-1,-2\},\boldsymbol{i}\times\boldsymbol{a}=\{0,1,2\}$. **6.** (1) $\boldsymbol{a}\times\boldsymbol{b}=\{3,2,-5\}$; (2) $\boldsymbol{a}\times\boldsymbol{b}=\{-1,-1,-1\}$. **7.** $\pm\left\{\frac{1}{3},-\frac{2}{3},\frac{2}{3}\right\}$.

习题 9-3

1. (1) 3; (2) $3\sqrt{3}$; (3) -19. **2.** (1) 8; (2) $\{8,5,-1\}$; (3) $3\sqrt{10}$; (4) $\frac{8}{\sqrt{154}}$. **3.** 略.
4. $\pm\frac{\{-2,1,0\}}{\sqrt{5}}$. **5.** $\lambda=2$. **6.** $\{-4,2,-4\}$. **7.** $(\widehat{\boldsymbol{a},\boldsymbol{b}})=\frac{\pi}{3}$. **8.** $(\widehat{\boldsymbol{a},\boldsymbol{b}})=\frac{\pi}{3}$. **9.** 5880 J.

随堂练习 9-4

1. (1) 否; (2) 是; (3) 是. **2.** $2x+8y-12z+41=0$. **3.** $(x-3)^2+y^2+(z+2)^2=16$. **4.** (1) $5x-2y-11z+10=0$; (2) $x+3y=0$; (3) $x+y+z=2$. **5.** $d=1$. **6.** $M_0(1,-2,2),R=4$. **7.** (1) 平面; (2) 圆柱面; (3) 抛物柱面; (4) 圆锥面; (5) 圆柱面; (6) 上半球面.

习题 9-4

1. $z=0,y=0,x=0,\begin{cases}y=0,\\z=0,\end{cases}\begin{cases}x=0,\\z=0,\end{cases}\begin{cases}x=0,\\y=0.\end{cases}$ **2.** (1) 与 yOz 面平行且在 yOz 面前，与 yOz 相距2个单位长度； (2) 平行于 z 轴； (3) 通过 x 轴； (4) 在 x,y,z 轴上的截距分别为 $2,-3,3$. 作图略. **3.** (1) $4x^2+9y^2+4z^2=36$； (2) $y^2+z^2=5x$； (3) $x^2+y^2+z^2=9$. **4.** $\begin{cases}z=2(x^2+y^2),\\z=2\end{cases}$ 为平面 $z=2$ 上的圆.

5. $\begin{cases}x^2+2y^2=16,\\z=0.\end{cases}$

随堂练习 9-5

1. (1) $f(0,1)=3$； (2) $f(tx,ty)=t^2f(x,y)$； (3) $\dfrac{f(x,y+h)-f(x,y)}{h}=-2x+6y+3h$. **2.** $f(x)=\sqrt{1+x^2}$. **3.** (1) $D=\{(x,y)\mid 4<x^2+y^2<16\}$； (2) $D=\left\{(x,y)\,\middle|\,\dfrac{x^2}{a^2}+\dfrac{y^2}{b^2}\leqslant 1\right\}$； (3) $D=\{(x,y)\mid -1\leqslant y\leqslant 1,x>0\}$； (4) $D=\{(x,y)\mid 0\leqslant y\leqslant x^2,x\geqslant 0\}$. **4.** (1) $\dfrac{10}{3}$； (2) $\dfrac{\pi}{6}$； (3) 3； (4) $-\dfrac{1}{4}$.

5. 略. **6.** (1) $O(0,0)$； (2) $y=2x^2$； (3) $x=k\pi$ 或 $y=k\pi(k=0,\pm1,\pm2,\cdots)$； (4) $O(0,0)$.

习题 9-5

1. $f(xy,x+y)=(xy)^{x+y}$. **2.** (1) $D=\{(x,y)\mid xy>0\}$； (2) $D=\{(x,y)\mid 0<x^2+y^2<1$ 且 $y^2\leqslant 4x\}$.
3. (1) 2； (2) 0. **4.** 略.

随堂练习 9-6

1. $\left.\dfrac{\partial z}{\partial y}\right|_{\substack{x=1\\y=0}}=\dfrac{1}{2}$. **2.** $f_x\left(0,\dfrac{\pi}{4}\right)=-1,f_y\left(0,\dfrac{\pi}{4}\right)=0$. **3.** (1) $\dfrac{\partial z}{\partial x}=3x^2y-y^3,\dfrac{\partial z}{\partial y}=x^3-3xy^2$； (2) $\dfrac{\partial u}{\partial x}=\dfrac{yz}{x^2+y^2},\dfrac{\partial u}{\partial y}=\dfrac{-xz}{x^2+y^2},\dfrac{\partial u}{\partial z}=\arctan\dfrac{x}{y}$； (3) $\dfrac{\partial z}{\partial x}=\dfrac{y^2}{(x^2+y^2)^{\frac{3}{2}}},\dfrac{\partial z}{\partial y}=-\dfrac{xy}{(x^2+y^2)^{\frac{3}{2}}}$； (4) $\dfrac{\partial z}{\partial x}=\left(\dfrac{1}{3}\right)^{\frac{y}{x}}\left(\dfrac{y}{x^2}\right)\ln3,\dfrac{\partial z}{\partial y}=-\left(\dfrac{1}{3}\right)^{\frac{y}{x}}\dfrac{1}{x}\ln3$. **4.** (1) $\dfrac{2y^2-2x^2}{(x^2+y^2)^2},\dfrac{-4xy}{(x^2+y^2)^2},\dfrac{-4xy}{(x^2+y^2)^2},\dfrac{2x^2-2y^2}{(x^2+y^2)^2}$；
(2) $2y(2y-1)x^{2y-2},2x^{2y-1}(1+2y\ln x),2x^{2y-1}(1+2y\ln x),4(\ln x)^2x^{2y}$. **5.** 略.

习题 9-6

1. $f_x(3,4)=\dfrac{2}{5}$. **2.** (1) $\dfrac{\partial z}{\partial x}=\mathrm{e}^{-xy}(1-xy),\dfrac{\partial z}{\partial y}=-x^2\mathrm{e}^{-xy}$； (2) $\dfrac{\partial z}{\partial x}=y^2(1+xy)^{y-1},\dfrac{\partial z}{\partial y}=(1+xy)^y\left[\ln(1+xy)+\dfrac{xy}{1+xy}\right]$； (3) $\dfrac{\partial z}{\partial x}=y\cos(xy)\tan\dfrac{y}{x}-\dfrac{y}{x^2}\sin(xy)\sec^2\dfrac{y}{x},\dfrac{\partial z}{\partial y}=x\cos(xy)\tan\dfrac{y}{x}+\dfrac{1}{x}\sin(xy)\sec^2\dfrac{y}{x}$； (4) $\dfrac{\partial z}{\partial x}=\dfrac{1}{1+x^2},\dfrac{\partial z}{\partial y}=\dfrac{1}{1+y^2}$. **3.** $f_x(x,1)=1$. **4.** 略. 5. $\dfrac{\partial^3 z}{\partial x^2\partial y}=0$. **6.** $\dfrac{\partial u}{\partial x}=2xf'(x^2+y^2+z^2),\dfrac{\partial^2 u}{\partial x^2}=2f'(x^2+y^2+z^2)+4x^2f''(x^2+y^2+z^2)$.

随堂练习 9-7

1. 极大值为 $f(2,-2)=8$. **2.** 极大值为 $\left.z\right|_{\substack{x=\frac{1}{2}\\y=\frac{1}{2}}}=\dfrac{1}{4}$. **3.** $x=y=z=\dfrac{a}{3}$. **4.** 边长为$\dfrac{2a}{\sqrt{3}}$的立方体.

5. 长、宽、高均为$\sqrt{\dfrac{S}{6}},V=\dfrac{\sqrt{6}}{36}S\sqrt{S}$. **6.** 当长、宽都是 $\sqrt[3]{2K}$，而高为$\dfrac{1}{2}\sqrt[3]{2K}$时，表面积最小.

习题 9-7

1. (1) 极大值为 $z\Big|_{\substack{x=1\\y=0}}=1$； (2) 极小值为 $f(0,0)=0$，极大值为 $f\left(-\frac{5}{3},0\right)=\frac{125}{27}$，点 $P(-1,2)$ 和点 $P(-1,-2)$ 都不是极值点. **2.** $M_0\left(\frac{1}{3},\frac{1}{3},\frac{1}{3}\right)$，$d=\sqrt{\left(\frac{1}{3}\right)^2+\left(\frac{1}{3}\right)^2+\left(\frac{1}{3}\right)^2}=\frac{\sqrt{3}}{3}$.

3. $\left(\frac{8}{5},\frac{16}{5}\right)$. **4.** $(1,2)$.

随堂练习 9-8

1. (1) $\int_0^1 dx\int_{x-1}^{1-x}f(x,y)dy$，$\int_{-1}^0 dy\int_0^{1+y}f(x,y)dx+\int_0^1 dy\int_0^{1-y}f(x,y)dx$； (2) $\int_0^4 dx\int_x^{\sqrt{4x}}f(x,y)dy$，$\int_0^4 dy\int_{\frac{y^2}{4}}^{y}f(x,y)dx$. **2.** (1) 8； (2) $\frac{3}{2}$； (3) $\frac{6}{55}$； (4) $\frac{1}{3}a^3$. **3.** (1) $\int_0^1 dy\int_{e^y}^{e}f(x,y)dx$；(2) $\int_0^1 dx\int_{x^2}^{x}f(x,y)dy$； (3) $\int_{-1}^2 dy\int_{y^2}^{y+2}f(x,y)dx$. **4.** $\frac{\pi}{2}$. **5.** $\frac{4}{3}$. **6.** $\frac{4}{3}$.

习题 9-8

1. (1) $\frac{2\pi}{3}a^3$； (2) $\frac{2}{3}\pi a^3$. **2.** (1) $-\frac{\pi}{16}$； (2) $\frac{1}{3}(1-\cos 1)$； (3) $\frac{9}{4}$； (4) $\frac{1}{2}\left(1-\frac{1}{e}\right)$.

3. $\frac{4}{\pi^3}(\pi+2)$. **4.** $\frac{1}{6}$. **5.** $\frac{1}{35}$.

复习题九

1. (1) $\frac{1}{5}\{4,0,3\}$； (2) $2x+y+2z-9=0$； (3) $y=1$； (4) z 轴； (5) $\frac{x^2}{2}+\frac{y^2}{2}+\frac{z^2}{3}=1$； (6) $1+e^2$.

2. (1) D； (2) A； (3) A； (4) B； (5) B； (6) B； (7) C； (8) D. **3.** $\boldsymbol{c}=\{7,5,1\}$. **4.** $W=5$ J.

5. $\pm\frac{1}{5}\{0,4,-3\}$. **6.** (1) $x+5y+3z-14=0$； (2) $x+2y-2z+9=0$ 或 $x+2y-2z-9=0$. **7.** $\frac{\partial z}{\partial x}=\frac{1}{x-2y}$，$\frac{\partial^2 z}{\partial x^2}=\frac{-1}{(x-2y)^2}$，$\frac{\partial^2 z}{\partial x\partial y}=\frac{2}{(x-2y)^2}$. **8.** $\frac{27}{64}$. **9.** $\frac{7}{2}$. **10.** 略.

随堂练习 10-1

(1) 收敛；(2) 发散；(3) 发散；(4) 发散；(5) 收敛；(6) 收敛；(7) 发散.

习题 10-1

(1) 发散；(2) 收敛，$\frac{1}{3}$；(3) 收敛，$\frac{1}{5}$；(4) 收敛，$\frac{3}{2}$；(5) 收敛，3；(6) 发散.

随堂练习 10-2

1. (1) 收敛；(2) 收敛；(3) 发散；(4) 收敛；(5) 收敛；(6) 发散；(7) 发散；(8) 收敛. **2.** (1) 条件收敛；(2) 发散；(3) 绝对收敛.

习题 10-2

1. (1) 发散；(2) 收敛；(3) 收敛；(4) 收敛. **2.** (1) 发散；(2) 收敛；(3) 收敛；(4) 收敛. **3.** (1) 收敛；(2) 收敛；(3) 收敛；(4) $a\geq 1$ 时发散，$a<1$ 时收敛. **4.** (1) 条件收敛；(2) 条件收敛；(3) 绝对收敛；(4) 发散.

随堂练习 10-3

1. (1) $(-1,1]$；(2) $(-\infty,+\infty)$；(3) $\left(-\frac{1}{10},\frac{1}{10}\right)$；(4) $\left[\frac{2}{3},\frac{4}{3}\right)$. **2.** (1) $\frac{1}{2}\ln\frac{1+x}{1-x}$，$x\in(-1,1)$；(2) $\frac{2x}{(1-x)^3}$，$x\in(-1,1)$.

习题 10-3

1. (1) $[-2,2)$; (2) $[-1,1]$; (3) $(-1,1]$; (4) $[-3,3]$. **2.** (1) $-\arctan x, x\in(-1,1)$; (2) $x+(1-x)\ln(1-x), x\in(-1,1)$. **3.** $\ln\frac{2}{3}$.

随堂练习 10-4

1. (1) $\sum\limits_{n=0}^{\infty}\frac{(-x)^{n+2}}{n!}, x\in(-\infty,+\infty)$; (2) $\frac{1}{2}+\frac{1}{2}\sum\limits_{n=0}^{\infty}\frac{(-1)^n 4^n}{(2n)!}x^{2n}, x\in(-\infty,+\infty)$;

(3) $\sum\limits_{n=0}^{\infty}\frac{x^{n+2}}{2^{n+1}}, x\in(-2,2)$; (4) $\ln 10+\sum\limits_{n=1}^{\infty}\frac{(-1)^{n-1}}{n}\left(\frac{x}{10}\right)^n, x\in(-10,10]$.

2. (1) $\sum\limits_{n=0}^{\infty}\frac{(-1)^n}{e^2\cdot n!}(x-2)^n, x\in(-\infty,+\infty)$; (2) $\sum\limits_{n=0}^{\infty}\frac{-(x+2)^n}{2^{n+1}}, x\in(-4,0)$;

(3) $\sum\limits_{n=1}^{\infty}\frac{(-1)^{n-1}}{n}(x-1)^n, x\in(0,2]$.

习题 10-4

1. (1) $\sum\limits_{n=0}^{\infty}\frac{(2x)^n}{n!}, x\in(-\infty,+\infty)$; (2) $\sum\limits_{n=0}^{\infty}\frac{(-1)^n}{(2n+1)!}\left(\frac{x}{3}\right)^{2n+1}, x\in(-\infty,+\infty)$;

(3) $\sum\limits_{n=1}^{\infty}\frac{(-1)^{n-1}2^n-1}{n}x^n, x\in\left(-\frac{1}{2},\frac{1}{2}\right]$; (4) $\sum\limits_{n=0}^{\infty}\frac{(-1)^n x^n}{5^{n+1}}, x\in(-5,5)$;

(5) $\sum\limits_{n=0}^{\infty}\frac{(\ln 3)^n}{n!}x^n, x\in(-\infty,+\infty)$; (6) $\frac{1}{3}\sum\limits_{n=0}^{\infty}\left[\frac{(-1)^{n+1}}{2^{n+1}}-1\right]x^n, x\in(-1,1)$.

2. $\sum\limits_{n=0}^{\infty}\frac{(-1)^n}{2n+1}x^{2n+1}, x\in(-1,1)$. **3.** $\ln 2+\sum\limits_{n=1}^{\infty}\frac{(-1)^{n-1}}{n}\left(\frac{x-2}{2}\right)^n, x\in(0,4]$.

4. $\sum\limits_{n=0}^{\infty}\left(1-\frac{1}{2^{n+1}}\right)(-1)^n(x-3)^n, x\in(2,4)$.

复习题十

1. (1) 发散; (2) $[-9,1)$; (3) $(-2,4)$; (4) 2; (5) e^{x^2}; (6) $\frac{(-1)^n}{2^{n+1}}$. **2.** (1) D; (2) B; (3) D; (4) C; (5) C; (6) C. **3.** (1) $[-2,2]$; (2) $[2,4)$; ① 发散; ② 收敛; ③ 收敛; ④ 收敛. (3) $s(x)=\frac{2+x^2}{(2-x^2)^2}$, 3; (4) $\sum\limits_{n=0}^{\infty}\frac{e}{n!}(x-1)^{n+1}+\sum\limits_{n=0}^{\infty}\frac{e}{n!}(x-1)^n, x\in(-\infty,+\infty)$.

随堂练习 11-1

1. (1) $4w-x-y-z$; (2) $6s+3t+2u-17v$. **2.** (1) $18(x+y+z-w)$; (2) $-s+2t-u-v$.
3. (1) 4; (2) 0; (3) $\cos^2 x+\cos x\sin x$; (4) -8; (5) -3; (6) -69.

4. (1) $\begin{cases} x_1=-\frac{59}{45}, \\ x_2=\frac{17}{15}, \\ x_3=-\frac{56}{45}, \\ x_4=\frac{11}{9}; \end{cases}$ (2) $\begin{cases} x_1=\frac{10}{7}, \\ x_2=\frac{13}{14}, \\ x_3=\frac{3}{7}, \\ x_4=-\frac{1}{14}, \\ x_5=-\frac{4}{7}. \end{cases}$

习题 11-1

1. (1) 120； (2) 70； (3) -24； (4) $a_{14}\cdot a_{23}\cdot a_{32}\cdot a_{41}$. **2.** 略. **3.** $\begin{cases}x_1=\dfrac{1}{5},\\ x_2=\dfrac{1}{5},\\ x_3=\dfrac{1}{5},\\ x_4=\dfrac{1}{5}.\end{cases}$

随堂练习 11-2

1. $\begin{pmatrix}6&8&1\\8&8&9\\1&9&10\end{pmatrix}$, $\begin{pmatrix}0&4&3\\-4&0&5\\-3&-5&0\end{pmatrix}$. **2.** $\begin{cases}x_1=2,\\x_2=1,\\x_3=2;\end{cases}$ $\begin{cases}y_1=5,\\y_2=3,\\y_3=2.\end{cases}$ **3.** $\begin{pmatrix}17&12&30\\6&35&6\\24&30&41\end{pmatrix}$, $\begin{pmatrix}1&0&0\\0&1&0\\0&0&1\end{pmatrix}$.

4. $\boldsymbol{A}=\begin{pmatrix}3&2&-2\\-1&-5&-6\end{pmatrix}$, $\boldsymbol{B}=\begin{pmatrix}-1&2&2\\2&5&4\end{pmatrix}$. **5.** (1) $\begin{pmatrix}3&2\\5&6\end{pmatrix}$； (2) 0； (3) $\begin{pmatrix}-4&2&0\\-2&1&0\\2&-1&0\end{pmatrix}$；

(4) $(3x-4y)^2$； (5) $\begin{pmatrix}\lambda^3&3\lambda^2&3\lambda\\0&\lambda^3&3\lambda^2\\0&0&\lambda^3\end{pmatrix}$； (6) $\begin{pmatrix}8&11&-1&6\\1&0&0&0\\0&1&0&0\\0&0&1&0\end{pmatrix}$. **6.** (1) 线性无关； (2) 线性相关；

(3) 线性相关； (4) 线性相关； (5) 线性无关.

习题 11-2

1. $\begin{pmatrix}2&2&-2\\2&0&0\\4&-4&-2\end{pmatrix}$. **2.** 略. **3.** $\boldsymbol{\beta}=2\boldsymbol{\alpha}_1-\boldsymbol{\alpha}_2+\boldsymbol{\alpha}_3$.

随堂练习 11-3

1. 略. 2. (1) $\begin{pmatrix}5&-2\\-2&1\end{pmatrix}$； (2) $\begin{pmatrix}1&-4&-3\\1&-5&-3\\-1&6&4\end{pmatrix}$； (3) $\dfrac{1}{16}\begin{pmatrix}8&-4&2&-1\\0&8&-4&2\\0&0&8&-4\\0&0&0&8\end{pmatrix}$.

习题 11-3

1. 略. **2.** $\boldsymbol{X}=\begin{pmatrix}-3&2&0\\-4&5&-2\\-5&3&0\end{pmatrix}$.

随堂练习 11-4

1. 略. **2.** (1) 2； (2) 3.

习题 11-4

(1) 5； (2) 3.

随堂练习 11-5

1. (1) $\begin{cases} x_1=\frac{1}{3}, \\ x_2=-1, \\ x_3=\frac{1}{2}, \\ x_4=1; \end{cases}$ (2) $\begin{cases} x_1=0, \\ x_2=0, \\ x_3=0, \\ x_4=0. \end{cases}$ **2.** (1) 线性无关； (2) $-\boldsymbol{\alpha}_1-\boldsymbol{\alpha}_2+2\boldsymbol{\alpha}_3+\boldsymbol{\alpha}_4=\mathbf{0}$； (3) 线性无关；

(4) $3\boldsymbol{\alpha}_1-\boldsymbol{\alpha}_2-\boldsymbol{\alpha}_3=\mathbf{0}$. **3.** (1) $\begin{pmatrix} -2 & \frac{2}{3} & -1 \\ -1 & \frac{1}{3} & 0 \\ 2 & -\frac{1}{3} & 1 \end{pmatrix}$；(2) $\frac{1}{4}\begin{pmatrix} 1 & 1 & 1 & 1 \\ 1 & 1 & -1 & -1 \\ 1 & -1 & 1 & -1 \\ 1 & -1 & -1 & 1 \end{pmatrix}$. **4.** $\boldsymbol{X}=\begin{pmatrix} 5 & -2 \\ -2 & 1 \end{pmatrix}$.

习题 11-5

1. (1) $\begin{pmatrix} 1 & -3 & 11 & -38 \\ 0 & 1 & -2 & 7 \\ 0 & 0 & 1 & -2 \\ 0 & 0 & 0 & 1 \end{pmatrix}$；(2) $\frac{1}{32}\begin{pmatrix} 16 & -8 & 4 & -2 & 1 \\ 0 & 16 & -8 & 4 & -2 \\ 0 & 0 & 16 & -8 & 4 \\ 0 & 0 & 0 & 16 & -8 \\ 0 & 0 & 0 & 0 & 16 \end{pmatrix}$. **2.** $\boldsymbol{X}=\begin{pmatrix} 11 & 5 & -50 \\ 10 & 0 & -40 \\ -4 & -2 & 19 \end{pmatrix}$.

3. (1) 略； (2) $\boldsymbol{\beta}=0\boldsymbol{\alpha}_1+\frac{8}{3}\boldsymbol{\alpha}_2+\frac{1}{3}\boldsymbol{\alpha}_3$.

随堂练习 11-6

1. 基础解系为 $\boldsymbol{\eta}_1=(-1,-1,1,0)^{\mathrm{T}}$，$\boldsymbol{\eta}_2=(1,-2,0,1)^{\mathrm{T}}$，通解为 $\boldsymbol{\eta}=c_1\boldsymbol{\eta}_1+c_2\boldsymbol{\eta}_2$. **2.** 有解，其通解为 $\boldsymbol{\eta}=c_1\boldsymbol{\eta}_1+c_2\boldsymbol{\eta}_2+\boldsymbol{\alpha}$，其中 $\boldsymbol{\eta}_1=(2,1,0,0)^{\mathrm{T}}$，$\boldsymbol{\eta}_2=(-1,0,1,0)^{\mathrm{T}}$，$\boldsymbol{\alpha}=(0,0,0,1)^{\mathrm{T}}$. **3.** 当 $a\neq5$ 时无解；当 $a=5$ 时有解，其通解为 $\boldsymbol{\eta}=c_1\boldsymbol{\eta}_1+c_2\boldsymbol{\eta}_2+\boldsymbol{\alpha}$，其中 $\boldsymbol{\eta}_1=(1,1,-2,0)^{\mathrm{T}}$，$\boldsymbol{\eta}_2=(-2,1,0,1)^{\mathrm{T}}$，$\boldsymbol{\alpha}=\left(\frac{1}{2},\frac{3}{2},0,0\right)^{\mathrm{T}}$.

习题 11-6

1. 有解，其通解为 $\boldsymbol{\eta}=c_1\boldsymbol{\eta}_1+c_2\boldsymbol{\eta}_2+\boldsymbol{\alpha}$，其中 $\boldsymbol{\eta}_1=(1,1,-1,0,0)^{\mathrm{T}}$，$\boldsymbol{\eta}_2=(0,-1,0,-1,1)^{\mathrm{T}}$，$\boldsymbol{\alpha}=(-1,2,0,1,0)^{\mathrm{T}}$. **2.** $m=5$ 时方程组有解，其通解为 $\boldsymbol{\eta}=c_1\boldsymbol{\eta}_1+c_2\boldsymbol{\eta}_2+\boldsymbol{\alpha}$，其中 $\boldsymbol{\eta}_1=\left(-\frac{1}{3},1,\frac{5}{3},0\right)^{\mathrm{T}}$，$\boldsymbol{\eta}_2=\left(-\frac{5}{3},0,\frac{7}{3},1\right)^{\mathrm{T}}$，$\boldsymbol{\alpha}=(1,0,-1,0)^{\mathrm{T}}$.

复习题十一

1. (1) C； (2) C； (3) A； (4) B； (5) A； (6) D. **2.** (1) 0； (2) 120； (3) 0； (4) $16\sin^4\alpha$.
3. 略. **4.** (1) $x=1,y=2,z=-2$； (2) $x=a,y=b,z=c$； (3) $x_1=1,x_2=-1,x_3=1,x_4=-1$.
5. (1) 当$\lambda\neq1,-2$ 时，原方程组有唯一解，唯一解为 $x_1=-\frac{\lambda+1}{\lambda+2}$，$x_2=\frac{1}{\lambda+2}$，$x_3=\frac{(\lambda+1)^2}{\lambda+2}$；当 $\lambda=1$ 时，原方程组有无数解，解为$x_1=1-x_2-x_3$；当 $\lambda=-2$ 时，原方程组无解. (2) 当 $a\neq1,b\neq0$ 时，原方程组有唯一解，解为 $x_1=\frac{2b-1}{b(a-1)}$，$x_2=\frac{1}{b}$，$x_3=\frac{1+4b+2ab}{b(a-1)}$；当 $a=1,b=\frac{1}{2}$ 时，原方程组有无数解，解为 $\begin{cases} x_1=2-x_3, \\ x_2=2; \end{cases}$ 当 $b=0$ 或 $a=1,b\neq\frac{1}{2}$时原方程组无解. (3) 当 $b=5,a\neq-2$ 时，原方程组有唯一解，解为 $x_1=-20,x_2=13,x_3=0$；当 $b=5,a=-2$ 时，原方程组有无数解，解为 $x_1=-20+7x_3$，$x_2=13-5x_3$（x_3 为

任意常数);当 $b\neq 5$ 时,原方程组无解.

6. (1) $\begin{pmatrix} 0 & 0 & -1 \\ 0 & \frac{1}{5} & \frac{3}{5} \\ -1 & \frac{2}{5} & \frac{1}{5} \end{pmatrix}$; (2) $\begin{pmatrix} -2 & 0 & 2 & 1 \\ 0 & -1 & -1 & 0 \\ 2 & -1 & -2 & -1 \\ 1 & 0 & -1 & 0 \end{pmatrix}$; (3) $\begin{pmatrix} 0 & 0 & 0 & 0 & -1 \\ \frac{1}{m} & 0 & 0 & 0 & \frac{1}{m} \\ -1 & 1 & 0 & 0 & -1 \\ \frac{1}{m} & -\frac{1}{m} & 0 & -\frac{1}{m} & \frac{1}{m} \\ -1 & 1 & 1 & 1 & -1 \end{pmatrix}$.

7. (1) $\begin{pmatrix} 24 & 13 \\ -34 & -18 \end{pmatrix}$; (2) $\begin{pmatrix} 2 & -1 & 0 \\ 1 & 3 & -4 \\ 1 & 0 & -2 \end{pmatrix}$.

习题 12-1

略.

习题 12-2

略.

习题 12-3

1. 点菜肉蛋卷和咖喱土豆. 2. 略. 3. 不能达到要求.梯子的最小长度为 7.02348m. 4. 提示:设 $x+1$ 年后收回投资,此时,流水线运行了 x 年,可以求出 x 年的总效益,然后确定总效益在 $x+1$ 年前的价值,可以求出答案为 5.6 年 5. 约在 22:20 左右. 6. $x=C_1\cos\sqrt{\frac{9000g}{m}}t+C_2\sin\sqrt{\frac{9000g}{m}}t$, $m\approx 8937$(kg).
7. $v\approx 3.07$km/s,到地球的表面距离为 3.58×10^4 km,至少需要三颗卫星. 8. 这个方案不可行. 9. $x=\frac{v^2}{g}\cos\alpha\sin\alpha+\left(\frac{v^2}{g^2}\sin^2\alpha+\frac{2h}{g}\right)^{\frac{1}{2}}v\cos\alpha$,在 $h=1.5$m, $v=10$m/s 时, $\alpha\approx 41.4°$, $x_{\max}=11.4$m.